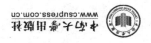
www.csupress.com.cn
中南大学出版社

◉ 主编 周一本 吕晓丽 主审 杨长功

大学物理·教与学

University Physics Teaching and Studying

U0332077

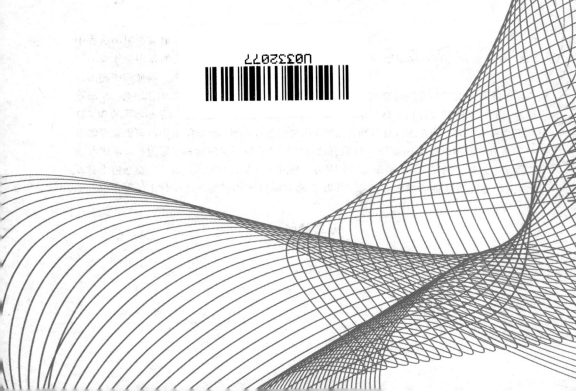

内容简介

本书是为工科大学物理教学编写的教学参考书，全书分为教学研究篇和学习指导篇。在教学研究篇中，我们在认真参考有关教材、专著或杂志的基础上，选编了很多个专题，这些专题大部分源自大学物理教学内容，但编者对其进行了适当的扩充和深化，非常适合于教师在教学过程中作为参考。在学习指导篇中，我们采取与教材配套的方法，将全篇分为10章，每章包含内容概要、学习指导和典型例题3部分。内容概要以框图的形式，将每章的重点内容、公式定律等加以总结；学习指导针对各章重点、难点问题进行具体阐述和指导；典型例题选题典型、覆盖面广。

本书可作为理工科院校非物理类专业大学物理教学的辅助教材或学习参考书，对大、中学校的物理教师及广大物理爱好者也有一定的参考价值。

前　言

大学物理课程不仅是一门重要的基础理论课，而且在科学素质教育中发挥着重要作用。物理学的研究方法对其他自然科学和技术也具有指导意义。近年来按照教育部《理工科类大学物理课程教学基本要求》，我们在大学物理课程教学中实施"知识教育、能力培养、素质提升三者并重"的教学改革，进行研究性教学的探索。在传授知识的过程中，注重培养学生发现、提出、分析和解决问题的能力。为了与全国从事工科大学物理课程教学的同行们更好地交流，也为了指导和帮助学习工科大学物理课程的学生们，我们编写了本书。

本书分为两大部分，第一部分为教学研究篇，第二部分为学习指导篇。在教学研究篇中，我们结合大学物理课程教学的体会编写了一些专题，对大学物理教学中的某些问题进行了深入地研究和探讨。此外，我们还从有关杂志中选用了若干篇紧密结合大学物理教学实际的研究论文。这一部分集知识性、趣味性于一体，对从事大学物理教学的教师应该会有所帮助，对于引导和激发学生的创新思维，帮助学生深刻领会物理学中的科学精髓也很有益处；学习指导篇根据大学物理课程的基本章节，每章分为内容概要、学习指导、典型例题三部分。内容概要将每一章的主要内容，公式定律提炼成知识结构网络图，有助于学生系统地理解教学内容和掌握重点。学习指导对各章学习方法、重点难点作出讨论与辅导。典型例题部分的题目是编者多年教学实践中积累并经过精心筛选的，有利于学生理解和巩固每一章的概念和知识点。

本书由李志军(新疆大学)编写力学部分，聂耀庄编写相对论部分，罗益民编写统计物理与热力学部分，周一平编写振动与波部分，李旭光编写光学部分，谭小红编写静电场部分，蔡建国编写稳恒磁场和变化的电磁场部分，朱星炬编写量子物理基础部分，全书由周一平、罗益民统稿，杨兵初主审。

由于编者水平有限，加之这一方面的参考书不是很多，错误和不妥之处在所难免，恳请读者批评。

编　者

2013 年 1 月于中南大学

目　　录

教学研究篇

学习指导篇

教学研究篇

第 1 部分 力 学

1.1 椭球体转动惯量的计算[①]

现行大学物理教材对圆柱体、球体等绕各种对称轴旋转的刚体的转动惯量大小都已列出，此处对曲面方程为 $\dfrac{x^2}{a^2} + \dfrac{y^2}{b^2} + \dfrac{z^2}{c^2} = 1$ 的椭球体绕对称轴旋转的转动惯量的大小用分步计算和广义球面坐标变换两种方法进行了计算，计算表明，后一种方法更简单、实用，在工程实际中有应用价值.

1.1.1 椭球体转动惯量的计算方法

方法一 分步计算法

（1）先计算椭圆形薄板绕通过中心且垂直板面的轴的转动惯量. 如图 1 - 1 - 1 所示，设椭圆形薄板质量为 m，质量均匀分布；质量面密度为 σ；长、短轴半径分别为 A、B，椭圆方程为

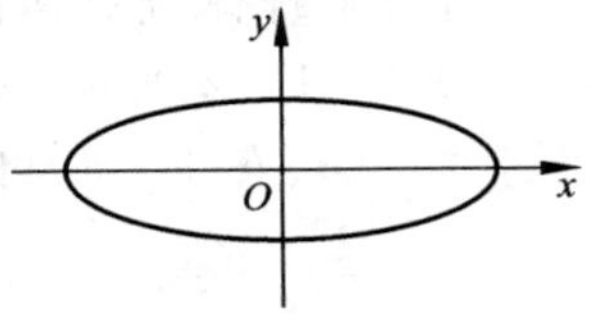

图 1 - 1 - 1 椭圆形薄板转动惯量

$$\frac{x^2}{A^2} + \frac{y^2}{B^2} = 1 \qquad (1 - 1 - 1)$$

则该薄板绕过 O 且垂直板面的轴的转动惯量为

$$I_{z1} = \iint\limits_{S} (x^2 + y^2)\,\mathrm{d}m = \sigma \iint\limits_{S} (x^2 + y^2)\,\mathrm{d}x\mathrm{d}y \qquad (1 - 1 - 2)$$

由式（1 - 1 - 1）得

$$x = \pm A\sqrt{1 - \frac{y^2}{B^2}}$$

所以 $\quad I_{z1} = \sigma \displaystyle\int_{-B}^{B} \mathrm{d}y \int_{-A\sqrt{1 - \frac{y^2}{B^2}}}^{A\sqrt{1 - \frac{y^2}{B^2}}} (x^2 + y^2)\,\mathrm{d}x$

---

① 选自：赵新闻. 椭球体转动惯量的计算. 物理与工程，2007（2）

$$= \frac{2}{3}\sigma A^3 \int_{-B}^{B} \sqrt{\left(1 - \frac{y^2}{B^2}\right)^3}\, \mathrm{d}y + 2\sigma A \int_{-B}^{B} y^2 \sqrt{1 - \frac{y^2}{B^2}}\, \mathrm{d}y$$

令 $\frac{y}{B} = u$[①] 有

$$\int_{-B}^{B} \sqrt{\left(1 - \frac{y^2}{B^2}\right)^3}\, \mathrm{d}y = B\left\{\frac{y}{8B}\left[5 - 2\left(\frac{y}{B}\right)^2\right]\sqrt{1 - \left(\frac{y}{B}\right)^2} + \frac{3}{8}\arcsin\frac{y}{B}\right\}\Bigg|_{-B}^{B}$$

$$= \frac{3}{8}\pi B$$

$$\int_{-B}^{B} y^2 \sqrt{1 - \frac{y^2}{B^2}}\, \mathrm{d}y = B^3\left\{\frac{y}{8B}\left[2\left(\frac{y}{B}\right)^2 - 1\right]\sqrt{1 - \left(\frac{y}{B}\right)^2} + \frac{1}{8}\arcsin\frac{y}{B}\right\}\Bigg|_{-B}^{B}$$

$$= \frac{1}{8}\pi B^3$$

所以 $I_{z1} = \frac{2}{3}\sigma A^3 \cdot \frac{3}{8}\pi B + 2\sigma A \cdot \frac{1}{8}\pi B^3 = \frac{1}{4}\sigma \pi AB(A^2 + B^2)$

由椭圆的面积 $S = \pi AB$ 得

$$I_{z1} = \frac{1}{4}m(A^2 + B^2) \qquad (1-1-3)$$

（2）再计算椭球体绕对称轴（如 z 轴）的转动惯量. 如图 $1-1-2$ 所示，设椭球体的三个轴的半径分别为 a、b、c，则其曲面方程为

$$\frac{x^2}{a^2} + \frac{y^2}{b^2} + \frac{z^2}{c^2} = 1 \qquad (1-1-4)$$

椭球体质量为 M，质量均匀分布；质量体密度为 ρ；将椭球体用垂直于 z 轴的平面分成许多厚度为 dz 的椭圆形薄板，对离中心 O 距离为 z 的薄板，其对应椭圆方程为

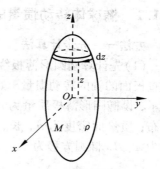

图 $1-1-2$ 椭球体转动惯量

$$\frac{x^2}{a^2\left(1 - \frac{z^2}{c^2}\right)} + \frac{y^2}{b^2\left(1 - \frac{z^2}{c^2}\right)} = 1$$

由式（$1-1-3$）可得该薄板对 z 轴转动惯量

$$\mathrm{d}I_z = \frac{1}{4}\mathrm{d}M\left[\left(a\sqrt{1 - \frac{z^2}{c^2}}\right)^2 + \left(b\sqrt{1 - \frac{z^2}{c^2}}\right)^2\right]$$

① 中国矿业学院数学教研室编. 数学手册. 式（84）和式（85）. 科学出版社，1980

而 $\mathrm{d}M = \rho S \mathrm{d}z = \rho \pi a \sqrt{1 - \dfrac{z^2}{c^2}} \cdot b \sqrt{1 - \dfrac{z^2}{c^2}} \mathrm{d}z$,

所以 $\quad\quad\quad\quad \mathrm{d}I_z = \dfrac{1}{4}\rho\pi ab(a^2+b^2)\left(1-\dfrac{z^2}{c^2}\right)^2 \mathrm{d}z$

可得椭球体绕 z 轴转动惯量

$$I_z = \int_{-c}^c \mathrm{d}I_z = \frac{1}{4}\rho\pi ab(a^2+b^2)\int_{-c}^c \left(1-\frac{z^2}{c^2}\right)^2 \mathrm{d}z$$

$$= \frac{4}{15}\rho\pi abc(a^2+b^2)$$

由椭球体体积 $V = \dfrac{4}{3}\pi abc$ 得

$$M = \rho V = \rho\frac{4}{3}\pi abc$$

所以 $\quad\quad\quad\quad I_z = \dfrac{1}{5}M(a^2+b^2)$ $\quad\quad\quad\quad$ (1-1-5)

方法二　用广义球面坐标变换直接积分求解

已知条件如图 1-1-2 所示,由转动惯量定义,可得椭球体绕 z 轴转动惯量

$$I_z = \iiint_V (x^2+y^2)\rho\mathrm{d}V \quad\quad\quad (1-1-6)$$

作广义球面坐标变换

$$\begin{cases} x = ar\sin\theta\cos\varphi \\ y = br\sin\theta\sin\varphi \\ z = cr\cos\theta \end{cases} \quad\quad (1-1-7)$$

其中 $r \geqslant 0, 0 \leqslant \varphi \leqslant 2\pi, 0 \leqslant \theta \leqslant \pi$.

变量替换后的体积元变为

$$\mathrm{d}V = abcr^2\sin\theta\mathrm{d}\theta\mathrm{d}r\mathrm{d}\varphi \quad\quad (1-1-8)$$

椭球面方程变为

$$r^2 = 1 \quad\quad\quad (1-1-9)$$

将式(1-1-7)、(1-1-8)、(1-1-9)代入式(1-1-6)得

$$I_z = \rho\iiint_V (a^2\cos^2\varphi+b^2\sin^2\varphi)\cdot r^2\sin^2\theta abcr^2\sin\theta\mathrm{d}\theta\mathrm{d}r\mathrm{d}\varphi$$

$$= \rho abc\int_0^1 r^4\mathrm{d}r\int_0^\pi \sin^3\theta\mathrm{d}\theta\int_0^{2\pi}(a^2\cos^2\varphi+b^2\sin^2\varphi)\mathrm{d}\varphi$$

容易求得

$$\int_0^\pi \sin^3\theta\mathrm{d}\theta = \frac{4}{3}$$

$$\int_0^{2\pi} (a^2\cos^2\varphi + b^2\sin^2\varphi)\,\mathrm{d}\varphi = \pi(a^2 + b^2)$$

所以　　　　　$I_z = \rho abc \dfrac{1}{5} \cdot \dfrac{4}{3}\pi(a^2 + b^2) = \dfrac{4}{15}\rho\pi(a^2 + b^2)abc$

$$= \dfrac{1}{5}M(a^2 + b^2) \qquad\qquad (1-1-10)$$

同理，可求得椭球体绕 x 轴和 y 轴转动惯量分别为

$$I_x = \iiint_V (y^2 + z^2)\rho\mathrm{d}V = \dfrac{1}{5}M(b^2 + c^2) \qquad (1-1-11)$$

$$I_y = \iiint_V (x^2 + z^2)\rho\mathrm{d}V = \dfrac{1}{5}M(a^2 + c^2) \qquad (1-1-12)$$

1.1.2　讨论

（1）当椭球体满足 $a = b = c = R$ 时，椭球体即变为球体，由式（1-1-10）、（1-1-11）、（1-1-12）得

$$I_z = I_x = I_y = \dfrac{2}{5}MR^2 \qquad\qquad (1-1-13)$$

式（1-1-13）即为半径为 R 质量为 M 的球体对通过球心的轴的转动惯量.

（2）对质量非均匀分布的椭球体，只要已知质量体密度函数 $\rho(\theta, \varphi, r)$，则由方法二亦可求出其绕对称轴的转动惯量. 可见，方法二既简单，又具有普遍性，在工程实际计算中有实用价值.

1.2　均质半圆盘质心计算的微元选取及讨论[①]

微元分析法是体现大学物理思想的重要研究方法. 我们通过均质半圆盘质心计算中质量元的多种选取方案，阐述微元法的重要和精妙，给学生以引导和启迪.

在讨论质点系的运动时，常常引入一个非常重要的概念——质心. 顾名思义，质心就是质量中心，是相对于质点系本身的一个特殊位置. 由于内力和外力的作用，质点系内各个质点的运动情况可能很复杂，但相对于质心，其运动规律可能比较简单，仅由质点系所受的合外力决定. 基于此，质心位置的确定及其测量在工程技术如发动机、车辆、船舶、武器装备、火箭、航天器等设计制造上显得尤为重要.

---

① 选自：赵素贵等. 均质半圆盘质心计算的微元选取及讨论. 物理与工程，2010（1）

对于质量连续分布的物体,任取一质元 $\mathrm{d}m$,则物体的质心位置可以表示成

$$r_\mathrm{c} = \frac{\int r\,\mathrm{d}m}{m} \qquad (1-1-14)$$

式中,r 表示质元的位矢. 计算中常采用直角坐标系中的分量式

$$x_\mathrm{c} = \frac{\int x\,\mathrm{d}m}{m}, \quad y_\mathrm{c} = \frac{\int y\,\mathrm{d}m}{m}, \quad z_\mathrm{c} = \frac{\int z\,\mathrm{d}m}{m} \qquad (1-1-15)$$

在求解过程中,质元 $\mathrm{d}m$ 可有多种取法. 本书以均质半圆盘(质量为 m,半径为 R)的质心计算为例,对于如何选取微元,进行一些有益的探讨.

1.2.1 质元的 5 种取法

1. 矩形质元

建立如图 $1-1-3$ 所示的直角坐标系. 在半圆盘上任取一长为 $\mathrm{d}x$、宽为 $\mathrm{d}y$ 的矩形质元

$$\mathrm{d}m = \sigma\,\mathrm{d}x\,\mathrm{d}y$$

式中,$\sigma = \dfrac{2m}{\pi R^2}$ 为半圆盘质量面密度,R 为半圆盘半径. 根据对称性分析,半圆盘质心在 y 轴上(以下分析同).

由式($1-1-15$),质心坐标为

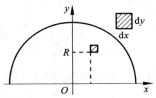

图 $1-1-3$ 矩形质元

$$\begin{aligned}
y_c &= \frac{\int y\,\mathrm{d}m}{m} = \frac{2}{\pi R^2}\int_{-R}^{R}\mathrm{d}x\int_{0}^{\sqrt{R^2-x^2}} y\,\mathrm{d}y \\
&= \frac{1}{\pi R^2}\int_{-R}^{R}(R^2 - x^2)\,\mathrm{d}x \\
&= \frac{4R}{3\pi}
\end{aligned}$$

2. 梯形质元

在与 x 轴夹角为 θ,对心角为 $\mathrm{d}\theta$ 的小扇形上取一梯形质元,如图 $1-1-4$ 所示,质元下底到原点的距离为 r,则

$$\mathrm{d}m = \sigma\,\frac{1}{2}\left[r\,\mathrm{d}\theta + (r+\mathrm{d}r)\mathrm{d}\theta\right]\mathrm{d}r$$

略去二阶无穷小量,可得

$$\mathrm{d}m = \sigma r\,\mathrm{d}r\,\mathrm{d}\theta$$

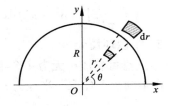

图 $1-1-4$ 梯形质元

则质心位置

$$y_c = \frac{\int y\mathrm{d}m}{m} = \frac{\int y\,\dfrac{2m}{\pi R^2}r\mathrm{d}r\mathrm{d}\theta}{m} = \frac{2}{\pi R^2}\int yr\mathrm{d}r\mathrm{d}\theta$$

因 $y = r\sin\theta$，所以

$$y_c = \frac{2}{\pi R^2}\int_0^R r^2\mathrm{d}r\int_0^\pi \sin\theta\mathrm{d}\theta = \frac{4R}{3\pi}$$

3. 长条形质元(平行于 x 轴)

在圆盘上取一距 x 轴为 y，宽为 $\mathrm{d}y$ 的长条形质元，如图 $1-1-5$ 所示．

$$\begin{aligned}\mathrm{d}m &= \sigma \cdot 2\sqrt{R^2 - y^2}\mathrm{d}y\\ &= \frac{4m}{\pi R^2}\sqrt{R^2 - y^2}\mathrm{d}y\end{aligned}$$

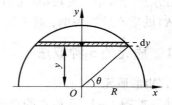

该质元的质心为 $(0, y)$，所以半圆盘的质心位置

图 $1-1-5$　长条形质元(平行于 x 轴)

$$y_c = \frac{\int y\mathrm{d}m}{m} = \frac{4}{\pi R^2}\int_0^R y\sqrt{R^2 - y^2}\mathrm{d}y = \frac{4R}{3\pi}$$

4. 长条形质元(垂直于 x 轴)

在圆盘上 x 处取一平行于 y 轴的长条形质元，如图 $1-1-6$ 所示．

$$\mathrm{d}m = \sigma y\mathrm{d}x$$

质元的质心为 $\left(x, \dfrac{1}{2}y\right)$，所以，半圆盘的质心位置

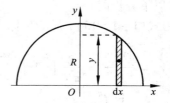

图 $1-1-6$　长条形质元(垂直于 x 轴)

$$\begin{aligned}y_c &= \frac{\int \dfrac{1}{2}y\mathrm{d}m}{m} = \frac{1}{\pi R^2}\int y^2\mathrm{d}x\\ &= \frac{1}{\pi R^2}\int_{-R}^R (R^2 - x^2)\mathrm{d}x = \frac{4R}{3\pi}\end{aligned}$$

5. 半圆环质元

半圆盘可看成由无穷多个半径不同的微小半圆环组成，如图 $1-1-7$ 所示．在半圆盘上任取一半径为 x，宽为 $\mathrm{d}x$ 的半圆环作为质元，则

$$\mathrm{d}m = \sigma\pi x\mathrm{d}x = \frac{2m}{R^2}x\mathrm{d}x$$

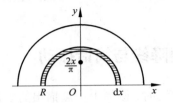

图 1 - 1 - 7　半圆环质元

半径为 x 的半圆环的质心在 $\left(0, \dfrac{2}{\pi}x\right)$ 处[①]，则半圆盘的质心

$$y_c = \frac{\displaystyle\int \frac{2}{\pi}x\,\mathrm{d}m}{m} = \frac{4}{\pi R^2}\int_0^R x^2\,\mathrm{d}x = \frac{4R}{3\pi}$$

1.2.2　讨论

公式 $y_c = \dfrac{\displaystyle\int y\,\mathrm{d}m}{m}$ 中 y 的物理含义是质元的质心在 y 轴上的分量，如果理解出现偏差，容易出错. 本题中如取小扇形作为质元，如图 1 - 1 - 8 所示，则

$$\mathrm{d}m = \sigma\, \frac{1}{2}R^2\mathrm{d}\theta = \frac{m}{\pi}\mathrm{d}\theta$$

由式（1 - 1 - 15）

$$y_c = \frac{\displaystyle\int y\,\mathrm{d}m}{m} = \frac{1}{\pi}\int y\,\mathrm{d}\theta$$

因 $y = R\sin\theta$，则

$$y_c = \frac{R}{\pi}\int_0^\pi \sin\theta\,\mathrm{d}\theta = \frac{2R}{\pi}$$

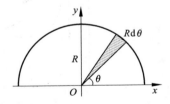

图 1 - 1 - 8　扇形质元

结果与正确解不符！需要说明的是，此处的错误与质元的选取无关，取扇形质元是可行的，但必须先把扇形质元的质心在 y 轴上的分量计算出来，然后再积分，过程略显复杂.

在大学物理教学中，质心计算和处理方法在涉及刚体的转动、只滚不滑等类问题时比较普遍. 此外，在转动惯量的计算、求电场和电势的分布、求电流的磁场分布等问题中，微元法（包括质量元、电荷元、电流元等）是分析问题、

---

① 张三慧. 大学基础物理学. 清华大学出版社，2005

解决问题的最基本方法,通常来说微元可有多种选取方法,可根据具体情况作出灵活选择.

1.3　旋轮线、最速降线与简谐振动

　　当圆沿着一条直线滚动时,圆周上一点描出的轨迹称为旋轮线. 旋轮线有许多有趣的性质,被誉为几何曲线中的海伦. 例如,它的一拱弧长等于生成圆直径的 4 倍,而一拱弧与连接两端的直线所围面积是生成圆面积的 3 倍. 它同时也是最速降线,而最速降线问题是产生变分法的历史根源. 惠更斯则在研究钟摆时发现了旋轮线的等时性,并制成了具有等时性的钟摆. 旋轮线的性质可以通过不同的方法证明,我们结合大学物理学知识对旋轮线的主要性质用简明的方法进行讨论.

1.3.1　旋轮线

　　如图 1 – 1 – 9,半径为 r 的圆在 x 轴上滚动,圆周上 P 点的轨迹为旋轮线,它的参数方程为

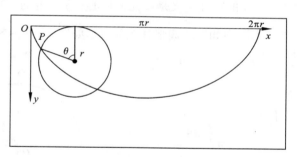

图 1 – 1 – 9　旋轮线

$$x = r(\theta - \sin\theta),\ y = r(1 - \cos\theta) \qquad (1 – 1 – 16)$$

当 θ 从 0 增至 2π 时,旋轮线扫过完整的一拱,拱底端坐标为 $(\pi r, 2r)$. 我们知道,任一有稳定平衡位置的小幅振动都可看作简谐振动. 那么,质点在旋轮线底端附近的小幅振动周期是多大呢?

　　设想该圆匀速滚动,则圆周上 P 点的运动是绕圆心的匀速率 (v_0) 圆周运动与圆心的匀速 (v_0) 直线运动的叠加. 当 P 点运动至旋轮线的底端时,它相对圆心的加速度大小为 v_0^2/r,方向指向圆心. 但圆心相对坐标轴的加速度为零,故 P 点相对坐标轴的加速度大小也是 v_0^2/r,方向指向圆心,即沿 y 轴负向. 另一方

面, P 点的法向加速度大小又等于 v^2/ρ, 其中 v 为 P 点相对坐标轴的速率, ρ 为旋轮线底端的曲率半径. 注意到由于对称性, 在旋轮线的底端 v 有极大值, 切向加速度为零, 故 $v^2/\rho = v_0^2/r$. 又因为此时 $v = 2v_0$, 故 $\rho = 4r$. 即, 旋轮线底端曲率半径是圆半径的 4 倍. 因此, 质点在旋轮线底端附近的小幅振动与长为 $4r$ 的单摆运动是同样周期的简谐振动, 周期为 $T = 4\pi\sqrt{r/g}$. 下面将首先讨论旋轮线与最速降线的关系, 然后进一步证明: 无论幅度大小, 质点在旋轮线上的运动, 都是简谐振动. 因而质点沿旋轮线的运动具有等时性, 即从任意位置下滑, 到底端的时间都相同, 是简谐振动周期的 1/4.

1.3.2　费马原理与最速降线

最速降线问题是约翰·伯努利在 1696 年提出的: 在竖直平面内给定两点 A 和 B, 找出连接 AB 的曲线, 使得质点在重力作用下由 A 下滑至 B 所需时间最短. 在此之前, 伽利略考虑过连接 AB 两点的直线与圆弧的情况, 认为沿圆弧下滑时间更短. 雅各布·伯努利给出了对这个问题的一般解法, 直接导致变分法的产生. 而约翰·伯努利则非常巧妙地将此问题与光线传播进行类比, 利用费马原理加以解决.

光在两种不同介质中传播时发生折射, 并满足折射定律. 折射定律可以看作是费马原理的推论, 即光在两点之间沿所需时间最短的路径运动. 将质点沿最速降线滑行与光线在折射率连续变化的介质中的运动进行类比, 由折射定律, 可得出

$$\sin\alpha/v = c \qquad\qquad (1-1-17)$$

式中 α 为质点轨迹的切线与竖直线的夹角, 类似于光线的入射角, 如图 $1-1-10$ 所示; 速率 v 可由机械能守恒得出, 考虑质点在原点由静止开始下滑, 有 $v = \sqrt{2gy}$; 式中 c 为常数. 约翰·伯努利正是由此推出最速降线满足的微分方程, 解微分方程得出最速降线就是旋轮线的结论. 其实, 我们仅用平面几何及运动学的知识就可得出旋轮线满足 $(1-1-17)$ 式的结论. 图 $1-1-10$ 中的三角形 $\triangle SPQ$ 为等腰三角形, 因而有

$$\angle SQP + \theta/2 = \pi/2$$

PR 为竖直线, 与 SQ 平行, 所以

$$\angle QPR = \angle SQP$$

当圆在转动时, 在瞬间与 x 轴接触的 Q 点速率为零, 因而 P 点的运动方向在此瞬间与 PQ 垂直, 即 P 的切线 (运动方向) 与 PQ 垂直, $\angle QPR + \alpha = \pi/2$, 所以 $\alpha = \theta/2$. 由 $(1-1-16)$ 式, $y = r(1-\cos\theta) = r[1-\cos(2\alpha)] = 2r\sin^2\alpha$. 因

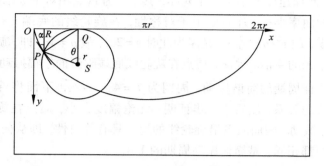

图 1 – 1 – 10   最速降线与简谐振动

而 $\dfrac{\sin\alpha}{\sqrt{2gy}} = \dfrac{1}{\sqrt{4gr}}$，即旋轮线满足最速降线(1 – 1 – 17)式的要求，并且可得 $c =$

$\dfrac{1}{\sqrt{4gr}}$，这与质点滑至底端时 $\alpha = \pi/2$ 且 $v = \sqrt{4gr}$ 相符合. 这样，利用与光线传

播的类比，由费马原理，结合几何学及运动学的知识，证明了旋轮线就是最速

降线.

1.3.3   等时摆与简谐振动

16 世纪，伽利略首先研究了单摆的性质. 我们知道，单摆的周期与振动幅度有关，只有在幅度很小的情况下，才近似为简谐振动，周期与幅度无关. 惠更斯进一步研究发现，当摆的轨迹是旋轮线时，无论摆角多大，摆都具有等时性，即周期与幅度无关.

现在我们来证明质点沿旋轮线的运动是简谐振动. 如图 1 – 1 – 10，设质点在 P 点，质量为 m，则可以写出牛顿第二定律的切向分量式

$$mg\cos\alpha = ma_t \qquad\qquad (1 – 1 – 18)$$

由(1 – 1 – 17)式，$cv = \sin\alpha$，两边对时间求导数，有 $cv' = \alpha'\cos\alpha$，即

$$ca_t = \alpha'\cos\alpha \qquad\qquad (1 – 1 – 19)$$

比较(1 – 1 – 18)(1 – 1 – 19)两式，得 $\alpha' = cg$，即 $\alpha = cgt + \varphi$. 再由(1 – 1 – 17)式，$v = \sin(cgt + \varphi)/c = \sqrt{4gr}\sin(\sqrt{g/4r}\, t + \varphi)$，这就已经证明质点在旋轮线上的运动是简谐振动，且角频率为 $\omega = \sqrt{g/4r}$，因而周期 $T = 2\pi/\omega = 4\pi\sqrt{r/g}$，与教学研究篇 1.3.1 节对小幅振动得出的结论一致. 由简谐振动的最大速率 $v_m = \omega A = \sqrt{4gr}$，立即得到振幅 $A = 4r$，即旋轮线一拱弧长的一半是圆半径的 4 倍，或一拱弧长是圆直径的 4 倍. 这里质点做简谐振动的结论虽然是在质点从原点

由静止开始下滑的前提下得出的，但既然这种情况下是简谐振动，质点从任意点下滑，只是初始条件不同，受力特征不变，仍然是简谐振动. 简谐振动的周期与振幅无关，也即质点沿旋轮线运动，具有等时性. 另外，由 $\theta = 2\alpha$，θ 随时间也是匀速增加，即旋轮线的生成圆沿 x 轴匀速滚动时，圆周上的定点沿旋轮线做简谐振动，也即与质点沿旋轮线自由下滑的运动一致.

1.4　推导平方反比有心力场中质点轨道的一种方法[①]

在一般理论力学教材中，推导质点在平方反比力场中运动轨道方程，采用比耐公式，通过积分、确定积分常数后得出. 现在介绍一种根据动量定理和角动量定理，通过直角坐标系和平面极坐标系单位矢量的变换，给出推导平方反比有心力场中轨道的一种新方法.

质量为 m 的质点在平方反比有心力场中运动，场力为

$$\boldsymbol{F} = \frac{mk}{r^2} \cdot \frac{\boldsymbol{r}}{r}$$

式中 m 为质点的质量，r 为质点相对力心 O 的位矢，k 为常数，且 $k > 0$ 为斥力，$k < 0$ 为引力.

质点对力心的动量矩守恒，所以

$$mv_\theta = mr^2\dot{\theta} = mh$$

即　　　　　　$rv_\theta = r^2\dot{\theta} = h$　　　　$(1-1-20)$

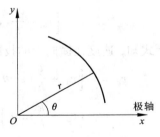

图 $1-1-11$　坐标变换

以力心 O 为极点，(r, θ) 为极坐标，建立极坐标系如图 $1-1-11$ 所示. $\boldsymbol{e}_r$、$\boldsymbol{e}_\theta$ 分别表示极坐标系沿径向、横向的单位矢量. 在极坐标系下有心力可表示为 $\boldsymbol{F} = \dfrac{mk}{r^2}\boldsymbol{e}_r$.

考虑到 $(1-1-20)$ 式，有心力可表示为

$$\boldsymbol{F} = \frac{mk}{h}\dot{\theta}\boldsymbol{e}_r$$

设 $t = t_0$ 时，$\theta = \theta_0$，$\boldsymbol{v} = \boldsymbol{v}_0$，根据动量定理得

$$m\boldsymbol{v} - m\boldsymbol{v}_0 = \int_{t_0}^{t} \boldsymbol{F}\mathrm{d}t = \int_{t_0}^{t} \frac{mk}{h}\dot{\theta}\boldsymbol{e}_r\mathrm{d}t = \int_{\theta_0}^{\theta} \frac{mk}{h}\boldsymbol{e}_r\mathrm{d}\theta$$

所以

---

①　选自：李体俊. 推导平方反比有心力场中质点轨道的一种方法. 物理与工程, 2005(3)

$$v = \int_{\theta_0}^{\theta} \frac{k}{h} e_r \mathrm{d}\theta + v_0 \qquad (1-1-21)$$

以力心 O 为原点，以极轴为 x 轴，建立平面直角坐标系 Oxy，用 i、j 表示沿 Ox、Oy 轴的单位矢量. e_r 用 i、j 表示为 $e_r = \cos\theta i + \sin\theta j$，代入 $(1-1-21)$ 式得

$$\begin{aligned} v &= \int_{\theta_0}^{\theta} \frac{k}{h}(\cos\theta i + \sin\theta j)\mathrm{d}\theta + v_0 \\ &= \left(\int_{\theta_0}^{\theta} \frac{k}{h}\cos\theta \mathrm{d}\theta\right)i + \left(\int_{\theta_0}^{\theta} \frac{k}{h}\sin\theta \mathrm{d}\theta\right)j + v_0 \\ &= \frac{k}{h}(\sin\theta - \sin\theta_0)i - \frac{k}{h}(\cos\theta - \cos\theta_0)j + v_0 \end{aligned}$$

在直角坐标系下，设 $t = t_0$ 时，$v = v_0 = v_{0x}i + v_{0y}j$，则

$$v = \left[v_{0x} + \frac{k}{h}(\sin\theta - \sin\theta_0)\right]i + \left[v_{0y} - \frac{k}{h}(\cos\theta - \cos\theta_0)\right]j \quad (1-1-22)$$

单位矢量 i、j 用 e_r、e_θ 表示为

$$i = \cos\theta e_r - \sin\theta e_\theta$$
$$j = \sin\theta e_r + \cos\theta e_\theta$$

代入 $(1-1-22)$ 式得

$$v = \left[v_{0x} + \frac{k}{h}(\sin\theta - \sin\theta_0)\right](\cos\theta e_r - \sin\theta e_\theta) + \left[v_{0y} - \frac{k}{h}(\cos\theta - \cos\theta_0)\right](\sin\theta e_r + \cos\theta e_\theta)$$

由上式知，速度在横向上的投影

$$\begin{aligned} v_\theta &= -\left[v_{0x} + \frac{k}{h}(\sin\theta - \sin\theta_0)\right]\sin\theta + \left[v_{0y} - \frac{k}{h}(\cos\theta - \cos\theta_0)\right]\cos\theta \\ &= -\left(v_{0x} - \frac{k}{h}\sin\theta_0\right)\sin\theta + \left(v_{0y} + \frac{k}{h}\cos\theta_0\right)\cos\theta - \frac{k}{h} \quad (1-1-23) \end{aligned}$$

由 $(1-1-20)$ 式得 $v_\theta = \dfrac{h}{r}$，代入 $(1-1-23)$ 式有

$$\frac{h}{r} = -\left(v_{0x} - \frac{k}{h}\sin\theta_0\right)\sin\theta + \left(v_{0y} + \frac{k}{h}\cos\theta_0\right)\cos\theta - \frac{k}{h}$$

$$r = -\frac{\dfrac{h^2}{k}}{1 + \left(\dfrac{h}{k}v_{0x} - \sin\theta_0\right)\sin\theta - \left(\dfrac{h}{k}v_{0y} + \cos\theta_0\right)\cos\theta}$$

令

$$p = \frac{h^2}{k}$$

$$e = \sqrt{\left(\frac{h}{k}v_{0x} - \sin\theta_0\right)^2 + \left(\frac{h}{k}v_{0y} + \cos\theta_0\right)^2}$$

$$\sin\alpha = \frac{\dfrac{h}{k}v_{0x} - \sin\theta_0}{e}, \quad \cos\alpha = \frac{\dfrac{h}{k}v_{0y} + \cos\theta_0}{e}$$

则

$$r = -\frac{p}{1 - e\cos(\theta + \alpha)}$$

由上式可看出，质点在平方反比有心力作用下的运动轨道为圆锥曲线；当 $e > 1$，轨道为双曲线；$e = 1$，轨道为抛物线；$e < 1$，轨道为椭圆.

考虑到 $-v_{0x}\sin\theta_0 + v_{0y}\cos\theta_0 = v_{0\theta}$，$r_0 v_{0\theta} = h$，式中 $v_{0\theta}$、r_0 为 t_0 时刻的横向速度和极径，得

$$
\begin{aligned}
e &= \sqrt{\left(\frac{h}{k}v_{0x} - \sin\theta_0\right)^2 + \left(\frac{h}{k}v_{0y} + \cos\theta_0\right)^2} \\
&= \sqrt{1 + \frac{h^2}{k^2}v_0^2 + 2\frac{h}{k}\left(-v_{0x}\sin\theta_0 + v_{0y}\cos\theta_0\right)} \\
&= \sqrt{1 + \frac{h^2}{k^2}v_0^2 + 2\frac{h}{k}v_{0\theta}} = \sqrt{1 + \frac{h^2}{k^2}v_0^2 + 2\frac{h}{k}\cdot\frac{h}{r_0}} \\
&= \sqrt{1 + \frac{2h^2}{mk^2}\left(\frac{1}{2}mv_0^2 + \frac{mk}{r_0}\right)} = \sqrt{1 + \frac{2Eh^2}{mk^2}}
\end{aligned}
$$

由此可见，机械能 $E > 0$ 时，$e > 1$，轨道为双曲线；$E = 0$ 时，$e = 1$，轨道为抛物线；$E < 0$ 时，$e < 1$，轨道为椭圆.

1.5   时间平移对称性与能量守恒

机械能守恒定律的一般证明是由力对系统做功导出功能原理，如果系统的外力和非保守内力不做功，那么在运动过程中，系统的机械能将保持不变，即机械能守恒. 实际上，能量守恒定律的导出可以与力的概念没有关系，我们可以从对称性原理出发来证明能量守恒定律.

对称性的概念源于日常生活. 动物体外部一般近于左右对称；大多数花簇旋转对称；许多建筑物也具有对称美. 在几何图形中等腰三角形是轴对称图形；平行四边形是中心对称图形等等. 除了物体形状和几何形体的对称性外，物理学中的对称性是指物理学研究的系统或物理学规律在某种变换（或称为操作）下其形式不变的特性. 这可以分为两类：一类是物体或系统自身的对称性，

有空间对称性和时间对称性，即在时空变换下系统的状态保持不变；另一类是物理规律的对称性，如牛顿定律在伽利略变换下的不变性；狭义相对论中洛伦兹变换下物理规律的不变性等. 在现代物理学中对称性是个很深刻的问题，每一种对称性存在一个与之对应的守恒定律，若系统受到外界某种作用，其对称性被破坏，称为对称性破缺，则相应的守恒定律也不再成立.

下面我们用对称性原理来证明能量守恒定律. 在描述系统状态的空间即相空间中，对于力学系统，若系统有 S 个自由度，系统的总动能 T 可以表示成广义动量的函数 $T = E_k(p_1, p_2, \cdots, p_s, t)$，系统的总势能 U 可以表示成广义坐标的函数 $U = E_p(q_1, q_2, \cdots, q_s, t)$，系统的哈密顿函数为

$$H = T + U = H(q_1, q_2, \cdots, q_s, p_1, p_2, \cdots, p_s, t)$$

即系统的哈密顿函数就是在相空间中系统的总动能与总势能之和，也就是系统的总能量. 式中显含时间 t 表明系统的总动能和总势能可能还是时间的显函数. 对于做机械运动的系统，哈密顿函数就是系统的机械能.

当系统具有时间平移对称性时，系统运动从 t 时刻经历了一个时间历程 δt，则 $t \to t + \delta t$ 时系统的状态应保持不变，也即系统的哈密顿函数 H 应该在时间平移变换 $t \to t + \delta t$ 下保持不变，对于任意 δt，有

$$H(t) = H(t + \delta t) = H(t + \varepsilon \delta t) \quad (0 < \varepsilon < 1) \qquad (1-1-24)$$

对于小的时间 δt 平移，在 t 附近根据泰勒公式展开

$$H(t + \delta t) = H(t) + \sum_{k=1}^{n} \frac{(\delta t)^k}{k!} \frac{\mathrm{d}^k}{\mathrm{d}t^k} H(t) +$$

$$\frac{(\delta t)^{n+1}}{(n+1)!} \frac{\mathrm{d}^{n+1}}{\mathrm{d}t^{n+1}} H(t + \varepsilon \delta t) \quad (0 < \varepsilon < 1) \qquad (1-1-25)$$

将式 $(1-1-24)$ 代入式 $(1-1-25)$，由于 δt 很小，得

$$\sum_{k=1}^{n} \frac{(\delta t)^k}{k!} \frac{\mathrm{d}^k}{\mathrm{d}t^k} H(t) = 0 \qquad (1-1-26)$$

又由于 δt 的任意性，式 $(1-1-26)$ 成立的条件只能是

$$\frac{\mathrm{d}^k}{\mathrm{d}t^k} H(t) = 0, \quad k = 1, 2, \cdots, n+1$$

即 $H(t)$ 的 1 阶，2 阶，$\cdots$，$n+1$ 阶导数都等于零，取 $k = 1$，得

$$\frac{\mathrm{d}}{\mathrm{d}t} H(t) = 0 \qquad (1-1-27)$$

故有
$$H(t) = T(t) + U(t) = 恒量 \qquad (1-1-28)$$

这就是能量守恒定律，可见能量守恒定律的导出与力的概念没有关系，对于机械系统，自然就得到机械能守恒定律.

关于时间平移对称性与能量守恒，我们还可用较简单和直观的 $H(t) - t$ 图

线作几何表述. 以时间 t 作横轴，哈密顿函数 $H(t)$ 作纵轴，设 t 时刻 $H(t) = H_c$，在 t 以前的某一时刻 $t_1 = t + \delta t(\delta t < 0)$，据式 $(1-1-24)$ 有

$$H(t_1) = H(t + \delta t) = H(t) \qquad (1-1-29)$$

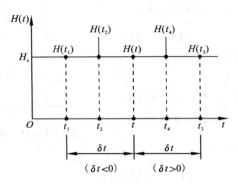

图 1 – 1 – 12   时间平移对称性与能量守恒

在 $t_2 = t + \varepsilon\delta t(\delta t < 0, \, 0 < \varepsilon < 1)$，据式 $(1-1-24)$ 有

$$H(t_2) = H(t + \varepsilon\delta t) = H(t) \qquad (1-1-30)$$

同理，在 t 以后的某一时刻 $t_3 = t + \delta t(\delta t > 0)$

$$H(t_3) = H(t + \delta t) = H(t) \qquad (1-1-31)$$

在 $t_4 = t + \varepsilon\delta t(\delta t > 0, \, 0 < \varepsilon < 1)$，有

$$H(t_4) = H(t + \varepsilon\delta t) = H(t) \qquad (1-1-32)$$

由于 t、t_1、t_2、t_3、t_4 均为任意时刻，故式 $(1-1-29)$、$(1-1-30)$、$(1-1-31)$、$(1-1-32)$ 表明，具有时间平移对称性系统的哈密顿函数 $H(t)$ 在任何时刻均保持恒定值 H_c. 因此，$H(t)$ 图线为一平行横轴 t 的直线，如图 1 – 1 – 12 所示. 由此图线可得出如下结论：（1）系统的能量守恒；（2）哈密顿函数对时间的各阶导数 $\dfrac{\mathrm{d}^k}{\mathrm{d}t^k}H(t) = 0$ 及 $\dfrac{\mathrm{d}}{\mathrm{d}t}H(t) = 0$，从而 $H(t) = $ 恒量，也即如果系统对于时间平移是对称的，那么系统的能量一定守恒.

为了更好地理解系统对时间平移变换的不变性与能量守恒定律的内在联系，我们来分析一个简单的问题.

一个质量为 m 的物体，从离地面距离为 h 的地方竖直下落，写出以下两种情况下系统的哈密顿函数 $H(x, t)$，并讨论其能量与时间的对称性关系：（1）自由落体运动；（2）存在与运动速度成正比的空气阻力作用.

取物体开始下落的 A 点为坐标原点，轴竖直向下，如图 1 – 1 – 13 所示，任

一瞬间，物体的位置坐标为 x，阻力为 $-mkv$，k 为常数. 下落运动开始为系统计时零点. 系统的哈密顿函数为

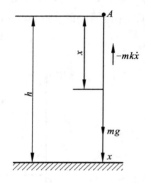

$$H(t) = T + U = \frac{1}{2}mv^2 + mg(h - x)$$

$$(1 - 1 - 33)$$

分别讨论两种情形：

（1）自由落体运动

不计阻力，系统只有保守力作用. 在时刻 t，物体的速度和位置分别为

图1-1-13　物体下落受力图

$$v(t) = gt, \ x(t) = \frac{1}{2}gt^2$$

$$(1 - 1 - 34)$$

将式（1-1-34）代入式（1-1-33），得到系统的哈密顿函数

$$H(t) = \frac{1}{2}mg^2t^2 + mg\left(h - \frac{1}{2}gt^2\right) = mgh \qquad (1 - 1 - 35)$$

因此有 $\frac{\mathrm{d}H(t)}{\mathrm{d}t} = 0$，系统机械能守恒，其值为 mgh，是一个不随时间变化的量. 也就是说，系统的哈密顿函数在时间平移变换下不变，即系统具有时间平移对称性.

（2）存在空气阻力

由牛顿运动定律得

$$ma = -mkv + mg \qquad (1 - 1 - 36)$$

或

$$\frac{\mathrm{d}v}{\mathrm{d}t} = -kv + g$$

分离变量后积分得

$$-\int_0^v \frac{\mathrm{d}v}{kv - g} = \int_0^t \mathrm{d}t$$

由此得物体的下降速度为

$$v = \frac{g}{k}(1 - e^{-kt}) \qquad (1 - 1 - 37)$$

再由速度定义 $v = \frac{\mathrm{d}x}{\mathrm{d}t}$ 和初始条件可求出物体在 t 时刻位置为

$$x = \int_0^t v\mathrm{d}t = \frac{g}{k}t - \frac{g}{k^2}(1 - e^{-kt}) \qquad (1 - 1 - 38)$$

将式（1-1-37）和式（1-1-38）代入式（1-1-33），得系统的哈密顿函数

$$H(t) = \frac{1}{2}\frac{mg^2}{k^2}(1 - e^{-kt})^2 + mg\left[h + \frac{g}{k^2}(1 - e^{-kt}) - \frac{g}{k}t\right]$$

$$= \frac{1}{2}\frac{mg^2}{k^2}(1 - e^{-kt})^2 + \frac{mg^2}{k^2}(1 - e^{-kt}) - \frac{mg^2}{k}t + mgh \qquad (1-1-39)$$

因此,

$$\frac{dH(t)}{dt} = \frac{mg^2}{k}(1 - e^{-kt})e^{-kt} + \frac{mg^2}{k}e^{-kt} - \frac{mg^2}{k}$$

$$= -\frac{mg^2}{k}(1 - e^{-kt})^2 < 0 \qquad (1-1-40)$$

这表明系统能量随时间的增加而减少,故系统的能量不守恒. 也就是说,系统的哈密顿函数不具备在时间平移交换下不变的性质,系统产生了对称性破缺.

1.6 银河系为何呈盘状结构

银河系是一个涡旋星系,它包含有太阳系在内多达 1000 颗以上的各类恒星,分布在盘状空间范围内,类似一个"铁饼",如图 1-1-14 所示. 其盘状直径约为 25 ks 差距(1 s 差距 ≈ 3.26 光年),中心厚约 3 ks 差距,太阳离中心约 10 ks 差距. 整个银河系在旋转着,离中心越近其转速越快,太阳系绕银河系中心的转动速度约为 250 km·s^{-1}.

银河系为何呈盘状,且中心较厚而边缘较薄? 为什么离中心越近的星体转速越大? 目前,天体物理学家采用什么物理分析来解释其演化过程?

我们先讨论一个常见的力学练习. 见图 1-1-15,质量为 m 的质点系于一细绳上,并限制该质点在光滑水平桌面上做圆周运动,绳的另一端通过桌面小孔(圆心 O 处)施以垂直向下的拉力 F. 设运动质点的半径为 r_0 时,其转动速度为 v_0,问绳子下拉后,半径在缩短过程中将发生什么现象? 系统的能量如何变化?

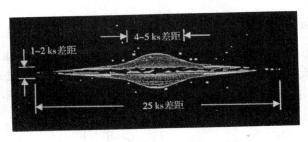

图 1-1-14　银河系的盘状结构

由于外力 $\boldsymbol{F}$ 对 O 点的力矩为零，因此在半径缩短过程中，系统的角动量守恒，即

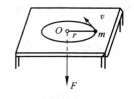

$$mv_0 r_0 = mvr \qquad (1-1-41)$$

式 $(1-1-41)$ 中 v 和 r 分别为缩短后质点的速度和半径，由 $(1-1-41)$ 式可得

$$v = v_0 r_0 / r \qquad (1-1-42)$$

图 1 - 1 - 15   角动量守恒和外力做功

即当半径缩小时质点的转动速度增加. 式 $(1-1-42)$ 说明了银河系离中心越近 $(r$ 小)，转动速度越大的原因. 下面我们再分析银河系从初始结构收缩到目前盘状结构的成因.

继续对上面例子作系统能量的变化讨论. 由于外力 F 对系统做功，使质量 m 从初态 (v_0, r_0) 变到末态 (v, r)，根据动能定理可得

$$\int_{r_0}^{r} \boldsymbol{F} \cdot \mathrm{d}\boldsymbol{r} = E - E_0 = \frac{1}{2}mv^2 - \frac{1}{2}mv_0^2$$

将式 $(1-1-42)$ 代入上式可得

$$\int_{r_0}^{r} \boldsymbol{F} \cdot \mathrm{d}\boldsymbol{r} = \frac{1}{2}mv_0^2 \left[\left(\frac{r_0}{r} \right)^2 - 1 \right] \qquad (1-1-43)$$

式 $(1-1-43)$ 中的 $\boldsymbol{F}$ 在质点 m 的收缩过程中实质上是向心力. 由于 $r < r_0$，故式 $(1-1-43)$ 大于零，这表明将质点从较远处移向中心过程中，向心力沿径向做正功，它将使质点的动能增加.

上述力学过程适用于银河系的变化模拟. 设想银河系初始呈球状，其分布密度是随半径减小而增大，并且有一定的角动量 $\boldsymbol{L}$. 由于万有引力的作用，整个银河系必向中心收缩，称为引力坍缩. 由式 $(1-1-42)$ 和式 $(1-1-43)$ 分别可知，由于角动量守恒，引力收缩使星系物质速度增加，由于引力作功使星系物质的动能增加. 那么增加的动能从何而来？对于孤立系统，总能必然守恒，因此物质的动能只能来自引力势能的减少.

由引力势能 $E_p = -G\dfrac{mM}{r}$，G 为万有引力常数，m 为收缩的星系物质粒子质量，M 为银河系中半径为 r 的那部分球形物质质量. M 随 r 减小而变小，但由于中心密度较大，故 M 减小极慢，为简化讨论，可作常数近似处理. 当物质向银河系中心坍缩时，其势能减小，动能增大，该物质处于能量最小值时为其稳定平衡态，为此求能量极小值，令

$$\frac{\mathrm{d}E}{\mathrm{d}r} = \frac{\mathrm{d}}{\mathrm{d}r}(E_p + E_k) = \frac{\mathrm{d}}{\mathrm{d}r}\left[-\frac{GmM}{r} + \frac{1}{2}mv^2 \right] = 0$$

将 $v = \dfrac{r_0}{r}v_0$ 代入可解得

$$\frac{GmM}{r^2} - mv_0^2\frac{r_0^2}{r^3} = 0 \qquad\qquad (1-1-44)$$

式(1-1-44)中第一项是万有引力,第二项称为惯性离心力,它等效一斥力,该斥力制约了引力的坍缩,二者相平衡达到稳定态. 将式(1-1-42)代入式(1-1-44),还可简化为

$$G\frac{mM}{r^2} = m\frac{v^2}{r} \qquad\qquad (1-1-45)$$

式(1-1-45)表明平衡时万有引力正好充当星系粒子做圆周运动的向心力,式(1-1-44)或式(1-1-45)就是引力坍缩的限制条件.

以上所述只是限制了银河系赤道面内的引力坍缩,也即在垂直于角动量 L 平面内的物质,即受到径向引力坍缩,又受到惯性离心力(斥力)的抗衡,从而制约星系物质向中心的坍缩过程. 对于平行于 L 方向的引力坍缩,见图1-1-16,由于其引力作用不会改变物质的角速度和角动量,也即坍缩不受制约. 因此上、下半球的物质向银河系的赤道面不断收缩、演化成目前的盘状结构.

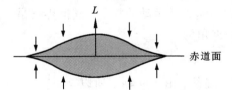

图1-1-16　平行 L 方向的引力使物质向赤道面坍缩

上述星系演化所建立的这种模型,是非常简单的,受到较为普遍的接受,尽管还有多种演化模型,但均不完善. 由于能量守恒和角动量守恒是自然界时空对称的基本属性. 可以断言,今后不断发展和完善的天体演化理论都必须经受上述守恒律的检验.

1.7　闵可夫斯基时空

狭义相对论是关于时间、空间及其相互关系的理论,它不可避免地和几何学联系在一起. 经典时空观和狭义相对论时空观的本质区别在于,前者认为时间和空间是相互独立的,后者则认为它们相互关联.

1908 年,闵可夫斯基提出将时间和空间作为四维时空来描述狭义相对论,使相对论的表述变得更为简洁和对称,使人们对相对论的理解更为深刻. 这样

的四维时空称为闵可夫斯基空间，或称闵可夫斯基世界.

一个现象或事件必须同时用时间和空间坐标来标记，即（ct，x，y，z），时间参量取为 ct 的目的是使它和空间参量有相同的量纲，因而可取统一的长度单位. 通常取横坐标表示三维空间（一般只画出一维），纵坐标 ct 代表时间坐标，把观察者所在的惯性系 S 画成直角坐标系，这样的图称为时空图. 一个事件可在时空图上表示为一点 P（ct，x），称为世界点. 随着时间的流逝，质点的轨迹或事件的进程在时空图上画出一条连续轨迹，称为世界线，如图 1－1－17 所示. 在时

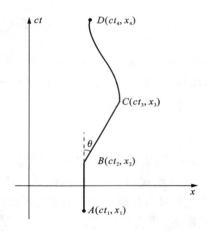

图 1－1－17　二维时空中的世界点和世界线

空图上，静止于惯性系 S 中的粒子，其世界线是平行于时间轴的直线，如图中的 AB 段. 相对于 S 做匀速直线运动的粒子，其世界线是一条斜直线，如图中的 BC 段，它与时间轴的夹角为

$$\theta = \arctan(u/c)$$

其中 u 为粒子的速度. 显然，由于 $u \leqslant c$，所以 $\theta \leqslant \dfrac{\pi}{4}$.

光子的世界线是一条与时间轴的夹角 $\theta = \dfrac{\pi}{4}$ 的斜直线. 加速运动粒子的世界线则是一条曲线，如图中的 CD 段.

对于任意的两个事件 P_0（ct_0，x_0，y_0，z_0）和 P（ct，x，y，z），其时间间隔和空间间隔分别为

$$\Delta t = t - t_0$$

$$\Delta l = \sqrt{(x - x_0)^2 + (y - y_0)^2 + (z - z_0)^2}$$

在经典物理中，这两个间隔都是绝对的，即两个不同参照系 S 和 S' 中的观测者测得的时间间隔和空间间隔分别为

$$\Delta t = \Delta t', \ \Delta l = \Delta l'$$

但在相对论中，时间和空间是相互关联的. 在两个不同的惯性系中得到的时间间隔和空间间隔都不一样. 不过，由洛伦兹变换可以证明：在不同的惯性系中，时间间隔与空间间隔的平方差是一个不变量.

$$\Delta S^2 = c^2\Delta t^2 - (\Delta x^2 + \Delta y^2 + \Delta z^2) = c^2\Delta t'^2 - (\Delta x'^2 + \Delta y'^2 + \Delta z'^2) = \Delta S'^2$$

如果取 P_0 时空坐标为 $(0,0,0,0)$，则有

$$S^2 = c^2t^2 - (x^2 + y^2 + z^2) = c^2t'^2 - (x'^2 + y'^2 + z'^2) = S'^2$$

这里的 ΔS 或 S 称为时空间隔，是一个绝对量，即对两个事件的时空间隔，不同的惯性系给出同样的结果，而单独的空间间隔与时间间隔则随参照系的不同而不同. 对于相邻的两个事件，则有

$$dS^2 = c^2dt^2 - (dx^2 + dy^2 + dz^2)$$

是不变量. 时空间隔不变性，是狭义相对论两个基本原理的数学表述.

在二维闵氏时空中，事件 (ct, x) 与原点的时空间隔平方

$$S^2 = c^2t^2 - x^2$$

是一个双曲线方程，位于同一双曲线上的世界点到原点的时空间隔相等，与参照系变换无关，如图 $1-1-18$ 所示. $S^2 = \pm 1$ 的双曲线与时间轴、空间轴分别截于 A、B 两点，图中仅画出双曲线中的一支. $S^2 = 0$，即 $x = \pm ct$ 则为两条与时间轴夹角等于 $\frac{\pi}{4}$ 的斜直线 OC、OC'. OC、OC' 分别代表沿 x 轴正、负方向传播的光子，光速不变原理决定了光子世界线的位置是不变的.

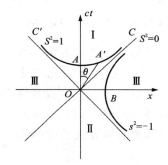

图 $1-1-18$ 二维闵氏空间中的双曲线

对三维时空 (ct, x, y)，从 O 点出发沿各方向的光子世界线集合，构成一个二维锥面，光子的世界线是该锥面的母线. 对四维时空则是一个三维超锥面. 按照时空间隔的取值，光锥把 O 点周围的时空图分隔为三个部分：含未来时间轴的因果未来区 I，含过去时间轴的因果过去区 II，I 和 II 统称为类时间隔区；与 O 点无因果关联区域 III 则称作类空间隔区；O 点光锥本身则属于类光间隔.

根据时空间隔定义，$OA = OA' = 1$. 将其作为闵氏几何中的长度，显然与欧氏几何长度不同. 在欧氏空间中 $OA < OA'$，根据定义可以得到闵氏时空中长度 S 与欧氏几何中长度 l 的关系

$$S = \sqrt{c^2t^2 - x^2}, \quad l = \sqrt{c^2t^2 + x^2}$$

设 OA' 与时间轴的夹角为 θ，则 $x = l\sin\theta$，由以上两式可得

$$S = l\sqrt{\cos 2\theta}$$

这就是闵氏长度与欧氏长度的关系. 特别地:

（1）如果世界点位于时间轴上，$\theta = 0$，有 $S = l$；

（2）如果世界点位于原点的光锥上，$\theta = 45°$，$S = 0$，即光锥上所有点至原点闵氏长度为零；

（3）如果世界点位于原点光锥外，$\theta \geqslant 45°$，S 为虚数. 这时可取 θ 角为射线与 x 轴夹角，使 S 为实数.

根据 S 与 l 的关系，可以证明两个固定世界点之间的所有连线中，直线的闵氏长度最大，这与欧氏几何正好相反. 即有

$$S(\text{曲线}) < S(\text{直线})$$

粒子的世界线由一系列因果事件连接而成，因而世界线对时间轴的斜率处处小于 1（$\theta < \dfrac{\pi}{4}$），即粒子在世界点 P 邻域的世界线总是位于以 P 为顶点的光锥之内，如图 $1-1-19$ 所示. 或者说粒子的世界线总是类时的，下面我们来分析类时世界线长度的物理意义.

设粒子相对惯性系 S 运动，相邻无穷小的两个世界点 $P(ct, x)$ 和 $Q(ct + c\mathrm{d}t, x + \mathrm{d}x)$ 的类时世界线长度为 $\mathrm{d}S$，考虑一个随粒子一起运动的随动参照系 S'. 在 S' 中粒子静止，即 $u' = 0$. 显然，$\mathrm{d}x = u\mathrm{d}t$，$\mathrm{d}x' = u'\mathrm{d}t'$.

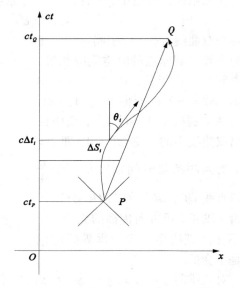

图 $1-1-19$　类时世界线长度与固有时间

$$\mathrm{d}S^2 = c^2\mathrm{d}t^2\left(1 - \frac{u^2}{c^2}\right) = c^2\mathrm{d}t'^2\left(1 - \frac{u'^2}{c^2}\right) = c^2\mathrm{d}t'^2$$

可见，$\mathrm{d}t'$ 与 $\mathrm{d}S$ 成正比，是一个不变量，称为固有时，记为

$$\mathrm{d}\tau = \frac{\mathrm{d}S}{c} = \mathrm{d}t\sqrt{1 - \frac{u^2}{c^2}}$$

这就是粒子世界线长度 $\mathrm{d}S$ 与固有时 $\mathrm{d}\tau$ 及坐标时 $\mathrm{d}t$ 的关系.

当 P、Q 两点时空间隔不是无限小时，S' 系一般不再是惯性系（粒子可任意运动）. 只需将世界线分成无限多小段，每一小段中随动系都是惯性系，且粒子

在其中静止, 这样由积分法, 就有

$$\Delta\tau = \frac{\Delta S}{c} = \int_P^Q dt \sqrt{1 - \frac{u^2(t)}{c^2}}$$

特别地, 当粒子相对 S 系做匀速直线运动时

$$\Delta\tau = \Delta t \sqrt{1 - \frac{u^2}{c^2}}$$

这就是时间膨胀效应公式.

根据前面讨论, 两个固定世界点之间, 直线最长. 因而固有时间亦最长.

故粒子从一个世界点到另一个世界点, 以做匀速直线运动(相对 S 系)固有时最长.

在闵氏时空中, 洛伦兹变换使时空坐标轴对称地向光锥移动, 如 S' 系相对 S 系的速度为 v, 则 S' 系原点的世界线是一条直线, 与 ct 轴夹角满足

$$\tan\varphi = v/c$$

即 ct' 与 ct 轴成 φ 角, 又由于光锥位置不变, 同一光锥即是 x 轴与 ct 轴的角平分线, 也是 x' 轴与 ct' 轴的角平分线, 因而 x' 轴与 x 轴夹角也是 φ. 如图 1 – 1 – 20 所示.

可以验证, 任一世界点的时空坐标 (ct, x) 与 (ct', x') 满足洛伦兹变换.

下面我们用时空图来讨论长度收缩与时间膨胀效应. 如图 1 – 1 – 20, A、B 为静止于 S 系中棒的两个端点,

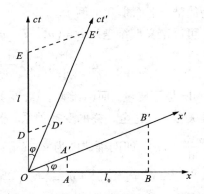

图 1 – 1 – 20　长度收缩与时间膨胀

棒长 $l_0 = AB$, A、B 两点的世界线平行于 ct 轴, 分别与 x' 轴交于 A'、B', A'、B' 是 S' 系中观测者同时测得的棒两端坐标, 因而长度为

$$l' = A'B' \sqrt{\cos 2\varphi} = \frac{AB}{\cos\varphi} \sqrt{\cos 2\varphi} = l_0 \sqrt{1 - \tan^2\varphi} = l_0 \sqrt{1 - \beta^2}$$

此即棒的长度收缩效应.

图 1 – 1 – 20 中 DE 为 S 系中同一地点两事件的时间间隔, $\tau = DE$, 为固有时, 作 x' 轴的平行线, 交 ct' 轴于 D', E'. $D'E'$ 即为 S' 系中测得时间间隔, 因而

$$t' = D'E' \sqrt{\cos 2\varphi} = \frac{DE\cos\varphi}{\cos 2\varphi} \sqrt{\cos 2\varphi} = \frac{DE}{\sqrt{1 - \tan^2\varphi}} = \frac{\tau}{\sqrt{1 - \beta^2}}$$

此即时间膨胀效应. 其中 $D'E' = DE\cos\varphi/\cos 2\varphi$ 可由几何方法得出.

除了以上讨论的(实)闵氏时空,相对论中还经常应用(复)闵氏时空讨论问题. 取时间轴为 $x_4 = ict$,其中 $i^2 = -1$,事件记为 (x_1, x_2, x_3, x_4). 这样,(复)闵氏几何与欧氏几何对应,如 $S^2 = -[x_1^2 + x_2^2 + x_3^2 + x_4^2] = c^2 t^2 - x^2 - y^2 - z^2$,也就是将 (x_1, x_2, x_3, x_4) 作为一个四维矢量,它的模方与时空间隔(负值)对应,在参照系变换下,四维矢量 (x_1, x_2, x_3, x_4) 按洛伦兹变换式得

$$x_1' = k(x_1 + i\beta x_4)$$
$$x_2' = x_2$$
$$x_3' = x_3$$
$$x_4' = k(x_4 - i\beta x_1)$$

相当于坐标系转动下的变换. 与通常的三维转动相对应,矢量在转动下有统一的变换式,而标量(如矢量的模方)在转动下不变. 这样,相对论中的物理量如能表示成四维矢量或四维标量形式,其变换就明确了,这使相对论的数学表述更为简洁. 下面举几个例子.

可以定义四维速度 $u = (u_1, u_2, u_3, u_4)$,其中

$$u_1 = \frac{dx_1}{d\tau}, \ u_2 = \frac{dx_2}{d\tau}, \ u_3 = \frac{dx_3}{d\tau}, \ u_4 = \frac{dx_4}{d\tau}$$

由于 $d\tau$ 是不变量,而 (x_1, x_2, x_3, x_4) 是四维矢量,所以 (u_1, u_2, u_3, u_4) 也是四维矢量,有完全一样的变换关系. 根据定义可得 u 与普通速度的关系,如 $u_x = \frac{dx}{dt}\frac{dt}{d\tau} = kv_x$,即四维速度为 $\boldsymbol{u} = (u_1, u_2, u_3, u_4) = (kv_x, kv_y, kv_z, ick)$. 它的模方为 $u^2 = u_1^2 + u_2^2 + u_3^2 + u_4^2 = -c^2$,当然是标量(不变量). 而根据 $\boldsymbol{u}$ 满足的洛伦兹变换自然就可得出普通速度 v 满足的变换式. 如果定义 $\boldsymbol{p} = m_0\boldsymbol{u}$ 为四维动量,它自然满足洛伦兹变换. (因为 m_0 为标量,$\boldsymbol{u}$ 为矢量)并且 $\boldsymbol{p} = (p_x, p_y, p_z, iE/c)$,它的模方 $p^2 = -m_0^2 c^2$ 为标量. 从四维动量又可定义四维波矢,$\boldsymbol{J} = \boldsymbol{p}/\hbar$,因而 $\boldsymbol{J} = (J_x, J_y, J_z, i\frac{\omega}{c})$,对光波 $J^2 = 0$. 两个矢量的点乘当然是标量. 因而 $\boldsymbol{J} \cdot \boldsymbol{x} = J_1 x_1 + J_2 x_2 + J_3 x_3 + J_4 x_4 = \boldsymbol{J} \cdot \boldsymbol{r} - \omega t$ 是不变量. 这就是相位不变性,即波的相位不因参照系不同而不同. 因为相位是一个实实在在的物理现象,与观测者的运动状态无关.

同理,力与功率可以组成四维矢量,称为四维力

$$\boldsymbol{f} = k(\boldsymbol{F}, \frac{i}{c}\boldsymbol{F} \cdot \boldsymbol{u})$$

它自然满足洛伦兹变换,由此就可得到普通力 $\boldsymbol{F}$ 的变换关系.

1.8 电与磁的相对性

磁现象起源于电荷的运动,然而运动与参照系有关,相对于一个参照系运动的物体,可以相对于另一个参照系静止. 这样,就可能在一个参照系中观察到磁现象,而在另一个参照系中却不显现磁现象.

如图 1 – 1 – 21 所示,两个点电荷 q_1,q_2,以同样的速度 v,相对地面参照系,平行运动. 地面参照系中的观测者将观测到 q_1 与 q_2 间既有静电力,又有洛伦兹力. 但对于以速度 v 相对地面运动的参照系而言,q_1 与 q_2 均静止,因而它们之间仅有静电力. 在这两个参照系中

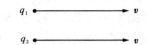

图 1 – 1 – 21 从两个不同的参照系看运动电荷间的作用力

测得 q_1 与 q_2 间的作用力应符合相对论变换的要求.

再看图 1 – 1 – 22,导线静止于地面参照系,并通有电流 I,电荷 q 以速度 v 平行导线运动. 那么运动电荷与电流间将有磁力. 由于导线是电中性的,它们间没有静电力. 而在随电荷一起运动的参照系 S' 看,由于电荷 q 静止,与导线间并没有磁力. 如果导线是电中性的,它们之间也没有静电力. 这样,我们将得出互相矛盾的结论. 虽然在相对论中不同参照系测得的力可以不同,但上述情况则是不可能出现的. 因为从图 1 – 1 – 22(a)的 S 系看,电荷由于受力,将有沿垂直于导线方向的运动. 而从图 1 – 1 – 22(b)的 S' 系中看,由于电荷不受力,在垂直于导线的方向上,它们间的距离将保持不变. 为什么会出现如此互相矛盾的结论? 问题的根源在于导线对 S 系是电中性的,对 S' 将不再是电中性的. 因而在 S' 系中电荷 q 与导线间有静电力. 下面我们来分析这两个参照系中的力是否符合相对论变换的要求.

先看图 1 – 1 – 22(a),为简单起见,设导线中载流子运动速度与电荷 q 的

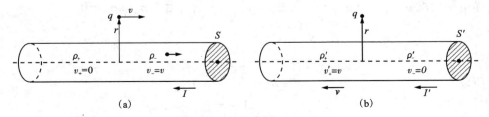

图 1 – 1 – 22 从两个不同参照系看电流与电荷的作用力

速度相同 $v_- = v$. 导线为圆柱体，载流子与正离子的电荷密度分别为 ρ_-、ρ_+. 由于电中性，$\rho_- + \rho_+ = 0$. 电荷 q 至圆柱体轴线距离为 r，圆柱体截面积为 A，则电流 $I = \rho_- vA$. 圆柱体中电流在电荷 q 处产生的磁感应强度为 $B = \dfrac{\mu_0 I}{2\pi r} = \dfrac{\mu_0 \rho_- vA}{2\pi r}$. 方向垂直纸面向里，运动电荷 q 受到洛伦兹力，$f = qvB = \dfrac{\mu_0 q \rho_- v^2 A}{2\pi r}$. 设 $q > 0$，电荷 q 受力方向竖直向上.

再看图 1 – 1 – 22(b)，在 S' 系中，电荷 q 静止，导线中载流子亦静止，$v_- = 0$. 但正离子(导线)以 $v_+ = -v$ 运动. 显然因为 q 静止，不存在洛伦兹力，但由于导线的运动，出现长度收缩效应，这时导线就不再是电中性了.

考虑一段长为 l_0 的导线，其中静止电荷密度为 ρ_0，则总电量 $Q = \rho_0 l_0 A$. 从另一与电荷相对运动速度为 v 的参照系观测(运动方向与导线平行)，导线长度收缩.

$$l = l_0 \sqrt{1 - v^2/c^2}$$

但电荷量不变，$Q = \rho l A$，所以 $\rho l = \rho_0 l_0$，即 $\rho = \dfrac{\rho_0}{\sqrt{1 - \dfrac{v^2}{c^2}}}$.

将这一结果应用于图 1 – 1 – 22(b)所示情形，有

$$\rho'_+ = \dfrac{\rho_+}{\sqrt{1 - \dfrac{v^2}{c^2}}}$$

相反，在图 1 – 1 – 22(b)中载流子静止，因而，$\rho_- = \dfrac{\rho'_-}{\sqrt{1 - \dfrac{v^2}{c^2}}}$，或 $\rho'_- = \rho_- \sqrt{1 - \dfrac{v^2}{c^2}}$.

净电荷密度 $\rho' = \rho'_+ + \rho'_- = \dfrac{\rho_+}{\sqrt{1 - \dfrac{v^2}{c^2}}} + \rho_- \sqrt{1 - \dfrac{v^2}{c^2}}$. 由于 $\rho_+ + \rho_- = 0$

所以

$$\rho' = \rho_+ \dfrac{\dfrac{v^2}{c^2}}{\sqrt{1 - \dfrac{v^2}{c^2}}} > 0$$

由此可见，在 S' 系看来，导线带正电，电荷 q 将受到竖直向上的静电力，

均匀带电圆柱的电场强度 $E' = \dfrac{\rho' A}{2\pi\varepsilon_0 r}$. 所以静电力为

$$f' = qE' = \frac{q\rho_+ A}{2\pi\varepsilon_0 r} \frac{\dfrac{v^2}{c^2}}{\sqrt{1-\dfrac{v^2}{c^2}}}$$

利用 $c = \dfrac{1}{\sqrt{\varepsilon_0\mu_0}}$, $|\rho_+| = |\rho_-|$, 可得两个不同参照系中测量力的大小之间

关系式为 $f' = \dfrac{f}{\sqrt{1-v^2/c^2}}$. 此式满足力的洛伦兹变换关系.

我们可以通过相对简单的表述来说明以上力的变换关系是正确的. 在 S 与 S' 系中, 开始的瞬间电荷 q 在竖直方向上的动量增量应该相同. 由于 $f = \dfrac{\mathrm{d}p}{\mathrm{d}t}$ 在两个参照系中都成立, 所以 $\Delta p_y = f\Delta t$, $\Delta p'_y = f'\Delta t'$. 注意 Δp_y 和 $\Delta p'_y$ 必须在互相对应的时间间隔 Δt 与 $\Delta t'$ 中来比较. 由于电荷 q 在 S' 系中最初是静止的, $\Delta t = \dfrac{\Delta t'}{\sqrt{1-\dfrac{v^2}{c^2}}}$, 所以 $\dfrac{\Delta p'_y}{\Delta p_y} = \dfrac{f'\Delta t'}{f\Delta t} = 1$.

1.9 高速运动物体的视像问题

狭义相对论诞生后很长一段时间内, 人们都认为洛伦兹收缩是可以看到的, 即当物体高速运动时, 人们将看到物体在其运动方向上长度收缩了. 伽莫夫在其著名的《物理世界奇遇记》中对此作了精彩的描述. 然而, 到了 20 世纪 50 年代, 物理学家终于意识到观看(视觉或摄影)与观测(测量)是不同的. 下面我们对此进行分析.

如图 1-1-23 所示, 考虑静长为 l_0 的尺子 $A'B'$ 静止置于 S' 系的 x' 轴上. S' 系相对 S 系沿 x、x' 轴方向以速度 v 运动.

位于 S' 系的观测者于图示 θ' 角方向上观看到的尺长为 $A'E'$, 即视长

$$a' = l_0\sin\theta'$$

观测者在 S 系中进行测量时, 有 $l = l_0\sqrt{1-\dfrac{v^2}{c^2}}$. 这是同时测 A、B 两端坐标得到的. 此即长度收缩效应. 但 AB 的视长应该由 A、B 两端发出的同时到达眼睛(或照相机 CCD)的光所决定. 显然它们不是同时从 A、B 两端发出的. 从图 1

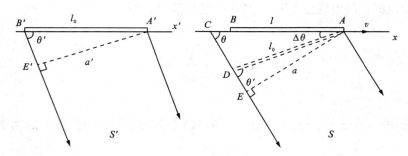

图 1 - 1 - 23   静止和运动物体的视长

-1-22 可看出，B 端先发出的光与稍后 A 端发出的光会同时到达眼睛，这时视长为 AE，设 B 端发光后尺 AB 移动距离 Δl，A 端才发光，此时有

$$(l + \Delta l)\cos\theta = c\Delta t = \frac{c\Delta l}{v}$$

即

$$\Delta l = \frac{vl\cos\theta/c}{1 - v\cos\theta/c}$$

所以

$$a = (l + \Delta l)\sin\theta = \frac{l\sin\theta}{1 - v\cos\theta/c}$$

再利用长度收缩效应公式，求得 S 系中观测者看到或拍摄到的运动尺长为

$$a = \frac{l\sin\theta}{1 - v\cos\theta/c} = \frac{l_0\sqrt{1 - v^2/c^2}\sin\theta}{1 - v\cos\theta/c}$$

将洛伦兹速度变换用于光子，可得到光行差公式

$$\sin\theta' = \frac{\sin\theta\sqrt{1 - v^2/c^2}}{1 - v\cos\theta/c}$$

最后得到

$$a = a'$$

因此，无论观测者相对于物体是静止还是运动，所看到或拍摄的物体视长是一样的。但图 1 - 1 - 23 中 θ 与 θ' 不同，因此物体运动与静止时相比，好像转过了一个角度 $\Delta\theta = \theta' - \theta$. 对于球形物体，可以证明也只能看到它的旋转像，而不是缩扁了的椭球.

另外，由于多普勒效应，当我们观看高速运动的物体时，除了看到物体发生了旋转，还可看到它的颜色与静止时不同，且随运动速度而变化. 根据多普勒公式

$$\nu' = \frac{\nu_0\sqrt{1 - v^2/c^2}}{1 - v\cos\theta/c}$$

当物体从远处运动过来，θ 较小，频率发生紫移，如果速度足够大，我们将看到物体呈紫色(也可能发紫外光……)，随着 θ 增大，频率变小，当 θ 满足 $\cos\theta = \dfrac{c}{v}(1 - \sqrt{1 - v^2/c^2})$ 时，$\nu' = \nu_0$，此时，物体颜色与静止时一致. 尔后随着物体远去，频率又发生红移.

最后我们通过一个具体例子来描述高速运动物体的视觉现象，如图 1 - 1 - 24 所示，设有静长为 1 m 的尺子以速度 $v = 0.6c$ 运动，尺子静止时发绿光(5500Å)，当它从远处飞来时，观测者看到的情景可分成下面几个阶段：

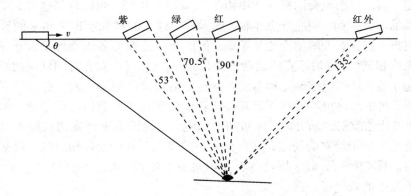

图 1 - 1 - 24　高速运动物体的视觉现象

(1)开始时，$\theta \to 0$，尺的视长 $a = 0$. 此时频率最高，为原频率的 2 倍，而波长为原波长一半，2750Å，是紫外光. 随着尺子运动，θ 增大，并且 $\theta' > \theta$，$\Delta\theta = \theta' - \theta$ 也增大，视长增长，频率变小.

(2)当 $\theta \approx 53°$ 时，$\theta' = 90°$，视长达到最大值，等于原长 1 m. 发光波长约为 4392Å，为紫光.

(3)当 $\theta \approx 70.5°$ 时，$\theta' \approx 109.5°$，$\sin\theta' = \sin\theta$，此时 $\Delta\theta = \theta' - \theta$ 达到最大值. 视长约为 0.9 m，$\nu' = \nu_0$，尺显示原色，即发光波长为 5500Å. 此后，随着 θ 增大，频率将低于原频率，出现红移. 而 $\Delta\theta$ 也将减小.

(4)当 $\theta = 90°$ 时，此时运动的尺子两端在同一时刻发的光同时到达观测者位置，视长为 0.8 m，与长度收缩效应一致. 发光波长约为 6875Å，红色. 此时 $\theta' \approx 127°$. 注意到此时，$\Delta\theta$ 与 $\theta \approx 53°$，$\theta' = 90°$ 时相等. 从光行差公式可得出，无论 θ 或 $\theta' = 90°$ 时，都有 $\sin\Delta\theta = v/c$.

(5)当 $\theta = 135°$ 时，视长约为 0.4 m，光波长约为 9792Å，是红外光.

(6)最后，当尺在视野中消失时，$\theta \to 180°$，$\theta' \to 180°$，是波长为 11000Å 的

红外光点. 此时频率最低, 为原频率的一半.

1.10　双生子佯谬

　　相对论创立之初, 爱因斯坦就曾指出, 运动时钟离开后再返回原地与静止时钟相比, 两者时间是有差异的. 随后郎之万提出了双生子佯谬, 引起热烈的争论. 所谓双生子佯谬, 就是假设一对孪生兄弟, 甲在地球上, 而乙作星际旅行. 那么根据相对论的时间膨胀效应, 甲会认为乙由于运动而年龄增长缓慢, 因而更年轻. 而乙也会同样认为甲由于运动而更年轻. 如果只是这样, 就是通常所说的时钟佯谬. 到底谁更年轻? 或者说地球上的钟和宇宙飞船上的钟哪个走时更慢? 初看双方的结论相互矛盾, 但因为甲乙双方各为惯性系, 分开后就再也无法相遇(保持匀速直线运动不变), 因而互相得出对方时间延缓的结论并不引起矛盾, 就是说结论是相对的. 甲乙都根据自己的固有时, 得出另一方时间延缓, 而甲乙再也不能在一起直接比较谁更年轻或两只钟走时是否一致. 但是, 如果让乙改变运动方向, 再回到地球呢? 这时谁更年轻或两只钟走时是否一致就成了一个绝对的问题, 只能有唯一的答案. 但运动是相对的, 根据相对论的时间膨胀效应, 似乎甲乙都会得出对方更年轻的结论, 这就产生了矛盾, 此即传说中的双生子佯谬.

　　其实, 甲乙双方地位并不对等. 与时钟佯谬不同, 那里双方地位相同, 都是惯性系. 现在甲在地球上, 一直是惯性系, 而乙由于返回, 必然要经历减速、加速的过程, 即非惯性系. 或者理想化, 忽略这个过程, 那也是飞离地球时是一个惯性系, 而飞回时是另一个惯性系, 经历了两个不同的惯性系. 因而甲乙不会都得出对方更年轻的结论. 下面我们对这个问题进行具体的分析.

　　如图 1-1-25, 双生子佯谬涉及三个惯性系. 孪生兄弟甲始终位于地球参照系 $S(x, t)$, 而乙则先后位于离去和归来的惯性系 $S'(x', t')$ 和 $S''(x'', t'')$. S' 系原点的世界线即 ct' 轴, 与 S 系 ct 轴夹角满足 $\tan\varphi = v/c$. S'' 系原点的世界线 ct'' 轴与 S 系 ct 轴夹角也满足 $\tan\varphi = v/c$, 这里假设 S' 与 S'' 相对 S 系的速度大小一样. 但 S' 系相对 S 系沿 x 轴正向运动, S'' 系相对 S 系沿 x 轴负向运动. 在乙飞离和返回地球的过程中, 甲始终观测到乙由于运动, 时间延缓, 因而更年轻. 乙观测甲则不然, 在飞离地球过程中, 乙的同时线平行于 x' 轴, 到达 P_2 时是 P_2P', 乙得出甲更年轻的结论, 但当转向的一瞬间, 同时线突然变为平行于 x'' 轴的 P_2P'', 也就是说, 乙观测到甲的年龄突然从 P_1P' 跃增为 P_1P'', 一下就比自己老了许多. 在返回过程中, 乙再次观测到甲的时间延缓, 年龄增长比自己慢, 但由于转向时甲的年龄增长得太多, 以至于最终乙看到甲比自己老. 甲乙两人得到同样的结论，简单地说就是 P_1P_3 间连线以直线 P_1P_3 最长，若乙离去与返回时速度值都是 v，则有

$$l_甲 = \frac{l_乙}{\sqrt{1-\dfrac{v^2}{c^2}}}$$

其中，$l_甲$ 即 P_1P_3 长度，$l_乙$ 为 $P_1P_2 + P_2P_3$.

下面我们通过定量计算来加深对这个问题的理解.

甲留在地球，孪生兄弟乙乘宇宙飞船以 $0.8c$ 的速度飞向一个距地球 8 光年的天体，然后立即以同样速率返回地球，以地球为 S 系，离去时的飞船

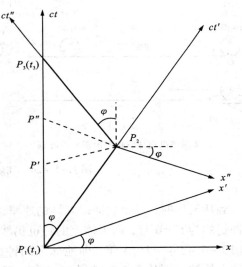

图 1-1-25　双生子佯谬时空图

为 S' 系，返回时飞船为 S'' 系. 在地球和天体上各有一个 S 钟，彼此在 S 系已对准. 飞船上有一个 S' 钟，起飞时和地球上的钟对准，$t = t' = 0$.

（1）求飞船参照系中测得起飞、到达天体、回到地球这三个时刻所有钟的读数.

（2）假定飞船是 2000 年元旦起飞的，此后每年元旦甲乙互相拍贺年电报，求以各自的钟为准收到每封电报的时刻.

（1）为书写方便，令 $\beta = \dfrac{v}{c}$，$k = \dfrac{1}{\sqrt{1-\dfrac{v^2}{c^2}}}$，本问题中，$\beta = 0.8$，$k = \dfrac{1}{0.6}$. 对于

S' 系，起飞时天体上时钟读数为

$$t_天 = k(t' + \beta x'/c)$$

而 $t' = 0$，长度收缩，$x' = x/k$. 其中 $x = 8$ 光年. 代入上式，$t_天 = 6.4$ 年. 即对乙，天体上的钟比地球上的钟超前了 6.4 年.

由 $x' = x/k = 4.8$ 光年. 乙得到 $t' = \dfrac{x'}{v} = 6$ 年，即达到天体时，飞船上 S' 钟

读数为 6 年，而由于时间膨胀效应，S 系时钟只走了 $t = t'\sqrt{1-\beta^2} = 3.6$ 年. 因而对于飞船参照系，此刻地球和天体上钟的读数分别为 3.6 年和 10 年，如图 1-1-26 所示.

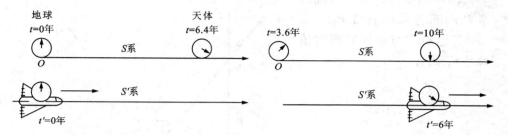

a.飞船飞离地球时各钟所指示的时刻　　　b.飞船到达天体时各钟所指示的时刻

图 1 - 1 - 26　飞船飞离地球

到达天体时，飞船立即以同样的速率返航，这时飞船为 S'' 惯性系. 飞船上的钟仍然为 $t''=6$ 年，而天体上的钟也仍然为 $t_{天}=10$ 年. 但此时地球上的时钟为 $(10+6.4)$ 年 $=16.4$ 年，即地球上的钟比天体上的超前 6.4 年，也就是说，地球上的钟一下从 3.6 年跳到 16.4 年，突然增加了 12.8 年.

与飞船离开地球的分析一样，可以得出飞船在回到地球时，飞船上时钟走了 6 年，即 $t''=12$ 年，而 S 系的时钟经历了 3.6 年，因而 $t_{天}=(10+3.6)$ 年 $=13.6$ 年，$t_{地}=(16.4+3.6)$ 年 $=20$ 年. 即回到地球，乙发现甲比自己年长了 8 岁，如图 1 - 1 - 27 所示. 而甲根据天体距离（16 光年往返），飞船航速 $v=0.8c$. 自然得出飞船来回需 20 年，而由于时间膨胀效应，

$$t = \frac{t'}{\sqrt{1 - \dfrac{v^2}{c^2}}}$$

宇宙飞船上时钟只走了 12 年，甲乙双方得出同样的结论.

（2）宇宙飞船上的乙并不能即时地看到地球上时钟的读数，他只能通过接收电报间接地推算地球上时间的流逝. 当飞船飞离地球时，收贺年电报的周期比一年长. 这是因为对飞船来说，地球上时钟由于时间膨胀效应变慢，同时在此期间飞船离地球更远了.

时间膨胀效应给出 $\Delta t'=k\Delta t$，其中 $\Delta t=1$ 年，是对地球而言的发报间隔. 此期间飞船又走了 $v\Delta t'/c$ 光年的距离，所以飞船上乙收报的间隔为

$$(1+\beta)\Delta t' = (1+0.8)/0.6 = 3 \text{ 年}$$

因此，宇航员乙驶向天体的 6 年中只收到 2001、2002 年两封元旦贺电.

同理，宇宙飞船返航过程中，$\Delta t''=k\Delta t$. 乙收到电报的间隔应该是

$$(1-\beta)\Delta t'' = (1-0.8)/0.6 = \frac{1}{3} \text{ 年}$$

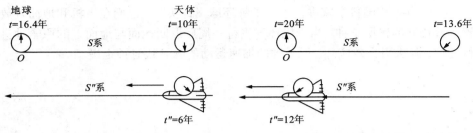

a.飞船飞离天体时各钟所指示的时刻　　　　　b.飞船回到地球时各钟所指示的时刻

图 1 - 1 - 27　飞船返回地球

这样,在返航的 6 年中可收到从 2003 年至 2020 年的 18 封元旦贺电. 如表 1 - 1 - 1所示.

表 1 - 1 - 1　地球上发报时间和飞船上收报时间

t	0	1	2	3	4	5	6	7	8	9
t'	0	3	6							
t''			6	$\frac{1}{3}$	$6\frac{2}{3}$	7	$7\frac{1}{3}$	$7\frac{2}{3}$	8	$8\frac{1}{3}$
10	11	12	13	14	15	16	17	18	19	20
$8\frac{2}{3}$	9	$9\frac{1}{3}$	$9\frac{2}{3}$	10	$10\frac{1}{3}$	$10\frac{2}{3}$	11	$11\frac{1}{3}$	$11\frac{2}{3}$	12

对宇宙飞船上发报,地球上收报的时间可作同样的分析,结果见表 1 - 1 - 2.

表 1 - 1 - 2　飞船上发报时间和地球上收报时间

t'	0	1	2	3	4	5	6					
t''							6	7	8	9	10	11	12
t	0	3	6	9	12	15	18	$18\frac{1}{3}$	$18\frac{2}{3}$	19	$19\frac{1}{3}$	$19\frac{2}{3}$	20

　　以上对双生子佯谬的分析假设了乙离去与返回都是惯性系,忽略中间变速的过程,其实无论中间经历怎样的变速过程,从时空图上都可得出 $P_1 P_3$ 间直线最长的结论. 即无论甲乙都会得出乙更年轻的结论. 此效应的讨论与广义相对论无关,即使涉及到非惯性系. 因为这个现象是以闵氏时空为背景的,与引

力无关，而广义相对论则必涉及弯曲时空，涉及引力.

　　1971 年，美国科学家进行了原子钟环球飞行实验. 他们在飞机和地面各放置一台相同的铯原子钟. 当飞机环球飞行一周后返回地面与地面上的原子钟进行比较，除去引力效应外，原子钟的加速运动的确导致时钟走慢.

第 2 部分　热物理学

2.1　利用熵分析热力学循环的效率[①]

热力学循环的效率定义为

$$\eta = \frac{W}{Q_1} \qquad (1-2-1)$$

式中 W 为整个循环过程中对外所做的净功，Q_1 为吸收的热量，可见 η 的物理意义为整个循环过程中吸收的热量转变为净功的百分比，因而 η 是衡量热机性能的关键指标.

由式 $(1-2-1)$，η 的计算似乎与熵变无关. 但在某些情况下，利用熵的概念分析热力学循环的效率，可使问题变得简化. 以下是两个实例：

2.1.1　利用 $T-S$ 图计算卡诺循环的效率

卡诺循环由两个等温过程和两个绝热过程组成，在 $p-V$ 图上表示为四条首尾相连的曲线. 如果在 $T-S$ 图（T 为系统的绝对温度，S 为系统的熵）中表示该过程，会使循环效率的计算变得十分简单.

由熵的定义

$$dS = \frac{dQ}{T} \qquad (1-2-2)$$

可知，对于某个准静态过程，若 $dS > 0$，则 $dQ > 0$，系统从外界吸收热量；若 $dS < 0$，则 $dQ < 0$，系统向外界放出热量；若 $dS = 0$，则 $dQ = 0$，系统与外界没有热量交换，对应为绝热过程. 如图 $1-2-1$，卡诺循环可由 $T-S$ 图中的四条首尾相连的直线组成.

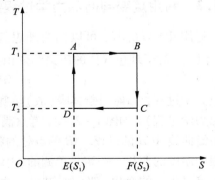

图 $1-2-1$　$T-S$ 图中的卡诺循环过程

① 选自：熊万杰，旷卫民，李海. 物理与工程，2006，16(3)

图中 T_1 是高温热源的温度；T_2 为低温热源的温度. 不妨假设系统沿 ABCDA 变化，构成正循环. AB 过程是等温过程，系统从外界吸收热量，熵从 S_1 增加到 S_2. BC 过程为绝热过程，系统的熵保持不变，温度从 T_1 下降到 T_2，内能减少. CD 过程为等温过程，系统向外界放出热量，熵从 S_2 下降到 S_1. DA 过程为绝热过程，熵保持不变，温度从 T_2 上升到 T_1，内能增加.

将式(1 - 2 - 2)变形为 $\mathrm{d}Q = T\mathrm{d}S$，可知 $T - S$ 图中 S 轴与过程曲线间的面积表示热量，而过程曲线所围的面积表示功. 如图 1 - 2 - 1，设 AD、BC 的延长线与轴的交点分别为 E、F，那么矩形 ABFE 的面积代表 AB 过程系统从外界吸收的热量，用 Q_1 表示，则

$$Q_1 = T_1(S_2 - S_1) \tag{1 - 2 - 3}$$

而矩形 CDEF 的面积即为 CD 过程系统向外界放出的热量，用 Q_2 表示，则

$$Q_2 = T_2(S_2 - S_1) \tag{1 - 2 - 4}$$

过程曲线所围面积表示系统对外界做的功 W,

$$W = (S_2 - S_1)(T_1 - T_2) \tag{1 - 2 - 5}$$

由式(1 - 2 - 3)、式(1 - 2 - 4)、式(1 - 2 - 5)中的任意两式可得卡诺循环的效率为

$$\eta = 1 - \frac{T_2}{T_1}$$

与 $p - V$ 图中卡诺循环效率的计算结果相同，但过程更为简单. 此外，利用 $T - S$ 图计算卡诺循环的效率时，在导出过程中并没有假定工作物质一定是理想气体，因此其适用范围更加广泛.

2.1.2 利用熵变判断热力学过程的吸(放)热

运用 $\mathrm{d}Q = \nu C_n \mathrm{d}T$，可以判断理想气体在等容、等压过程中的吸(放)热情况. 但是，对于理想气体的压强和体积关系满足

$$p = aV^b + m \tag{1 - 2 - 6}$$

的热力学过程，如何判断其吸(放)热呢(参数 a、b、m 取不同的值，对应不同的热力学过程)？如图 1 - 2 - 2，考察满足式(1 - 2 - 6)的理想气体在 $p - V$ 图上经历沿曲线 ACB 的过程. AB 两点处的状态参量分别为(p_1、V_1)和(p_2、V_2). 该过程中温度的变化不一定是单调的，中间可能有吸热和放热的转折点，如果明白了该过程熵的变化，吸(放)热情况也会一目了然.

如图 1 - 2 - 2，在 AB 曲线上任取一点 C，先求 AC 过程的熵变. 考虑到熵是状态量，与过程无关，沿 ACB 曲线从 A 到 C 状态的熵变等于气体从 A 状态先沿 AD 作等压膨胀，再沿 DC 经历等容过程到达 C 状态的熵变，即

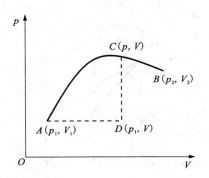

图 1 - 2 - 2　满足 $p = aV^b + m$ 理想气体的变化过程

$$\Delta S_{AC} = \Delta S_{AD} + \Delta S_{DC} \qquad (1 - 2 - 7)$$

根据 $\mathrm{d}Q_V = \nu C_V \mathrm{d}T$、$\mathrm{d}Q_p = \nu C_p \mathrm{d}T$ 和理想气体的状态方程 $pV = \nu RT$ 以及式（1 - 2 - 2）、式（1 - 2 - 6）、式（1 - 2 - 7）可得

$$\Delta S_{AC} = \nu C_V \ln \frac{aV^b + m}{p_1} + \nu C_p \ln \frac{V}{V_1} \qquad (1 - 2 - 8)$$

对式（1 - 2 - 8）微分，并变形得

$$\frac{\mathrm{d}S}{\mathrm{d}V} = \nu C_V \frac{abV^{b-1}}{aV^b + m} + \nu C_p \frac{1}{V} \qquad (1 - 2 - 9)$$

在 $V \in (V_1, V_2)$ 范围内，如果 $\frac{\mathrm{d}S}{\mathrm{d}V} > 0$，$S$ 随 V 单调递增，$\mathrm{d}Q > 0$，该过程一直吸热；如果 $\frac{\mathrm{d}S}{\mathrm{d}V} < 0$，则 S 随 V 单调递减，$\mathrm{d}Q < 0$，该过程一直放热；如果 $\frac{\mathrm{d}S}{\mathrm{d}V} = 0$，则此过程存在吸放热的转折点（假设为 C 点），在此情况下，若 $\frac{\mathrm{d}^2 S}{\mathrm{d}V^2} > 0$，$C$ 状态的熵最小，则 AC 过程系统放热，CB 过程系统吸热；若 $\frac{\mathrm{d}^2 S}{\mathrm{d}V^2} < 0$，$C$ 状态的熵最大，则 AC 过程系统吸热，CB 过程系统放热.

利用上述结论来讨论如下问题：1 mol 单原子分子理想气体经历了如图 1 - 2 - 3 所示的热力学循环过程 $ABCDA$，求其效率.

该循环过程中系统对外界所做的净功为

$$W = \frac{1}{2}(p_B - p_C)(V_C - V_A) = p_0 V_0 \qquad (1 - 2 - 10)$$

AB 过程的曲线方程为

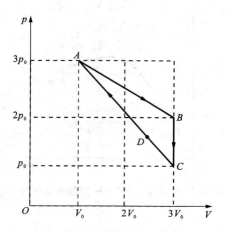

图 1 - 2 - 3 　热力学循环过程

$$p = -\frac{p_0}{2V_0}V + \frac{7}{2}p_0 \qquad (1-2-11)$$

将 $\nu = 1$，$a = -\frac{p_0}{2V_0}$，$b = 1$，$m = \frac{7}{2}p_0$，$C_V = \frac{3}{2}R$，$C_p = \frac{5}{2}R$ 代入式(1-2-9)得到

$$\left(\frac{\mathrm{d}S}{\mathrm{d}V}\right)_{AB} = \frac{R}{2}\frac{35V_0 - 8V}{V(7V_0 - V)} \qquad (1-2-12)$$

在 $V \in (V_0, 3V_0)$ 区间内，$\left(\frac{\mathrm{d}S}{\mathrm{d}V}\right)_{AB} > 0$，$AB$ 过程系统始终从外界吸收热量.

BC 过程为等容降温过程，系统向外界放热

$$Q_{BC} = C_V(T_B - T_C) = \frac{3}{2}(p_B V_B - p_C V_C) = \frac{9p_0 V_0}{2} \qquad (1-2-13)$$

CA 过程的曲线方程为

$$p = -\frac{p_0}{V_0}V + 4p_0 \qquad (1-2-14)$$

将 $\nu = 1$，$a = -\frac{p_0}{V_0}$，$b = 1$，$m = 4p_0$，$C_V = \frac{3}{2}R$，$C_p = \frac{5}{2}R$ 代入式(1-2-9)得到

$$\left(\frac{\mathrm{d}S}{\mathrm{d}V}\right)_{CA} = \frac{R}{2}\frac{20V_0 - 8V}{V(4V_0 - V)} \qquad (1-2-15)$$

在 $V \in (V_0, 3V_0)$ 区间内，当 $V = 5V_0/2$ 时(图 1-2-3 中的 D 状态)，$\frac{\mathrm{d}S}{\mathrm{d}V} = 0$，则

D 状态是 CA 过程吸热和放热的转折点. 考虑到 $\left(\frac{\mathrm{d}^2 S}{\mathrm{d}V^2}\right)_D = -\frac{16R}{15V_0^2} < 0$，$D$ 点熵取

极大值. 由此可知 CD 过程 $\dfrac{\mathrm{d}S}{\mathrm{d}V}<0$, 系统吸热, DA 过程 $\dfrac{\mathrm{d}S}{\mathrm{d}V}>0$, 系统放热. 再根据热力学第一定律, DA 过程中系统向外界放出的热量等于系统对外界所做的功与系统内能的增量之和的绝对值

$$Q_{DA} = \left| C_V(T_A - T_D) + W_{DA} \right| \qquad (1-2-16)$$

将 $V_D = \dfrac{5V_0}{2}$ 代入过程曲线方程 $(1-2-14)$, 得到 $p_D = \dfrac{3p_0}{2}$, 则

$$W_{DA} = -\frac{1}{2}(p_A + p_D)(V_D - V_A) = -\frac{27}{8}p_0 V_0 \qquad (1-2-17)$$

将式 $(1-2-17)$ 代入式 $(1-2-16)$, 并利用理想气体的状态方程, 得到

$$Q_{DA} = \frac{9}{2}p_0 V_0 \qquad (1-2-18)$$

将式 $(1-2-13)$ 和式 $(1-2-18)$ 相加, 得到整个循环过程系统向外界放出的热量为

$$Q_{放} = Q_{BC} + Q_{DA} = 9p_0 V_0 \qquad (1-2-19)$$

联立式 $(1-2-10)$ 和式 $(1-2-19)$ 可以得到图 $1-2-3$ 所示的热力学循环的效率为

$$\eta = \frac{W}{Q_{吸}} = \frac{W}{Q_{放} + W} = 10\% \qquad (1-2-20)$$

2.2 负熵流和地球生态环境

众所周知, 维持地球生态系统的能量基本上来自太阳, 但光有能量是不够的, 地球上众多的生命体在耗散能量的同时也产生了大量的熵, 这些熵必须予以排除.

熵的排除是分层次的. 从有机体内看, 细胞里的熵靠静脉血带到肺、肾、汗腺等器官, 然后通过呼吸、排尿和出汗等方式将熵排给周围的小环境. 小环境把熵排给较大的环境, 较大的环境又把熵排给更大的环境, 等等. 地球上生态系统最大的环境是遍及地球表面的生物圈. 最后, 地表的生物圈把熵排给高层大气, 高层大气再把熵排给太空. 在排熵的每个环节上, 都要求下个层次比上个层次有较低的熵水平. 地球向太空排熵主要是靠热辐射, 但整个地球的热收支大体上是平衡的, 否则地球生态环境就会逐年变暖或逐年变冷. 所以单靠放热来排熵是不够的, 还必须有负熵的来源才能将生态环境维持在低熵的水平, 地球生态环境负熵的供应者仍然是太阳.

太阳表面的温度约 6000K, 太阳的辐射可看作 6000K 的黑体辐射, 设太阳

的半径为 R_s，则太阳表面辐射的能流密度 I_s 及总功率 P_s 分别为：

$$I_s = \sigma T_s^4$$

$$P_s = \sigma T_s^4 4\pi R_s^2$$

令 r_s 代表日地距离，则太阳光照射到地球轨道处单位面积的功率为

$$I_e' = \frac{P_s}{4\pi r_s^2} = \left(\frac{R_s}{r_s}\right)^2 \sigma T_s^4$$

照射到地球表面太阳光的总能流 P 为向着太阳一面的垂直投影面积 πR_e^2 与 I_e' 的乘积，其中 R_e 为地球半径，即

$$P = \pi R_e^2 I_e'$$

据地球物理学家估计，照射到地球表面的太阳光约 34% 被云层直接反射回太空，剩下的 66% 经大气、海洋、地面复杂的吸收、输运和转化过程，最后仍将以辐射的形式将能量释放到太空. 虽然地表的温度很不均匀，但高层大气相对来说较为均匀，我们假定高层大气的温度为 T_e，地球向太空的辐射可看成温度为 T_e 的黑体辐射，则地球表面辐射的能流密度 I_e 及总功率 P_e 分别为

$$I_e = \sigma T_e^4$$

$$P_e = \sigma T_e^4 4\pi R_e^2$$

地球的热收支必须大致平衡，即

$$P_e = 0.66P$$

由以上各式可得

$$\frac{T_e}{T_s} = \left[\frac{0.66}{4}\left(\frac{R_s}{r_s}\right)^2\right]^{1/4}$$

按此估算，$T_e \approx 253\text{K} = -20℃$，这一估算值与地球上层大气实际平均温度（$-18℃$）差不多.

如果说地球在能量的收支方面大体平衡，但在负熵的获得方面就大不一样了，太阳表面的温度为 T_s，它带给地球的熵流为

$$\frac{\mathrm{d}_入 S}{\mathrm{d}t} = \frac{P_e}{T_s}$$

同时因地球向太空辐射带走的熵流为

$$\frac{\mathrm{d}_出 S}{\mathrm{d}t} = -\frac{P_e}{T_e}$$

一进一出，地球获得的净熵流为

$$\frac{\mathrm{d}S}{\mathrm{d}t} = \frac{\mathrm{d}_入 S}{\mathrm{d}t} + \frac{\mathrm{d}_出 S}{\mathrm{d}t} = P_e\left(\frac{1}{T_s} - \frac{1}{T_e}\right)$$

代入有关数据计算，可得

$$P_e = 1.18 \times 10^{17}\,\text{W}$$

$$\frac{\mathrm{d}S}{\mathrm{d}t} = 1.18 \times 10^{17}\left(\frac{1}{6000} - \frac{1}{253}\right) = -4.47 \times 10^{14}\,\text{W/K}$$

这便是地球收入的总负熵流(单位时间地球得到的负熵).

为了对 $\frac{\mathrm{d}S}{\mathrm{d}t}$ 的大小有个概念,我们可估算一下全人类食品中包含的负熵,若把人的食物需求量折合成葡萄糖来计算,则每个成人每日约需要 1 kg. 葡萄糖分子量为 180 g/mol,1 kg 葡萄糖含负熵 -3.254×10^3 J/K. 这就是每人每日需要的负熵,折合成每人每秒的需要量为 -3.77×10^{-2} W/K. 当今世界人口约 70 亿,即 7×10^9,因其中有许多是老人和小孩,折合成成年人为 4.2×10^9,全人类因食物消耗产生的负熵流为

$$\left(\frac{\mathrm{d}S}{\mathrm{d}t}\right)_{食物} = -1.58 \times 10^8\ \text{W/K}$$

表面看来,它比 $\frac{\mathrm{d}S}{\mathrm{d}t}$ 小了 6 个数量级,似乎乐观得很. 但实际上,据估计,辐照在地球上的太阳能中,除大约 34% 直接被云层反射以外,被大气吸收的约 44%,耗费在海水蒸发上约为 22%,仅此几项加起来几乎已达 100%,在剩下的零头中还有 0.17% 消耗在驱动大气和海洋的流动和风浪上,真正被绿色植物用来进行光合作用的仅为 0.02% 左右. 因而光合作用能提供的负熵流为

$$\left(\frac{\mathrm{d}S}{\mathrm{d}t}\right)_{光合} = 0.02\%\frac{\mathrm{d}S}{\mathrm{d}t} = -8.94 \times 10^{10}\ \text{W/K}$$

它只比 $\left(\frac{\mathrm{d}S}{\mathrm{d}t}\right)_{食物}$ 大几百倍,这就显得不那么宽裕了. 考虑到自然界生态系统中的食物链是分"级别"的,例如:

绿色植物——→草食动物——→初级肉食动物——→顶级肉食动物

在以上 4 级食物链中,每级以前一级作为自己的食物. 各级生物之间的生态效率(净生产的能量与它同化的能量之比)平均为 10% ~ 15%,更何况广阔森林中进行的光合作用大部分并不为人类直接或间接生产食品. 把所有这些因素都考虑进去,我们可以得出如下结论:由于"地球村"容量有限,难以承受人口无限制膨胀带来的沉重负担. 我们只有一个地球!节约资源,保护环境是我们每一位"地球村"村民义不容辞的责任.

2.3　耗散结构与"热寂说"的终结

2.3.1　宇宙"热寂说"

热力学第二定律和热力学第一定律一道，构成了热力学的理论基础，但是汤姆逊和克劳修斯等人错误地把热力学第二定律推广到整个宇宙，得出了宇宙"热寂"的荒谬结论．

宇宙"热寂"论者认为：无限的宇宙可视为一个孤立的系统，宇宙间现有的炽热天体随着时间的推移将不断地把自身的热能辐射到广漠的空间．这些热能只不过能使冰冷的物体稍微温暖一些，但是炽热的天体却将不断地冷却下去，最后使整个宇宙的温度趋于均衡，宇宙的熵达到最大．由于不可逆的规律，它将不可能重新产生新的温度差，熄灭的天体不可能重新炽热起来，宇宙的一切活动最终将归于死寂．

1852 年，汤姆逊发表了一篇题为《自然界中机械能耗散的一般趋势》的论文，对物质世界的总趋势做了如下论断：

（1）物质世界目前有机械能不断耗散的普遍趋势．

（2）在非生命的物质过程中，任何恢复机械能而不相应地耗散更多机械能的活动是不可能的．

（3）地球在一段时间以前和在一段时间以后一定是不适合于人类像现在这样居住．

1865 年，克劳修斯在一篇论文中以结论的形式用最简练的语言表述了热力学的两条基本原理：

（1）宇宙的能量是守恒的．

（2）宇宙的熵趋于一个极大值．

1867 年，克劳修斯又进一步提出："宇宙越接近于其熵为最大值的极限状态，它继续发生变化的机会也就越少，如果最后完全达到了这个状态，也就不会再出现进一步的变化，宇宙将处于死寂的永远状态．"

"热寂说"此后也引起了不少著名科学家的异议，他们认为热力学第二定律只有在一个孤立系统条件下才能成立，把在有限时空范围内得到的原理推广到无限的开放的宇宙是很难置信的．麦克斯韦指出：热力学第二定律应限定在"一个封闭的袋式系统"；普朗克认为应限定在"孤立系统之内，系统之外的物体不发生变化"；玻恩则认为应限定在"一个不透热的封闭系统"．玻耳兹曼则提出了另一种观点：他认为热力学在局部范围内是正确的，但不是绝对的规律. 自然界有起伏的运动, 过程会向相反方向进行, 虽然这种可能性很小, 但概率并不为零. 宇宙在每一次起伏后就趋向新的平衡, 但新的起伏又会破坏这种平衡.

恩格斯从唯物主义辩证法的观点出发批判"热寂说". 他指出热寂说与能量守恒原理实质上是对立的. 因为要使死寂了宇宙重新活动起来, 就只有靠造物主的再次推动. 而能量守恒定律则从科学上证明宇宙的活动是不生不灭的, 是无限的循环. 恩格斯指出: "放射到太空中去的热一定有可能通过某种途径(指明这一途径, 将是以后自然科学的课题)转变为另一种形式, 在这种运动形式中, 它能够重新集结和活动起来."

2.3.2　耗散结构

显然, 热力学第二定律也与达尔文的进化论相互矛盾. 按热力学第二定律, 热力学系统最终会趋于最无序——也即熵最大的平衡态, 但生命进化过程则刚好相反, 从荒漠的地球上, 从结构简单的无机物分子中, 进化出有机分子、高分子、单细胞生物、低级生命、高级动物, 最终进化出人这样一种高度有序、高度智慧的生命个体, 整个进化过程不是越来越无序, 而是越来越有序; 熵不是越来越增加, 而是越来越减少.

如何解释这一表面看来和热力学第二定律相违背的自然现象呢? 20 世纪 60 年代比利时科学家普里高津提出的"耗散结构"理论最终解决了这一难题. 耗散结构的理论可概述如下:

熵增原理仅适用于孤立系统. 对于开放系统并不适用. 开放系统熵变由两部分组成

$$dS = d_i S + d_e S$$

$d_i S$ 表示由系统内部不可逆过程引起的熵变化, 称为熵产生; $d_e S$ 则表示系统与外界交换能量或物质引起的熵变, 称为熵流.

一个系统的熵产生 $d_i S$ 恒大于零, 即

$$d_i S \geq 0$$

其中等号对应于可逆过程, 不等号对应于不可逆过程.

熵流 $d_e S$ 则可正可负, 这取决于系统和外界的作用, 如果系统与外界的作用使得 $d_e S < 0$, 我们称之为负熵流. 当负熵流足够强, 足以抵消系统内部的熵产生, 即 $|d_e S| > |d_i S|$ 时, 系统的总熵变 $dS \leq 0$.

可见, 由于负熵流的作用, 系统的熵减少了, 系统进入比原来更加有序的状态. 因此, 对于一个开放系统, 存在从无序到有序转化的可能. 当然, 负熵流的产生必须耗散外界的物质或能量, 因而称之为耗散结构.

根据耗散结构的理论,可大致描述有机体的生命过程.

首先,有机体必须是开放系统,它们与周围环境之间不断地有物质和能量的交换. 但这还不够,物质和能量的进出必须能使有机体维持低熵的状态,这就要求摄入的是低熵物质,排出的是高熵物质,用薛定谔的话说,就是负熵进,正熵出.

对于动物来说,生命攸关的低熵物质有两类:低熵高能的食物(如碳水化合物)和低熵低能的净液态水,排出的高熵物质是 CO_2、水汽、尿、汗和其他排泄物. 碳水化合物在地球上来自绿色植物的光合作用,被消化吸收后产生热量作为维持生命所需的能量来源,当然在生命的活动过程中能量是守恒的,只是由一种形式(如化学能)变成了其他形式(如热能等);但生命体在耗散能量的过程中熵也不断增加,若不设法降低,生命照样无法维持,这就凸显了水的作用. 液态水虽不为生命体提供化学能,但它具有较高的汽化热和对许多物质有较强的溶解能力,在它蒸发或溶解了废物后变为高熵物质排出体外时,带走了大量的熵,使生命维持在低熵状态. 可见,食物和水对维持生命是缺一不可的.

2.3.3　热寂说的终结

多年来,人们总感到对热寂说的批判说服力不够,未中要害. 真正终结热寂说的现代理论包含以下两个要点:一是宇宙在膨胀;二是引力系统乃具有负热容的不稳定系统.

现代理论表明:宇宙起源于一次大爆炸,此后便一直在膨胀. 早期的宇宙结构比后来简单得多,是由极高温的热辐射(高能光子)组成的"羹汤",一些种类的带电粒子在其中时隐时现,整个宇宙是均匀的,处于热平衡态. 随着宇宙的膨胀,温度逐渐降低,它的一些组成部分先后与其余部分分离,称为"脱耦",宇宙越来越偏离热平衡态.

首先出现的粒子是质子和中子,随着温度的降低,质子和中子结合成稳定的原子核,再与电子复合成电中性的原子,此后由中性原子组成的气体就几乎不再与光子作用,或者说物质与辐射脱耦,物质的温度与辐射场的温度不再相等,这样均匀的宇宙中就出现了物质和温差.

热力学第二定律是关于分子运动的理论,并未考虑引力的作用,而在宇宙范围内万有引力起主导作用. 引力系统的特点是具有不稳定性,某处因涨落密度稍有增加,就会对周围物质产生较强的吸引力;吸引更多的物质靠拢过来,使局部的密度进一步增大. 于是在本来均匀的宇宙中就逐渐聚集出一些尺度不同的团块来,并最终形成星球、星系、星系团等结构.

引力系统的另一特点是具有负热容,所谓负热容就是放出热量时温度反而升高(当然其能量来自于引力势能的减少). 具有负热容的系统是不稳定的,根本就没有平衡态,因而热力学第二定律的前提对宇宙从头开始就不适用. 如果非要对宇宙应用熵增原理,泽尔多维奇提出了如下看法:对于引力系统,密度均匀态并不是概率最高的. 宇宙中均匀物质凝成团块的过程中,引力势能转化为动能. 从均匀到不均匀,位形空间里的分布概率减小了,但温度升高导致速度空间的分布概率增加了. 两者相抵,系统的总概率不是减少了而是增加了. 也就是说,天体的形成是引力系统的自发过程,它的熵是增加的,由于不存在平衡态,熵没有极大值,因而这种增加是没有止境的.

综上所述,宇宙的膨胀和负热容的热力系统理论为我们展示出一幅全新的宇宙图景:宇宙早期是处于热平衡的高温高密度"羹汤",从这一单调的混沌状态开始,在膨胀过程中一步步发展出愈来愈复杂的多样化结构. 于是在微观上形成了原子核、原子、分子(从较简单的无机分子到高级的生物大分子),在宏观上演化出星系团、星系、恒星、太阳系、地球、生命、直至人类这样的智慧生物和越来越发达有序的社会. 宇宙不但不会死,反而从早期的"热寂"状态(平衡态)下生机勃勃地复生. 尽管当今的物理学尚不能准确地预卜宇宙的最后结局,但困扰了物理学界长达100多年的宇宙热寂说终于被终结.

2.4 热力学过程吸热、放热的判别

理想气体的热力学过程中,系统对外作功或外界对系统作功,只须观察此过程中体积是膨胀还是收缩便可判别. 在 $p-V$ 图上,则表现为过程曲线是由体积较小的等容线向体积较大的等容线变化,或是反向变化,如图 $1-2-4$.

同样,观察过程是升温还是降温,也很容易判定内能是增大,还是减小,在 $p-V$ 图上则只须考查过程曲线是由较低温的等温线向较高温的等温线变化,还是相反(见图 $1-2-5$).

一个过程是吸热还是放热的判别,则不那么直观了,需要通过热力学第一定律,从过程内能的增减和作功的正负来计算. 能否给出一种类似判别作功和内能变化的方法,从 $p-V$ 图上直接判别过程是吸热或放热呢?

从作功和内能变化的讨论中我们看到,等容过程和等温过程起着重要的作用,在 $p-V$ 图上则表现为等容线和等温线的特殊地位. 在考查过程的吸热或放热时,是否也有特殊的热力学过程呢? 有,这就是绝热过程.

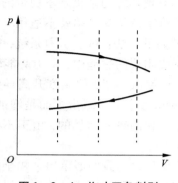

图 1 - 2 - 4　作功正负判别

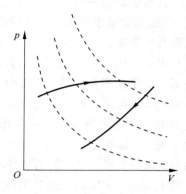

图 1 - 2 - 5　内能变化的判别

我们把所有的热力学过程分成两类.

第一类,过程的始态和末态在同一条绝热线上(见图 1 - 2 - 6). 这类过程又可分为两种情形. 一是如图中 $A \rightarrow C \rightarrow B$ 过程,我们设想一附加过程,使系统从 B 状态沿绝热过程再回到 A 状态,形成一个循环过程. 由于 $ACBA$ 是一个正循环,此循环一定从周围环境吸热,并对外作功. 如果以 $\Delta Q'$ 表示此循环的吸热量,那么就有 $\Delta Q' > 0$,以 ΔQ 表示 ACB 过程的吸热量,由于绝热过程没有热量交换,整个循环的热交换等于 ACB 过程的热交换,因此 $\Delta Q = \Delta Q' > 0$,即

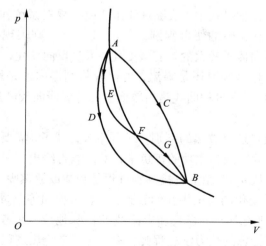

图 1 - 2 - 6　始末态在同一绝热线上

ACB 为吸热过程. 另一种情况如图中的 ADB 过程, 由于 $ADBA$ 是一个逆循环, 该循环将向周围环境放热, 即 $\Delta Q' < 0$. 同样由于 $\Delta Q = \Delta Q'$, 所以 $\Delta Q < 0$, 即 ADB 为放热过程. 综上所述, 可得出如下结论: 当某过程的始末状态在同一条绝热线上时, 如果该过程与通过始末状态的绝热过程组成正循环, 则为吸热过程, 如果组成逆循环, 则为放热过程. 当过程比较复杂时, 如图 $1-2-6$ 中的 $AEFGB$ 过程, 它与绝热线有交点, 则可将整个过程分成两部分, 开始的 AEF 为放热过程, 随后的 FGB 为吸热过程, 整个过程则要通过具体计算才能确定到底是吸热还是放热.

第二类, 过程的始末态在不同的绝热线上. 我们先讨论图 $1-2-7$ 所示的情形, 初态 A 在较低的绝热线上, 末态 B 在较高的绝热线上, 并且假定, 该过程曲线与这两条绝热线没有其他交点. 我们知道不同的绝热线是不能相交的, 但是绝热膨胀到体积很大时, 压强将降得很低, 各绝热线将十分靠近, 当体积 $V \to \infty$ 时, 可以设想这些绝热线将汇聚到一点.

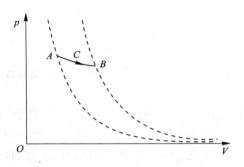

图 $1-2-7$　始末态在不同绝热线上

因此可以设想一个循环: 由 A 态经 C 到 B 态, 然后沿 B 态所在的绝热线膨胀到无穷, 通过汇聚点过渡到 A 态所在的绝热线, 并沿此绝热线收缩到初态 A. 在这一循环中, 除了 ACB 过程有热量交换外, 其余过程均为绝热过程, 没有热交换, 因此 ACB 过程的吸热量 ΔQ, 等于整个循环的吸热量 $\Delta Q'$, 这是一个正循环, 所以 $\Delta Q = \Delta Q' > 0$, 即 ACB 为吸热过程. 如果初态在较高的绝热线上, 当然正好相反, 因为我们附加上绝热过程后的循环过程将是一个逆循环, 整个循环将放热, 这个热量也是所考查过程放出的热量. 因此我们可得出如下结论: 当过程的始末态在不同绝热线上, 且过程曲线与这两条绝热线没有其他交点时, 初态在较低绝热线上的过程将吸热, 初态在较高绝热线上的过程将放热.

如果过程较复杂, 过程曲线与始末态所在的绝热线另有其他交点, 如图 $1-2-8$ 中的 ACB 过程, 或 ADB 过程, 那就要把整个过程分成几部分分别考虑. 如 ACB 过程可以分成 AC 和 CB 两个过程, 按前面得出的结论, AC 为放热过程, CB 为吸热过程, 整个过程究竟是吸热还是放热, 还要通过具体计算才能最后判定.

对于判别比较复杂的热力学过程, 更恰当的办法是作一条绝热线与 AC 相

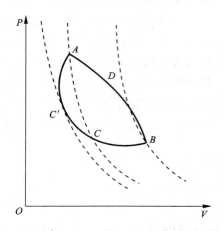

图 1-2-8   过程线与绝热线相交

切,切点为 C'(见图 1-2-8),由于这条辅助的绝热线比经过 A,B 点的绝热线都低,所以可以判定:AC' 为放热过程,$C'CB$ 为吸热过程.

下面通过两个实例,具体说明上述方法的应用.

实例一   一定量的单原子分子理想气体,经历图 1-2-9 所示的循环 $ABCDA$,其中 AB 为等压过程,BC 为等温过程,CD 为等容过程,DA 为直线过程. 单原子分子理想气体 $\gamma = 1.67$,其他参量图上均已标出.

$A{\rightarrow}B$ 的等压过程:由于 A 点所在的绝热线比 B 点的高,因此为放热过程. 由此我们可以得出关于等压过程的一般结论:等压膨胀吸热,等压压缩放热.

$B{\rightarrow}C$ 的等温过程:由于 B 点

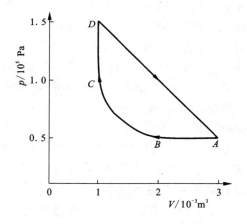

图 1-2-9   一个热力学循环

所在的绝热线比 C 点的高,所以也是放热过程. 关于等温过程的一般结论是:等温膨胀吸热,等温压缩放热.

$C{\rightarrow}D$ 的等容过程:由于 C 点所在的绝热线比 D 点的低,所以此过程为吸热过程. 关于等容过程的一般结论是:等容升温吸热,等容降温放热.

在以上讨论中，我们只涉及到一种情况，那就是这些过程曲线与每一条绝热线都只有一个交点.

$D \to A$ 是一个直线过程，但它既不是等压过程，也不是等容过程，这类过程比较复杂一些. 我们首先写出此过程的过程方程

$$p = p_D + k(V - V_D)$$

式中 $p_D = 1.5 \times 10^5 \mathrm{Pa}$ 是 D 点的压强，$V_D = 1.0 \times 10^{-3} \mathrm{m}^3$ 是 D 点的体积，$k = -5.0 \times 10^7 \mathrm{Pa/m}^3$ 是此直线的斜率.

其次我们考查始末态 D，A 所在的绝热线

$$pV^\gamma = p_D \cdot V_D^\gamma = 1.5 \times 10^5 \times (1.0 \times 10^{-3})^{1.67} = 1.5 \ \mathrm{Pa \cdot m}^5$$

$$pV^\gamma = p_A \cdot V_A^\gamma = 0.5 \times 10^5 \times (3.0 \times 10^{-3})^{1.67} = 3.1 \ \mathrm{Pa \cdot m}^5$$

即 D 点在较低的绝热线，A 点在较高的绝热线. 但这并不能说明此过程一定是单一的吸热过程，因为这两条绝热线还有可能与过程直线有其他交点，为此我们需考查有无其他绝热线与直线 $\overline{DA}$ 相切. 如果有某条绝热线与 $\overline{DA}$ 相切，则它在切点的斜率必然等于 $\overline{DA}$ 直线的斜率，即

$$\frac{\mathrm{d}p}{\mathrm{d}V} = -\gamma \frac{p}{V} = k$$

$$p = -\frac{k}{\gamma} V = 3.0 \times 10^7 V$$

与过程方程联立，求得

$$p = 0.75 \times 10^5 \mathrm{Pa}$$

$$V = 2.5 \times 10^{-3} \mathrm{m}^3$$

此点即为 $\overline{DA}$ 与绝热线

$$pV^\gamma = 0.75 \times 10^5 \times (2.5 \times 10^{-3})^{1.67} = 3.5 \ \mathrm{Pa \cdot m}^5$$

的交点，以上结果如图 $1-2-10$ 所示，由图可见这一条绝热线是最高的，所以可以判定 $D \to E$ 为吸热过程，$E \to A$ 为放热过程.

实例二 一定量的单原子理想气体，由初态 a 经历一直线过程膨胀到末态 b，其状态参量如图 $1-2-11$ 所示，求：

(1)吸热与放热转折点 c 的状态参量 p_c，V_c；

(2) ab 过程中系统吸收与放出的热量.

(1)由图可知：ab 直线的斜率为

$$k = \frac{p_b - p_a}{V_b - V_a} = \frac{(1.5 - 4.5) \times 10^5}{(3 - 1) \times 10^{-3}}$$

ab 直线方程为 $p = p_a + k(V - V_a)$，将 p_a，V_a，k 代入得

$$p = 4.5 \times 10^5 - 1.5 \times 10^8 (V - 1 \times 10^{-3})$$

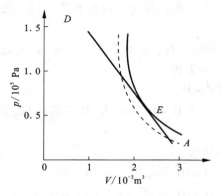

图 1 - 2 - 10　与 AD 过程线相切的最高绝热线　　　**图 1 - 2 - 11　直线膨胀过程**

设 c 点为某绝热线与 ab 相切之点, 该绝热线方程为 $pV^\gamma =$ 常量, 在 c 点的斜率应与 ab 直线的斜率相等, 即 $k_{Sc} = k$, k_{Sc} 为绝热线在 c 点的斜率.

$$k_{Sc} = \frac{\mathrm{d}p}{\mathrm{d}V}\bigg|_c = -\gamma \frac{p_c}{V_c}$$

对于单原子气体, $\gamma = \dfrac{5}{3}$, p_c, V_c 为 c 点的状态参量, 由此可得相切条件满足

$$-\frac{5}{3}\frac{p_c}{V_c} = -1.5 \times 10^8$$

上式代入 ab 直线方程, 可得出切点 c 的状态参量值分别为

$$p_c = 2.25 \times 10^5 \text{ Pa}, \ V_c = 2.5 \times 10^{-3} \text{ m}^{-3}$$

（2）由实例一的分析可知, ac 段为吸热膨胀过程, 即 $Q_{ac} > 0$; cb 段为放热膨胀过程, 即 $Q_{cb} < 0$.

由热力学第一定律和内能公式

$$\mathrm{d}Q = \mathrm{d}E + p\mathrm{d}V$$

$$E = \frac{m}{M}\frac{i}{2}RT = \frac{i}{2}pV$$

由以上两式可算得热力学过程的吸热量为

$$Q = \int_1^2 \mathrm{d}E + \int_{V_1}^{V_2} p\mathrm{d}V$$

$$= \frac{i}{2}\left(\int_{p_1}^{p_2} V\mathrm{d}p + \int_{V_1}^{V_2} p\mathrm{d}V\right) + \int_{V_1}^{V_2} p\mathrm{d}V$$

$$= \frac{i}{2}\int_{p_1}^{p_2} V\mathrm{d}p + \frac{i+2}{2}\int_{V_1}^{V_2} p\mathrm{d}V$$

又由于过程方程的斜率为 $k = \dfrac{\mathrm{d}p}{\mathrm{d}V}$，即 $\mathrm{d}p = k\mathrm{d}V$，代入上式得

$$Q = \frac{i}{2}\int_{V_1}^{V_2} kV\mathrm{d}V + \frac{i+2}{2}\int_{V_1}^{V_2} p\mathrm{d}V$$

此式即为计算任意直线膨胀过程热量的一般表达式. 我们用它分别计算 ac 和 cb 过程的热量.

对于 ac 段膨胀过程，将过程方程 $p = p_a + k(V - V_a)$ 代入，并取定积分限为 $V_a \to V_c$，可得

$$Q_{ac} = \frac{i}{2}\int_{V_a}^{V_c} kV\mathrm{d}V + \frac{i+2}{2}\int_{V_a}^{V_c} [p_a + k(V - V_a)]\mathrm{d}V$$

完成上述积分计算，并将斜率 k 值，单原子分子气体 $i = 3$，p_a，V_a，V_c 值均代入上式可得

$$Q_{ac} = 675\ \mathrm{J}$$

对于 cb 段膨胀过程，取积分限为 $V_c \to V_b$，完成下述积分

$$Q_{cb} = \frac{i}{2}\int_{V_c}^{V_b} kV\mathrm{d}V + \frac{i+2}{2}\int_{V_c}^{V_b} [p_a + k(V - V_a)]\mathrm{d}V$$

将 k，i，p_a，V_a，V_b，V_c 值代入可得

$$Q_{cb} = -75\ \mathrm{J}$$

如果不先判断转折点 c，直接利用 Q 的积分式并取积分限 $V_1 = V_a$，$V_2 = V_b$，则计算出的是过程 ab 的总吸热量

$$Q_{ab} = 600\ \mathrm{J}$$

这一计算显然掩盖了 cb 过程的放热特性，容易导致误解.

2.5　负热力学温度

根据热力学基本方程

$$T\mathrm{d}S = \mathrm{d}E + p\mathrm{d}V \qquad\qquad (1-2-21)$$

可将此式推广至体积变化做功之外的其他情形

$$T\mathrm{d}S = \mathrm{d}E + X\mathrm{d}y \qquad\qquad (1-2-22)$$

式中 X 为广义力，$\mathrm{d}y$ 为相应的广义位移.

由式 $(1-2-22)$，系统温度 T 与参量 y 保持不变时熵随内能变化率的关系为

$$\frac{1}{T} = \left(\frac{\partial S}{\partial E}\right)_y \qquad\qquad (1-2-23)$$

在一般系统中，内能愈高时，系统可能的微观状态数也愈多，即熵随内能单调

地增加. 由式(1 - 2 - 23)可知, 这样的系统, 其温度是恒正的. 但是, 也存在一些系统, 其熵函数不随内能单调地增加, 当系统的内能增加但熵反而减少时, 系统就处在负温度状态.

　　以下是两个负温度状态的实例.

2.5.1　核自旋系统

　　原子核都具有自旋角动量, 由于原子核带有电荷, 所以伴随着自旋, 它们就有自旋磁矩, $\mu_s = \dfrac{e\hbar}{2m}$, 磁矩在磁场中具有与磁场相联系的能量: $E = -\boldsymbol{\mu}_s \cdot \boldsymbol{B}$. 现考虑由 N 个原子核组成的系统, 并假定其磁矩只能取与外磁场平行或反平行两个方向. 对此系统加一外磁场 $\boldsymbol{B}$ 后, 当逐渐增大系统的能量时(如用频率适当的电磁波照射), 磁矩的方向与外磁场方向相同或相反的粒子数将随参量的改变而变化, 显然这一过程也反映了系统微观无序度(熵)随系统能量变化的情况, 如图 1 - 2 - 12(a)、(b)、(c)、(d)、(e)所示.

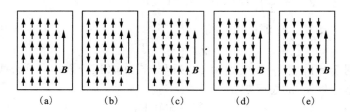

(a)　　　　(b)　　　　(c)　　　　(d)　　　　(e)

图 1 - 2 - 12　系统微观无序度随能量变化

　　为明确起见, 我们假设粒子的自旋量子数为 $\dfrac{1}{2}$. 在外磁场 $\boldsymbol{B}$ 中, 粒子的能量有两个可能值 $\pm\dfrac{e\hbar}{2m}B$, 简记为 $\pm\varepsilon$, 分别对应于 $\boldsymbol{\mu}_s$ 与 $\boldsymbol{B}$ 反平行或平行两种情况. 设系统的总粒子数为 N, 我们用 N_+ 表示处在能级 $+\varepsilon$ 的粒子数, N_- 表示处在能级 $-\varepsilon$ 的粒子数. 显然

$$N_+ + N_- = N \qquad (1 - 2 - 24)$$

系统的内能 E 为

$$E = (N_+ - N_-)\varepsilon \qquad (1 - 2 - 25)$$

由式(1 - 2 - 24)和式(1 - 2 - 25)可得

$$N_+ = \frac{N}{2}\left(1 + \frac{E}{N\varepsilon}\right), \ N_- = \frac{N}{2}\left(1 - \frac{E}{N\varepsilon}\right) \qquad (1 - 2 - 26)$$

系统的熵为

$$S = k\ln\Omega = k\ln\frac{N!}{N_+!\ N_-!} \qquad (1-2-27)$$

利用近似式 $\ln m! = m(\ln m - 1)$，并将式$(1-2-26)$代入式$(1-2-27)$，可得

$$S = k[N\ln N - N_+\ln N_+ - N_-\ln N_-]$$

$$= Nk\left[\ln 2 - \frac{1}{2}\left(1 + \frac{E}{N\varepsilon}\right)\ln\left(1 + \frac{E}{N\varepsilon}\right)\right.$$

$$\left. - \frac{1}{2}\left(1 - \frac{E}{N\varepsilon}\right)\ln\left(1 - \frac{E}{N\varepsilon}\right)\right] \qquad (1-2-28)$$

根据$(1-2-23)$式可以求得

$$\frac{1}{T} = \left(\frac{\partial S}{\partial E}\right)_B = \frac{k}{2\varepsilon}\ln\frac{N\varepsilon - E}{N\varepsilon + E}$$

$$(1-2-29)$$

其中$\left(\dfrac{\partial S}{\partial E}\right)_B$代表磁场不变.

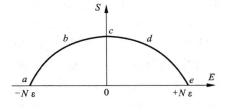

图 $1-2-13$ S 与 E 的关系

式$(1-2-28)$所给出的 S 随 E 的变化关系如图$1-2-13$所示. 由于 S 是 E 的偶函数,曲线的左半部分和右半部分是对称的. 由式$(1-2-29)$可知,在 $E<0$ 时(曲线的左半部分),$\left(\dfrac{\partial S}{\partial E}\right)_B$为正,系统处在正温状态. 在 $E>0$ 时(曲线的右半部分),$\left(\dfrac{\partial S}{\partial E}\right)_B$为负,系统处在负温状态,其温度与能量的变化关系如图$1-2-14$所示.

整个物理图象可以这样定性地说明. 正温范围的情况是易于理解的. 在 $T = +0$ 时,N 个粒子都处在低能级 $-\varepsilon$,系统的内能为 $-N\varepsilon$. 由于系统的微观状态完全确定,该状态的熵为零. 随着温度的升高,处在高能级 $+\varepsilon$ 的粒子数逐渐增加,处在低能级 $-\varepsilon$ 的粒子数逐渐减少,因而内能和熵都逐渐增加. 到 $T = +\infty$ 时,粒子处在能级 $+\varepsilon$ 和能级 $-\varepsilon$ 的几率相等,粒子数均为 $\dfrac{N}{2}$. 这时内能增加至零. 熵也增加到 $S = k\ln 2^N = Nk\ln 2$. 当处在能级 $+\varepsilon$ 的粒子数大于 $\dfrac{N}{2}$,处在能级 $-\varepsilon$ 的粒子数小于 $\dfrac{N}{2}$ 时,系统的内能取正值,相应于图$1-2-13$中曲线的右半部分. 但在内能增加的同时,系统可能的微观状态数却反而减少. 当内能增加到 $N\varepsilon$ 时,N 个粒子都处在能级 $+\varepsilon$,熵为零. 由于在曲线的右半部分,熵随内能单调地减少,故右半部分相应于负温状态. 由式$(1-2-29)$可知,当内

能由零增加至 $N\varepsilon$ 时, 温度由 $-\infty$ 变到 -0. 此时系统的能量最大, 它已不可能再吸收能量, 所以温度最高.

以上的讨论说明, 在负温状态下系统的内能高于正温状态的内能, 或者说, "更热". 当一个处在负温状态的系统与一个处在正温状态的系统进行热接触时, 热量将从负温系统传到正温系统去. 这就是说, 负温较正温为 "热". 从 "冷" 到 "热" 的温度顺序为: $+0K, \cdots, +300K, \cdots, \pm\infty K$, $\cdots, -300K, \cdots, -0K$. 如果令两个结构完全相同而分别处在 $\pm300K$ 的系统进行热接触, 达到热平衡后的共同温度不是 0K 而是 $\pm\infty K$, 而 $\pm\infty K$ 是相同的温度.

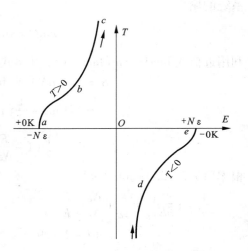

图 1 – 2 – 14　　温度与能量的变化关系

应当注意, 在负温状态下, 核自旋系统的磁化强度与外磁场反向. 如果晶体中核自旋相互作用的弛豫时间 t_1 远小于核自旋与晶格相互作用的弛豫时间 t_2, 这种状态是可以实现的. 例如, 将晶体置于强磁场下, 令磁场迅速反向. 如果磁场反向的速度足够快, 使核自旋不能跟随磁场反向, 则经弛豫时间 t_1 后, 核自旋系统就达到内部平衡而处在负温状态. 这时晶格系统仍处在正温状态, 经弛豫时间 t_2 后, 核自旋系统和晶格系统将达到共同的平衡, 这个共同的平衡状态是正温状态. 例如在 LiF 晶体中, t_1 约 10^{-5}s, t_2 约 5 min. 因此核自旋系统处在负温状态的时间可以持续几分钟之久.

由上述讨论可以看出, 系统处在负温状态的条件是严格的.

①粒子的能级必须有上限. 一般的系统不满足这个条件. 例如, 具有平动、振动或转动自由度时, 粒子的能级就不存在上限. 如果能级没有上限, 系统可能的微观状态将随内能的增加而增加, 即熵是随内能单调增加的函数. 这样的系统, 其温度是恒正的. ②系统必须与任何正温系统隔绝, 或者系统本身达到平衡的弛豫时间 t_1 远小于系统与任何正温系统达到平衡的弛豫时间 t_2. ③一个系统不可能经准静态过程由正温状态转变到负温状态.

2.5.2 "粒子数反转" 分布

我们知道在通常的正热力学温度下, 粒子按能量的分布服从玻耳兹曼能量

分布律, 即

$$N_i = A\mathrm{e}^{-\frac{\varepsilon_i}{kT}} \qquad (1-2-30)$$

根据玻耳兹曼分布律, 可对温度作出另一种定义, 由概率因子 $\mathrm{e}^{-\frac{\varepsilon_i}{kT}}$ 知, 若有两个能态 $\varepsilon_1 < \varepsilon_2$, 则有粒子数 $N_1 > N_2$, 其意义为: 分子将优先占据低能量状态. 对两个能态 ε_1, ε_2, 粒子数之比 $\dfrac{N_1}{N_2} = \exp\left(-\dfrac{\varepsilon_1 - \varepsilon_2}{kT}\right)$, 可将温度改写为另一表达式

$$T = \frac{\varepsilon_1 - \varepsilon_2}{k\ln\left(\dfrac{N_2}{N_1}\right)} \qquad (1-2-31)$$

该式是仅对系统中某两个能级上的粒子数而言的, 若系统已处于平衡态, 则将任意两个能级上的粒子数代入上式所得温度 T 都应相等. 若整个系统未处于平衡态, 但某些自由度却已各自处于热平衡, 则对于已处于平衡态的自由度来说, 已处于局域平衡, 若把处于局域平衡的自由度的系统称为子系, 则这一自由度系统的温度即为子系温度, 例如振动自由度温度、转动自由度温度, 概念再扩大, 可有电子自旋(系统的)温度、核自旋温度、杂质系统的温度等. 式 $(1-2-31)$ 中, $\varepsilon_1 < \varepsilon_2$, 若实现了 $N_2 > N_1$, 则 $T < 0$, 可见粒子数反转分布也是一种"负温度"状态.

第 3 部分　振动与波

3.1　为什么谐振系统坐标和势能的参考点都选在平衡位置[①]

当物体所受合力满足 $F = -kx$ 时，该物体做简谐振动，式中 k 为比例系数，是一常量.

根据牛顿第二定律有

$$-kx = m\frac{\mathrm{d}^2 x}{\mathrm{d}t^2} \qquad (1-3-1)$$

解式（1-3-1），可得简谐运动的解

$$x = A\cos(\omega t + \varphi) \qquad (1-3-2)$$

式中 $\omega = \sqrt{\dfrac{k}{m}}$ 为一常数，是谐振系统的固有频率，它由谐振系统本身完全确定，与其他因素无关. A、φ 分别是振幅和初相，它实质上是（1-3-2）式的两个待定常数，由初始条件确定，即只要知道 $t=0$ 时振动物体的位移 x_0 和初速度 v_0，就可以确定 A 和 φ，它们分别为

$$\left. \begin{array}{l} A = \sqrt{x_0^2 + v_0^2/\omega^2} \\ \tan\varphi = -\dfrac{v_0}{\omega x_0} \end{array} \right\} \qquad (1-3-3)$$

将式（1-3-1）乘以 $\mathrm{d}x$ 后积分可得

$$\frac{1}{2}mv^2 + \frac{1}{2}kx^2 = E \qquad (1-3-4)$$

式中 E 是积分常量，实质上是谐振系统的总能量，其值为

$$E = \frac{1}{2}kA^2 = \frac{1}{2}m\omega^2 A^2 \qquad (1-3-5)$$

它表示谐振系统的机械能守恒.

---

① 选自：杨植宗. 用 $E = 1/2kA^2$ 求谐振系统振幅应注意的一个问题. 物理与工程，2005(4)
　　邱荒逸. 谐振系统能量 $E_k + E_p = 1/2kA^2$ 的涵义. 物理与工程，2007(2)

式（1－3－1）是一个二阶常系数齐次微分方程，式（1－3－1）建立时，已经明确规定了平衡位置为坐标参考点，否则式（1－3－1）是不成立的. 这导致式（1－3－4）中势能零点或说势能参考点也选在平衡位置. 所以当用式（1－3－5）求谐振系统的振幅时，必须选择谐振系统的平衡位置作为谐振系统势能的零点，否则利用该式求出的振幅是错误的.

下面通过一个例子来说明为什么谐振系统坐标和势能的参考点都选在平衡位置.

一轻弹簧的劲度系数为 k，其下端悬有一质量为 m 的盘子，现有一质量为 M 的物体从离盘 h 高度处自由下落到盘中并和盘子粘在一起，于是盘子开始振动. 如图 1－3－1 所示.

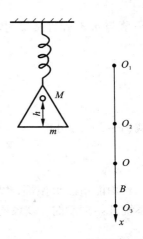

图 1－3－1 谐振系统

如图 1－3－1，O_1 为弹簧的原长位置，O_2、O 分别是 M 下落前、后系统的平衡位置，O_3 为向下最大位移的位置，由受力知，各点间距离为：$O_1O_2 = \dfrac{mg}{k}$，$O_1O = \dfrac{M+m}{k}g$，$O_2O = \dfrac{Mg}{k}$，O_3 为最下端的振幅点. 以弹簧原长处的 O_1 点为坐标参考点，进行受力分析，t 时刻其运动方程是

$$-kx + (M+m)g = (M+m)\frac{\mathrm{d}^2x}{\mathrm{d}t^2} \qquad (1-3-6)$$

以 O_2 点为坐标参考点，t 时刻其运动方程是

$$-k\left(x + \frac{mg}{k}\right) + (M+m)g = (M+m)\frac{\mathrm{d}^2x}{\mathrm{d}t^2} \qquad (1-3-7)$$

式（1－3－6）、（1－3－7）都是二阶常系数非齐次微分方程，解此方程得不到谐振系统的一般解式（1－3－2），即是说弹簧振子在 O_1，O_2 处都不做简谐振动.

然而以平衡位置 O 为坐标参考点，t 时刻其运动方程是

$$-k\left(x + \frac{M+m}{k}g\right) + (M+m)g = (M+m)\frac{\mathrm{d}^2x}{\mathrm{d}t^2} \qquad (1-3-8)$$

对式（1－3－8）化简，可得到式（1－3－1）. 自然解式（1－3－8）可得式（1－3－2），对式（1－3－8）乘以 $\mathrm{d}x$ 后积分可得式（1－3－4）. 这个运动确实是在平衡位置 O 处做简谐振动，所以我们必须将坐标参考点选在平衡位置.

以 O 为原点，建立如图 1－3－1 所示的坐标系，以系统开始振动时刻为 t $=0$，则有

$$x_0 = -Mg/k$$

M 下落与 m 非弹性碰撞时动量守恒, 有

$$v_0 = \frac{M\sqrt{2gh}}{M+m}$$

$$\omega = \sqrt{\frac{k}{M+m}}$$

由式(1-3-3)可得

$$A = \sqrt{\left(\frac{Mg}{k}\right)^2 + \frac{M^2 2gh}{k(M+m)}} \qquad (1-3-9)$$

若用能量法求振幅, 以 O 点为系统重力势能和弹性势能零点, 则 $t=0$ 时, 即系统开始振动时, 该系统的动能为

$$E_k = \frac{1}{2}(M+m)v_0^2 = \frac{1}{2}\frac{M^2 2gh}{M+m}$$

弹性势能为

$$E_{P1} = \frac{1}{2}k\left(\frac{mg}{k}\right)^2 - \frac{1}{2}k\left(\frac{M+m}{k}\right)^2 g^2 = -\frac{M^2 g^2}{2k} - \frac{Mmg^2}{k}$$

重力势能为

$$E_{P2} = (M+m)g\frac{Mg}{k} = \frac{M^2 g^2}{k} + \frac{Mmg^2}{k}$$

系统的总能量为

$$E = E_k + E_{P1} + E_{P2} = \frac{1}{2}\frac{M^2 2gh}{M+m} + \frac{M^2 g^2}{2k} = \frac{1}{2}kA^2$$

所以

$$A = \sqrt{\left(\frac{Mg}{k}\right)^2 + \frac{M^2 2gh}{k(M+m)}}$$

与用(1-3-3)式求得的结果完全一致.

若以 O_1 为重力势能、弹性势能的零点, 则 $t=0$ 时, 该系统的动能不变, 弹性势能和重力势能分别为

$$E_{P1} = \frac{1}{2}k\left(\frac{mg}{k}\right)^2$$

$$E_{P2} = -(M+m)g\frac{mg}{k} = -\frac{m^2 g^2}{k} - \frac{Mmg^2}{k}$$

所以

$$E = E_k + E_{P1} + E_{P2} = \frac{1}{2}\frac{M^2 2gh}{M+m} - \frac{m^2 g^2}{2k} - \frac{Mmg^2}{k}$$

由此能量求出的振幅显然是错误的.

其实, 弹性系统的弹性势能与重力势能一样, 是对一个系统选定参考系,

且选定了势能的参考点而言的，否则势能就没有意义. 选择了不同的势能参考点，势能的量值不同；选择了不同的坐标参考点，弹性系统的势能表达式不同. 但是不管如何选择，同一物理过程在相对于同一势能参考点的同一状态，其势能值是唯一的.

如前例，选取 O_1 为坐标参考系的原点，则振子受力 $F = -kx + (M+m)g$ 是保守力，势能表达式为

$$E_{\mathrm{p}x} - E_{\mathrm{p}\text{参}} = \left[\frac{1}{2}kx^2 - (M+m)gx \right] \Bigg|_{x_{\text{参}}}^{x} \qquad (1-3-10)$$

取 O_2 为坐标原点，保守力 $F = -k(x + \frac{mg}{k}) + (M+m)g$，势能表达式为

$$E_{\mathrm{p}x} - E_{\mathrm{p}\text{参}} = \left[\frac{1}{2}k(x + \frac{mg}{k})^2 - (M+m)gx \right] \Bigg|_{x_{\text{参}}}^{x} \qquad (1-3-11)$$

对于式 $(1-3-10)$、$(1-3-11)$，若选平衡位置为势能零点，则在式 $(1-3-10)$、$(1-3-11)$ 各自的参考系内，式 $(1-3-10)$ 以 $x_{\text{参}} = \frac{M+m}{k}g$，式 $(1-3-11)$ 以 $x_{\text{参}} = \frac{M}{k}g$ 代入，得到在两个参考系内任意 x 点势能的表达式，分别是

$$E_{\mathrm{p}x}^{O_1} = \left[\frac{1}{2}kx^2 - (M+m)gx \right] + \frac{(M+m)^2}{2k}g^2 \qquad (1-3-12)$$

$$E_{\mathrm{p}x}^{O_2} = \left[\frac{1}{2}k(x + \frac{mg}{k})^2 - (M+m)gx \right] - \left[-\frac{M^2g^2}{2k} + \frac{m^2g^2}{2k} \right] \qquad (1-3-13)$$

虽然式 $(1-3-12)$、$(1-3-13)$ 两表达式不一样，但现在已选择了同一势能零点，故同一位置的势能值是一致的. 如起始时，振子在 O_2 处，在适用式 $(1-3-12)$ 的参考系中，$x = \frac{mg}{k}$，同理，在适用式 $(1-3-13)$ 的参考系中 $x = 0$，总势能

$$E_{\mathrm{p}x}^{O_2} = E_{\mathrm{p}x}^{O_1} = \frac{M^2g^2}{2k} \qquad (1-3-14)$$

若现取平衡位置 O 为坐标原点和势能零点，则振子受力为 $F = -kx$，在任意 x 点的势能表达式为

$$E_{\mathrm{p}x}^{O} = \frac{1}{2}kx^2 \qquad (1-3-15)$$

起始时，振子在 O_2 处，以 $x = -\frac{Mg}{k}$ 代入式 $(1-3-15)$ 可轻松得到式 $(1-3-14)$，显然，式 $(1-3-15)$ 得出的过程较之式 $(1-3-12) \sim (1-3-14)$ 简捷明了.

若我们不将势能零点选择在平衡位置，情况就不是这样了．如将势能零点选在 O 下面，距 O 为 c 的 B 点（其坐标 $x_B = \dfrac{Mg}{k} + c$），坐标原点选为 O_2 点，对于任意位置势能的表达式，由式(1 - 3 - 11)知，

$$E_{p_x} - E_{px_B} = \left[\frac{1}{2}k\left(x + \frac{mg}{k}\right)^2 - (M+m)gx \right]\Bigg|_{x_B}^{x}$$

$$= \left[\frac{1}{2}k\left(x + \frac{mg}{k}\right)^2 - (M+m)gx \right] - \left[\frac{1}{2}kc^2 - \frac{M^2 g^2}{2k} + \frac{m^2 g^2}{2k} \right]$$

起始，振子在 O_2 处，$x = 0$，总势能

$$E_{pO_2} = -\frac{1}{2}kc^2 + \frac{M^2 g^2}{2k} \qquad (1 - 3 - 16)$$

与式(1 - 3 - 14)比较，我们得到：①势能表达式、势能量值都是与参考点的选取相关（如式(1 - 3 - 16)，是 c 的函数），说明势能是研究物体状态的相对物理量；②为使势能形式最简，可令式(1 - 3 - 16)中 $c = 0$，即 $x_B = \dfrac{Mg}{k}$，此处恰好正是此振动系统的平衡位置，说明 $c = 0$ 为我们应该选取的势能零点的最佳位置，此时，式(1 - 3 - 16)同式(1 - 3 - 14)．若再将坐标参考点选在 O 点，则同式(1 - 3 - 15)，势能为最简形式．

由此可见：简谐振动就是系统受一个弹性力（可以是某些力的合力或某个力的分力，但最后都能写成 $F = -kx$ 的形式）作用，在平衡位置附近进行势能与动能的相互转化，谐振动只有在选取平衡位置为坐标和势能的参考点时，形式、过程才为最简．

3.2　用旋转矢量法求受迫振动的振幅和初相[①]

受迫谐振子（即有外策力作用的谐振子）的方程式如下

$$m \frac{\mathrm{d}^2 x}{\mathrm{d}t^2} = -kx + F(t) \qquad (1 - 3 - 17)$$

外策力可以与时间有各种函数关系，假设一个简单的函数——外策力是简谐振动的

$$F(t) = F_0 \cos\omega t \qquad (1 - 3 - 18)$$

必须注意，这里的 ω 不一定等于振子的固有频率 ω_0．ω 是在我们控制之下的，可以用不同频率的外力迫使物体振动．将式(1 - 3 - 18)的作用力代入式(1 - 3

---

①　选自：许友文，许第余．用旋转矢量法求受迫振动的振幅和初相．物理和工程，2006(4)

–17)中,式(1 – 3 – 17)的解是什么呢? 可以设想,假如我们不断地来回推动物体,物体必将与力同步地来回运动,它的一个特解应该是

$$x = A\cos\omega t \qquad (1-3-19)$$

式中 A 是待定常数. 把式(1 – 3 – 18)和式(1 – 3 – 19)代入式(1 – 3 – 17),则得到

$$-m\omega^2 A\cos\omega t = -m\omega_0^2 A\cos\omega t + F_0\cos\omega t$$

其中也代入了 $k = m\omega_0^2$. 因为各项中都有余弦因子,可以消去,这样就可以看出,只要 A 取得适当,式(1 – 3 – 19)是式(1 – 3 – 17)的一个解. A 必须取为

$$A = \frac{F_0}{m(\omega_0^2 - \omega^2)} \qquad (1-3-20)$$

这就表明,质量为 m 的物体以与力相同的频率振动,但是它的振幅不仅与力的频率有关,而且还与振子的固有运动频率有关.

显然我们所得出的解只是物体在适当的初始条件下开始运动的解,否则还有一部分,这部分是转瞬即逝的,称为 $F(t)$ 的瞬变响应,式(1 – 3 – 19)和(1 – 3 – 20)则称为稳态响应. 如果使 ω 严格等于 ω_0,我们发现它应以无限大的振幅振荡,这显然是不可能的,其原因是没有把一些实际存在的其他力考虑进去. 如受迫振动所受的作用力有准弹性力 $-kx$、外策力 $F_0\cos\omega t$、与速度成反比的阻尼力 $-cv$,则受迫谐振子的方程式如下

$$m\frac{\mathrm{d}^2 x}{\mathrm{d}t^2} = -kx + F_0\cos\omega t - cv$$

所以

$$\frac{\mathrm{d}^2 x}{\mathrm{d}t^2} = -\frac{k}{m}x + \frac{F_0}{m}\cos\omega t - \frac{c}{m}v$$

取 $\omega_0^2 = \frac{k}{m}$, $2\beta = \frac{c}{m}$, $f_0 = \frac{F_0}{m}$,并注意 $v = \frac{\mathrm{d}x}{\mathrm{d}t}$,代入上式得受迫振动的动力学方程为

$$\frac{\mathrm{d}^2 x}{\mathrm{d}t^2} + 2\beta\frac{\mathrm{d}x}{\mathrm{d}t} + \omega_0^2 x = f_0\cos\omega t \qquad (1-3-21)$$

这是一个非齐次的常系数二阶微分方程,它的通解为

$$x = A_0 \mathrm{e}^{-\beta t}\cos(\sqrt{\omega_0^2 - \beta^2}\, t + \varphi_0) + A\cos(\omega t - \delta)$$

经过足够长的时间后,其中第一项解减弱到可以忽略不计,只有第二项是振幅不变的振动. 因此受迫振动达到稳定状态时的运动学方程为

$$x = A\cos(\omega t - \delta) \qquad (1-3-22)$$

式中 A 是受迫振动稳态时的振幅;角频率等于简谐外策力的角频率 ω;δ 是稳态响应与简谐外策力的相差,即受迫振动的初相. 下面我们就用旋转矢量法来

求受迫振动的振幅和初相.

由式(1 - 3 - 22)得

$$\frac{\mathrm{d}^2 x}{\mathrm{d}t^2} = -\omega^2 A\cos(\omega t - \delta) = \omega^2 A\cos[\pi + (\omega t - \delta)] \qquad (1-3-23)$$

$$2\beta \frac{\mathrm{d}x}{\mathrm{d}t} = -2\beta\omega A\sin(\omega t - \delta) = 2\beta\omega A\cos\left[\frac{\pi}{2} + (\omega t - \delta)\right] \qquad (1-3-24)$$

$$\omega_0^2 x = \omega_0^2 A\cos(\omega t - \delta) \qquad (1-3-25)$$

令 $B = \omega_0^2 A$、$C = 2\beta\omega A$、$D = \omega^2 A$,$F = f_0$,则式(1 - 3 - 23)、(1 - 3 - 24)、(1 - 3 - 25)与式(1 - 3 - 21)的右边变为

$$\frac{\mathrm{d}^2 x}{\mathrm{d}t^2} = D\cos[\pi + (\omega t - \delta)] \qquad (1-3-26)$$

$$2\beta \frac{\mathrm{d}x}{\mathrm{d}t} = C\cos\left[\frac{\pi}{2} + (\omega t - \delta)\right] \qquad (1-3-27)$$

$$\omega_0^2 x = B\cos(\omega t - \delta) \qquad (1-3-28)$$

$$f_0\cos\omega t = F\cos\omega t \qquad (1-3-29)$$

将式(1 - 3 - 26)、(1 - 3 - 27)、(1 - 3 - 28)、(1 - 3 - 29)代入式(1 - 3 - 21),并用旋转矢量 **B**、**C**、**D**、**F** 表示各谐振量,则有

$$\boldsymbol{F} = \boldsymbol{B} + \boldsymbol{C} + \boldsymbol{D}$$

并且 $\boldsymbol{C}\perp\boldsymbol{B}$,$\boldsymbol{D}\perp\boldsymbol{C}$.

旋转矢量图如图1 - 3 - 2所示.

作 $HG\perp OG$,在 Rt△OGH 中

$$F^2 = (B - D)^2 + C^2$$

即 $f_0^2 = (\omega_0^2 A - \omega^2 A)^2 + (2\beta\omega A)^2 = A^2[(\omega_0^2 - \omega^2)^2 + 4\beta^2\omega^2]$

$$\tan\delta = \frac{C}{B - D} = \frac{2\beta\omega A}{\omega_0^2 A - \omega^2 A} = \frac{2\beta\omega}{\omega_0^2 - \omega^2}$$

于是得受迫振动的振幅 A 和初相 δ 分别为

$$A = \frac{f_0}{\sqrt{(\omega_0^2 - \omega^2)^2 + 4\beta^2\omega^2}}$$

$$\delta = \arctan\frac{2\beta\omega}{\omega_0^2 - \omega^2}$$

由此可见,当谐振子受有简谐外策力外,还受有与速度成反比的阻尼力时,可用旋转矢量法求受迫振动的振幅和初相,比用解微分方程的方法求解简单直观.

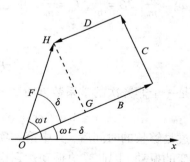

图1 - 3 - 2　旋转矢量图

3.3 半波损失

当波动传播到两种不同介质的分界面时，有一部分波动将继续前进，透射到另一种介质中去，另一部分将发生反射，重新回到第一种介质，形成反射波. 人们发现在入射点，按照介质情况不同，反射波有时与入射波的位相相同，有时与入射波的位相相反. 对于后一种情形，按波长说，相当于改变了半个波长，因此称为半波损失，其实并不是损失了半个波长，只是相位发生了 π 的突变.

为什么反射波会出现相位不变或突变？又为什么相位突变恰好为 π？下面我们将依据波动理论作出定量计算来回答问题.

设一平面简谐波沿 x 轴传播，如图 $1-3-3$ 所示，该波在 $x \leq 0$ 的介质区间入射，$x=0$ 处为二介质的分界面，$x \geq 0$ 为介质 2 区间. 设入射波在入射点($x=0$)的初位相为零，则入射波方程为

$$y_1 = A_1 \cos\omega\left(t - \frac{x}{u_1}\right) (x \leq 0) \tag{1-3-30}$$

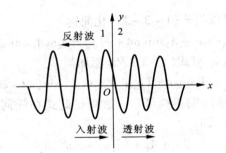

图 $1-3-3$ 波动在分界面上的反射和透射

设反射波相对入射波的相位改变了 φ_1，透射波的相位改变了 φ_2，则反射波与透射波方程分别为

$$y_1' = A_1' \cos\left[\omega\left(t + \frac{x}{u_1}\right) + \varphi_1\right] \quad (x \leq 0) \tag{1-3-31}$$

$$y_2 = A_2 \cos\left[\omega\left(t - \frac{x}{u_2}\right) + \varphi_2\right] \quad (x \geq 0) \tag{1-3-32}$$

上面三式中 u_1 为波在入射介质中的波速，u_2 为波在透射介质中的波速. 在第一种介质中的质点按入射波和反射波合成的方式振动，第二种介质中的质点按透射波的方式振动. 在分界面($x=0$)处，两边介质质点的位移应相等(位移连

续), 即

$$(y_1 + y_1')|_{x=0} = y_2|_{x=0}$$

将式(1-3-30)、(1-3-31)、(1-3-32)代入可得

$$A_1\cos\omega t + A_1'\cos(\omega t + \varphi_1) = A_2\cos(\omega t + \varphi_2) \qquad (1-3-33)$$

对式(1-3-33)作时间的一次微商, 即得 $x=0$ 处质点振动速度的连续条件

$$A_1\omega\sin\omega t + A_1'\omega\sin(\omega t + \varphi_1) = A_2\omega\sin(\omega t + \varphi_2) \qquad (1-3-34)$$

简谐波的能量体密度表达式为

$$w = \rho A^2 \omega^2 \sin^2\left[\omega\left(t - \frac{x}{u}\right) + \varphi\right]$$

其中 ρ 为介质密度.

能流密度的瞬时表达式为

$$I = wu = \rho u A^2 \omega^2 \sin^2\left[\omega\left(t - \frac{x}{u}\right) + \varphi\right]$$

按照能量守恒定律, 边界上($x=0$ 处)能流密度也应连续, 即

$$\rho_1 u_1 A_1^2 \omega^2 \sin^2\omega t - \rho_1 u_1 A_1'^2 \omega^2 \sin^2(\omega t + \varphi_1) = \rho_2 u_2 A_2^2 \omega^2 \sin^2(\omega t + \varphi_2)$$

$$(1-3-35)$$

利用式(1-3-34)可以将式(1-3-35)化简得

$$\rho_1 u_1 [A_1\sin\omega t - A_1'\sin(\omega t + \varphi_1)] = \rho_2 u_2 A_2\sin(\omega t + \varphi_2) \qquad (1-3-36)$$

式(1-3-34)乘以 $\rho_1 u_1$ 与式(1-3-36)相加得

$$2\rho_1 u_1 A_1\sin\omega t = (\rho_1 u_1 + \rho_2 u_2)A_2\sin(\omega t + \varphi_2) \qquad (1-3-37)$$

这个等式两边均为时间 t 的正弦函数, 欲满足此式在任何时刻 t 均等, 其振幅和正弦值应分别相等, 即

$$2\rho_1 u_1 A_1 = (\rho_1 u_1 + \rho_2 u_2)A_2 \qquad (1-3-38)$$

$$\pm\sin\omega t = \sin(\omega t + \varphi_2) \qquad (1-3-39)$$

式(1-3-39)要求 $\varphi_2 = 0$ 或 π, 但要同时满足(1-3-37), (1-3-38), (1-3-39)三式, 因式(1-3-37)等式左方为正值, 故只能取

$$\varphi_2 = 0$$

这表明: 在界面上, 透射波在任何情况下都与入射波同相位.

将式(1-3-34)乘以 $\rho_2 u_2$, 并与式(1-3-36)相减得

$$\rho_2 u_2 [A_1\sin\omega t + A_1'\sin(\omega t + \varphi_1)] = \rho_1 u_1 [A_1\sin\omega t - A_1'\sin(\omega t + \varphi_1)]$$

将上式归并同类项整理后可得

$$(\rho_1 u_1 - \rho_2 u_2)A_1\sin\omega t = (\rho_1 u_1 + \rho_2 u_2)A_1'\sin(\omega t + \varphi_1) \qquad (1-3-40)$$

同理, 由上式可得下述两式

$$(\rho_1 u_1 - \rho_2 u_2)A_1 = (\rho_1 u_1 + \rho_2 u_2)A_1' \qquad (1-3-41)$$

$$\pm \sin\omega t = \sin(\omega t + \varphi_1) \tag{1-3-42}$$

如果

$$\rho_1 u_1 > \rho_2 u_2$$

要同时满足式(1-3-40),式(1-3-41)和式(1-3-42)只能取

$$\varphi_1 = 0$$

即第一种介质的密度与波速之积大于第二种介质的密度与波速之积时,在界面上,反射波与入射波同相位,不发生半波损失.

如果

$$\rho_1 u_1 < \rho_2 u_2$$

要同时满足式(1-3-40),式(1-3-41)和式(1-3-42),只能取

$$\varphi_1 = \pi$$

即第一种介质密度和波速之积小于第二种介质的密度和波速之积时,在界面上,反射波与入射波反相,即反射波发生 π 的相位突变,这就是所谓的半波损失.

综上所述,由于能量守恒使得界面上的反射波与入射波只能是同相或反相两种可能,不可能再取其他值. 究竟是同相还是反相,决定于介质的性质,通常如果 $\rho_1 u_1 < \rho_2 u_2$,则称第一种介质为"波疏介质",第二种介质为"波密介质". 因此如果波动由波疏介质入射到波密介质(即 $\rho_1 u_1 < \rho_2 u_2$),在分界面上反射时就会发生 π 的相位突变,产生半波损失;反之则无相位变化,即不出现半波损失. 上述理论计算均与实验结果一致.

顺便指出,由式(1-3-38)可得透射波与入射波振幅之比为

$$\frac{A_2}{A_1} = \frac{2\rho_1 u_1}{\rho_1 u_1 + \rho_2 u_2} \tag{1-3-43}$$

由式(1-3-41)可得反射波与入射波振幅之比为

$$\frac{A_1'}{A_1} = \frac{|\rho_1 u_1 - \rho_2 u_2|}{\rho_1 u_1 + \rho_2 u_2} \tag{1-3-44}$$

上式分子取绝对值是因为振幅只能取正值.

由式(1-3-43)和式(1-3-44)联立可得

$$A_2 = A_1 + A_1' \quad 或 \quad A_2 = A_1 - A_1'$$

前者对应 $\rho_1 u_1 > \rho_2 u_2$,即无半波损失时透射波振幅等于入射波与反射波振幅之和;后者对应 $\rho_1 u_1 < \rho_2 u_2$,即有半波损失时,透射波振幅等于入射波与反射波振幅之差. 这一结论也与实验结果完全相符.

对于电磁波,以上讨论完全适用,我们讨论垂直入射的情况. 透射波的位相与入射波相同,反射波的位相有时相同,有时相反,即也有可能发生半波损失.

电磁波的能流密度为

$$S = |\boldsymbol{E} \times \boldsymbol{H}| = \sqrt{\frac{\varepsilon_r \varepsilon_0}{\mu_r \mu_0}} E^2 \sin^2 \left[\omega \left(t - \frac{x}{u} \right) + \varphi \right]$$

式中 ε_0，μ_0 分别为真空的介电常数和磁导率，ε_r 和 μ_r 分别为介质的相对介电常数和相对磁导率. 在两种介质交界处，根据电磁波的能流密度的连续性，类似于前面的讨论可以作出理论计算，当

$$\frac{\varepsilon_{r1}}{\mu_{r1}} > \frac{\varepsilon_{r2}}{\mu_{r2}}$$

时，$\varphi_1 = 0$，反射波与入射波同相，不发生半波损失；当

$$\frac{\varepsilon_{r1}}{\mu_{r1}} < \frac{\varepsilon_{r2}}{\mu_{r2}}$$

时，$\varphi_1 = \pi$，反射波与入射波反相，发生半波损失.

当电磁波的波长在可见光范围内时，一切物质的相对磁导率几乎都等于 1，即 $\mu_r \approx 1$，介质的折射率 $n = \sqrt{\varepsilon_r \mu_r} \approx \sqrt{\varepsilon_r}$，折射率小的物质称为光疏介质，折射率大的物质称为光密介质，上述关系就变成：

当 $n_1 > n_2$ 时，不发生半波损失；

当 $n_1 < n_2$ 时，发生半波损失.

3.4　物体在稳定平衡位置附近的微小振动不一定都是简谐振动[①]

物体在稳定平衡位置附近的微小振动是否一定是简谐振动呢？答案是否定的. 我们来看一个例子：如图 1 - 3 - 4 所示，光滑水平面上两个劲度系数为 k 的轻弹簧连接一质量为 m 的小球，两弹簧的另外两端固定，小球受力平衡时两弹簧处于自由状态，长度均为 l. 现将小球沿垂直于自由状态下弹簧长度的方向，拉离平衡位置一个微小的位移 x，分析小球所受的指向平衡位置的恢复力 F（以图 1 - 3 - 4 中 x 轴的指向为正方向）.

设小球有位移 x 时弹簧长度的方向与处于平衡位置时弹簧长度的方向间夹角为 θ，则

$$\sin\theta = \frac{x}{\sqrt{l^2 + x^2}}$$

每个弹簧的伸长为 $\Delta l = \sqrt{l^2 + x^2} - l$，于是有

① 选自：李栋. 物体在稳定平衡位置附近的微小振动不一定都是简谐振动. 物理与工程，2006(1)

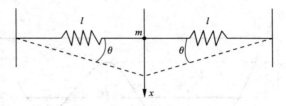

图 1 - 3 - 4 两弹簧连接的小球

$$F = -2k\Delta l\sin\theta = -2k(\sqrt{l^2 + x^2} - l)\frac{x}{\sqrt{l^2 + x^2}}$$

$$= -2kx\left[1 - (1 + \frac{x^2}{l^2})^{-\frac{1}{2}}\right] \qquad (1 - 3 - 45)$$

做微小振动时, $x \ll l$, 所以有

$$(1 + \frac{x^2}{l^2})^{-\frac{1}{2}} = 1 - \frac{x^2}{2l^2} + O(\frac{x^2}{l^2}) \qquad (1 - 3 - 46)$$

上式中的 $O(\frac{x^2}{l^2})$ 为 $\frac{x^2}{l^2}$ 的高阶无穷小量, 将 $(1 - 3 - 46)$ 式代入 $(1 - 3 - 45)$ 式, 略去 $\frac{x^2}{l^2}$ 的高阶无穷小量, 则得出

$$F = -\frac{k}{l^2}x^3$$

即恢复力 F 与 x^3 成正比, 可见此微小振动不是简谐振动.

考虑一般情况, 一维运动时, 以 E_p 表示振动系统的势能函数. 设系统势能具有图 $1 - 3 - 5$ 中实线表示的曲线形式, 其中 a、b、c 三点是势能函数的极值点, 对应位置为 x_a, x_b 和 x_c.

势能与保守力的关系为 $F = -\dfrac{\mathrm{d}E_p}{\mathrm{d}x}$. 若 $x = x_0$ 处, 势能的一次微商等于零, 作用在质点的保守力 $F = 0$, 这就是质点的平衡位置, 如图中的 x_a, x_b, x_c 点, 但这些点不一定是稳定的平衡点. 若 $\left(\dfrac{\mathrm{d}^2 E_p}{\mathrm{d}x^2}\right)_{x = x_0} > 0$, 则 $E_p(x_0)$ 取极小值, 如 x_a 和 x_c 点; 若 $\left(\dfrac{\mathrm{d}^2 E_p}{\mathrm{d}x^2}\right)_{x = x_0} < 0$, 则 $E_p(x_0)$ 取极大值, 如 x_b 点. 在 $\Delta x = x - x_0$ 不大的范围内, 将势能函数展成泰勒级数

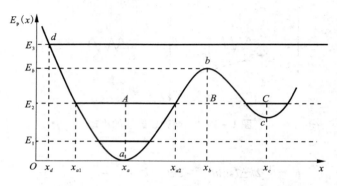

图 1 - 3 - 5　势能曲线

$$E_p(x) = E_p(x_0) + \left(\frac{dE_p}{dx}\right)_{x=x_0} \Delta x + \frac{1}{2!}\left(\frac{d^2 E_p}{dx^2}\right)_{x=x_0} (\Delta x)^2 + \frac{1}{3!}E_p^{(3)}(x_0)(\Delta x)^3 + \cdots$$

$$(1-3-47)$$

略去 Δx 的 3 次以上的项,则有

$$E_p(x) = E_p(x_0) + \frac{1}{2}\left(\frac{d^2 E_p}{dx^2}\right)_{x=x_0}(\Delta x)^2$$

所以在平衡点附近,保守力的近似表达式为

$$F = -\frac{dE_p}{dx} = -\left(\frac{d^2 E_p}{dx^2}\right)_{x=x_0}\Delta x$$

这样,对于取极小值的平衡点,若 $\Delta x > 0$,即 $x > x_0$,则 $F < 0$;若 $\Delta x < 0$,即 $x < x_0$,则 $F > 0$,保守力总是指向平衡位置. 因此,如果给处在平衡位置的质点一个微小扰动,当平衡位置取极小值时,质点总受到一个指向平衡位置的保守力的作用,使其回到原来的平衡位置,这样的点为质点的稳定平衡点,在这样平衡位置附近的振动必然是简谐振动. 但是,即使 $\left(\frac{d^2 E_p}{dx^2}\right)_{x=x_0} > 0$ 不成立,平衡位置仍然有可能是稳定的,要注意的是,这时在稳定平衡位置附近的微小振动就不再是简谐振动了.

将 $(1-3-47)$ 式两端同时对 x 求导,因为 $\left(\frac{dE_p}{dx}\right)_{x=x_0} = 0$,则有

$$\frac{dE_p}{dx} = \left(\frac{d^2 E_p}{dx^2}\right)_{x=x_0}\Delta x + \frac{1}{2!}E_p^{(3)}(x_0)(\Delta x)^2 + \frac{1}{3!}E_p^{(4)}(x_0)(\Delta x)^3 + \cdots$$

当 $\left(\dfrac{\mathrm{d}^2 E_{\mathrm{p}}}{\mathrm{d}x^2}\right)_{x=x_0} > 0$ 时

$$\frac{\mathrm{d}E_{\mathrm{p}}}{\mathrm{d}x} = \left(\frac{\mathrm{d}^2 E_{\mathrm{p}}}{\mathrm{d}x^2}\right)_{x=x_0} \Delta x + O(\Delta x)$$

x_0 满足稳定平衡位置的条件;

当 $\left(\dfrac{\mathrm{d}^2 E_{\mathrm{p}}}{\mathrm{d}x^2}\right)_{x=x_0} = E_{\mathrm{p}}^{(3)}(x_0) = 0$, $E_{\mathrm{p}}^{(4)}(x_0) > 0$ 时

$$\frac{\mathrm{d}E_{\mathrm{p}}}{\mathrm{d}x} = \frac{1}{3!} E_{\mathrm{p}}^{(4)}(x_0)(\Delta x)^3 + O(\Delta x)^3$$

显而易见, x_0 仍然满足稳定平衡位置的条件. 当 E_{p} 对 x 的更高阶微商等于零, 而 E_{p} 的次第偶数阶高阶微商不为零时, x_0 仍可满足稳定平衡位置的条件. 自然, 在这样的稳定平衡下, 物体在平衡位置附近的微小振动就不再是简谐振动了.

现在再回到前面的例子, 用势能函数 $E_{\mathrm{p}}(x)$ 来分析

$$E_{\mathrm{p}}(x) = 2 \times \frac{1}{2} k(\Delta l)^2 = k(\sqrt{l^2 + x^2} - l)^2$$

在 $x \ll l$ 的情况下, 有 $E_{\mathrm{p}}(x) = \dfrac{k}{4l^2} x^4$ 和 $\dfrac{\mathrm{d}E_{\mathrm{p}}}{\mathrm{d}x} = \dfrac{k}{l^2} x^3$.

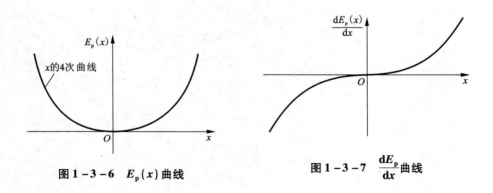

图 1 - 3 - 6　$E_{\mathrm{p}}(x)$ 曲线　　　　　图 1 - 3 - 7　$\dfrac{\mathrm{d}E_{\mathrm{p}}}{\mathrm{d}x}$ 曲线

$E_{\mathrm{p}}(x)$ 和 $\dfrac{\mathrm{d}E_{\mathrm{p}}}{\mathrm{d}x}$ 的曲线分别如图 1 - 3 - 6 和图 1 - 3 - 7 所示, 在 $x_0 = 0$ 处达到平衡($\left|\dfrac{\mathrm{d}E_{\mathrm{p}}}{\mathrm{d}x}\right|_{x=0} = 0$), 简谐振动要求有 $\left(\dfrac{\mathrm{d}^2 E_{\mathrm{p}}}{\mathrm{d}x^2}\right)_{x_0} > 0$, 但在本例中 $\left(\dfrac{\mathrm{d}^2 E_{\mathrm{p}}}{\mathrm{d}x^2}\right)_{x_0} = 0$(如图 1 - 3 - 6 所示, $\dfrac{\mathrm{d}E_{\mathrm{p}}}{\mathrm{d}x}$ 在 O 点的斜率为 0), 所以不是简谐振动. 但由 $E_{\mathrm{p}}(x)$ 和

$\dfrac{\mathrm{d}E_{\mathrm{p}}}{\mathrm{d}x}$ 曲线在 O 点附近的特性知 $x_0 = 0$ 点为稳定平衡点，小球可以围绕该平衡点做无阻尼的自由的微小振动.

　　由以上分析我们可以得出结论，物体在稳定平衡位置附近的微小振动不一定都是简谐振动.

第 4 部分 光   学

4.1 球面折射

4.1.1 单球面折射

(1)单球面折射公式

当光从一种媒质进入另一种媒质时,就会发生折射,如果两种媒质的分界面是球面的一部分,所发生的折射就称为单球面折射. 单球面折射规律是研究各种透镜、眼睛等复杂光学系统的基础.

图 1-4-1 所示为两种均匀的透明媒质,折射率分别为 n_1 和 n_2(设 $n_1 < n_2$),MN 为球形折射面,其曲率中心为 C,曲率半径为 r,球面与主光轴的交点为折射面的顶点 P,通过曲率中心 C 的直线 OPI 是折射面的主光轴. 光线如果与主光轴的夹角较小,如光线 OA,满足 $\alpha \approx \sin\alpha \approx \tan\alpha$,则此光线称为近轴光线,否则称为远轴光线,下面的讨论仅限于近轴光线.

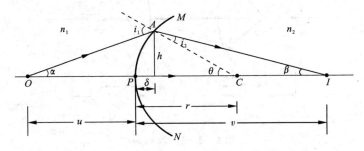

图 1-4-1 单球面折射

主光轴上自 O 点发出的光线经单球面折射后与主光轴交于 I 点,I 点是物点 O 的像. 物点 O 到顶点 P 的距离 OP 称为物距,用 u 表示,像点 I 到顶点 P 的距离 PI 称为像距,用 v 表示. u 与 v 的关系,可由折射定律 $n_1\sin i_1 = n_2\sin i_2$ 给出. 由于 OA 是近轴光线,i_1、i_2 很小,因此,$\sin i_1 \approx i_1$,$\sin i_2 \approx i_2$. 折射定律可

写为

$$n_1 \cdot i_1 = n_2 \cdot i_2 \qquad\qquad (1-4-1)$$

由图可知 $i_1 = \alpha + \theta$，$\theta = i_2 + \beta$，即 $i_2 = \theta - \beta$，将 i_1、i_2 的表达式代入(1-4-1)式，整理得

$$n_1 \cdot \alpha + n_2 \cdot \beta = (n_2 - n_1)\theta \qquad\qquad (1-4-2)$$

α、β、θ 均很小，所以有

$$\alpha \approx \tan\alpha = \frac{h}{u+\delta} \approx \frac{h}{u} \quad \beta \approx \tan\beta = \frac{h}{v-\delta} \approx \frac{h}{v} \quad \theta \approx \tan\theta = \frac{h}{r-\delta} \approx \frac{h}{r}$$

代入(1-4-2)式，得

$$\frac{n_1}{u} + \frac{n_2}{v} = \frac{n_2 - n_1}{r} \qquad\qquad (1-4-3)$$

式(1-4-3)称为单球面折射公式，它适用于一切凸、凹球面. 但应用此公式时 u、v、r 须遵守如下符号规则：实物、实像的 u 和 v 取正值；虚物、虚像的 u、v 取负值；凸球面对着入射光线 r 取正，反之取负. 例如，在图 1-4-2(a)中，O_1 为实物(发散的入射光束的顶点)，u_1 取正值；I_1 为虚像(发散的折射光线的顶点)，v_1 取负值，r_1 取负值. 而在图 1-4-2(b)中，O_2 为虚物(会聚的入射光束的顶点)，u_2 取负值；I_2 为实像(会聚的折射光束的顶点)，v_2 取正值，r_2 取正值.

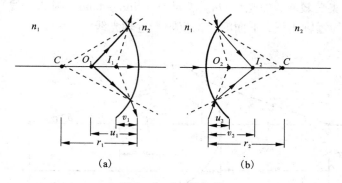

图 1-4-2　物和像

(2)单球面的焦点、焦距和焦度

对一个单球面折射系统，改变物距时，像距也会相应改变. 如图 1-4-3 所示，当点光源位于主光轴上某点 F_1 时，折射光平行于主光轴(即 $v = \infty$)，则点 F_1 称为该折射面的第一焦点，又称为物方焦点，点 F_1 到点 P 的距离称为第一焦距，又称为物方焦距，用 f_1 表示.

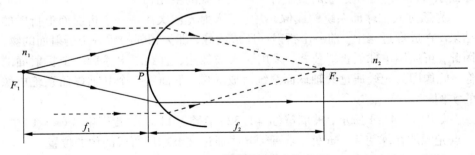

图 1 – 4 – 3　单球面的焦点和焦距

将 $u = f_1$，$v = \infty$ 代入式（1 – 4 – 3），得

$$f_1 = \frac{n_1}{n_2 - n_1} r \qquad (1 - 4 - 4)$$

当平行于主光轴的光（$u = \infty$）经单球面折射后会聚于主光轴上一点 F_2，如图 1 – 4 – 3 中虚线所示，称点 F_2 为该折射面的第二焦点，又称为像方焦点．点 F_2 到点 P 的距离称为第二焦距，又称为像方焦距，用 f_2 表示．

将 $u = \infty$，$v = f_2$ 代入式（1 – 4 – 3），得

$$f_2 = \frac{n_2}{n_2 - n_1} r \qquad (1 - 4 - 5)$$

当 F_1、F_2 为实焦点时，f_1、f_2 为正值，折射面有会聚光线作用；当 F_1、F_2 为虚焦点时，f_1、f_2 为负值，折射面有发散光线作用．

由式（1 – 4 – 4）和式（1 – 4 – 5）知，折射面两个焦距并不相等，但其比值等于折射面两侧媒质的折射率之比，即 $\dfrac{f_1}{f_2} = \dfrac{n_1}{n_2}$．

物方空间的折射率与物方焦距的比值和像方空间的折射率与像方焦距的比值相等．这一比值称为该折射面的焦度，用 Φ 表示．即

$$\Phi = \frac{n_1}{f_1} = \frac{n_2}{f_2} = \frac{n_2 - n_1}{r} \qquad (1 - 4 - 6)$$

当 r 以 m 为单位时，焦度 Φ 的单位为屈光度，用 D 表示．

焦度是反映折射系统折光本领（对光线的偏折能力）的物理量，$|\Phi|$ 愈大，折光本领愈强．

4.1.2　共轴球面系统

如果两个或两个以上折射球面的曲率中心在同一直线上，它们便组成共轴

球面系统. 各球心所连成的直线称为共轴系统的主光轴.

光通过共轴球面系统的成像, 决定于入射光依次在每一个折射面上折射的结果. 在成像过程中, 前一个折射面所成的像, 即为相邻的后一个折射面的物. 因此, 可应用单球面折射公式, 采用逐次成像法, 直到求出最后一个折射面的像, 此像即为光线通过共轴球面系统所成的像. 下面是一个共轴球面系统成像的实例.

如图 1 – 4 – 4 所示, 玻璃球($n = 1.52$)半径为 11 cm, 置于空气($n = 1$)中, 一点光源放在球前 42 cm 处. 求近轴光线通过玻璃球后所成的像的位置.

对第一折射面有: $n_1 = 1.0$, $n_2 = 1.52$, $r_1 = 0.11$ m, $u_1 = 0.42$ m, 代入式(1 – 4 – 3)得

$$\frac{1}{0.42} + \frac{1.52}{v_1} = \frac{1.52 - 1}{0.11}$$

解得 $v_1 = 0.65$ m, 这就是说, 若没有第二个折射面, 此像将呈现在第一个折射面后 0.65 m 处. 由于此像在第二个折射面的后面, 因而这像对第二个折射面是虚物. 因为第二次折射是从玻璃进入空气, 于是, 对第二个折射面有

$n_1 = 1.52$, $n_2 = 1$, $r_2 = -0.11$ m, $u_2 = -(0.65 - 0.22) = -0.43$ m

代入式(1 – 4 – 13)得

$$\frac{1.52}{-0.43} + \frac{1}{v_2} = \frac{1 - 1.52}{-0.11}$$

解得 $v_2 = 0.12$ m, 即最后成像在玻璃球后面 12 cm 处.

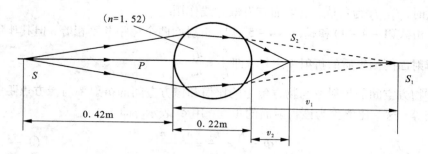

图 1 – 4 – 4　共轴球面系统

4.1.3　透镜

透镜是具有两个折射面的共轴系统, 两折射面之间是均匀的透明物质. 透镜两曲面在其主光轴上的距离叫透镜厚度, 根据透镜的厚度, 可将透镜分为薄

透镜、厚透镜两种；根据透镜折射面的形状分为球面透镜、柱面透镜等，此处仅研究球面透镜（常简称透镜）.

(1)薄透镜成像公式

所谓薄透镜，即组成透镜的两个球面顶点之间距离与透镜的焦距相比很小. 下面以图 $1-4-5$ 所示的双凸薄透镜为例进行讨论.

设折射率为 n 的双凸薄透镜置于折射率为 n_1 和 n_2 两种媒质界面处，从主光轴上物点 S 发出的光经透镜折射后成像于 S_2 处，如图 $1-4-5$ 所示. 以 u_1、v_1、r_1 和 u_2、v_2、r_2 分别表示第一折射面和第二折射面的物距、像距和曲率半径. 以 u、v 分别表示透镜的物距和像距. 因为是薄透镜，则 $u_1 \approx u$，$u_2 \approx -v_1$，$v_2 \approx v$. 将它们分别代入式 $(1-4-3)$，得

$$\frac{n_1}{u} + \frac{n}{v_1} = \frac{n-n_1}{r_1}$$

$$\frac{n}{-v_1} + \frac{n_2}{v} = \frac{n_2-n}{r_2}$$

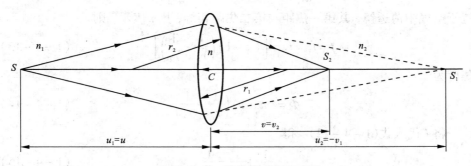

图 $1-4-5$　薄透镜成像光路图

将上述两式相加后整理，则有

$$\frac{n_1}{u} + \frac{n_2}{v} = \frac{n-n_1}{r_1} - \frac{n-n_2}{r_2} \qquad (1-4-7)$$

式 $(1-4-7)$ 称为薄透镜成像公式. 公式中的正、负号仍然遵守前面叙述的符号规则. 式 $(1-4-7)$ 对各种形状的凸、凹薄球面透镜都适用.

因薄透镜前后媒质的折射率不相同，在式 $(1-4-7)$ 中，分别令 $u \to \infty$ 或 $v \to \infty$，可得出薄透镜两焦距分别为

$$f_1 = \left[\frac{1}{n_1} \left(\frac{n-n_1}{r_1} - \frac{n-n_2}{r_2} \right) \right]^{-1} \qquad (1-4-8)$$

$$f_2 = \left[\frac{1}{n_2} \left(\frac{n-n_1}{r_1} - \frac{n-n_2}{r_2} \right) \right]^{-1} \qquad (1-4-9)$$

由式(1-4-6)和(1-4-8)、(1-4-9)可以得出薄透镜的焦度为

$$\Phi = \frac{n_1}{f_1} = \frac{n_2}{f_2} = \frac{n-n_1}{r_1} - \frac{n-n_2}{r_2} \qquad (1-4-10)$$

当 F_1、F_2 为实焦点时,f_1、f_2 为正值,Φ 为正值,透镜是会聚透镜;当 F_1、F_2 为虚焦点时,f_1、f_2 为负值,Φ 为负值,透镜是发散透镜. 薄透镜的焦距、焦度的正负取决于 n_1、n_2、n 之间的大小关系及 r_1、r_2 的正负和大小.

如果薄透镜前后媒质折射率相同,即薄透镜处在折射率为 n_0 的某种媒质中,则 $n_1 = n_2 = n_0$,式(1-4-7)为

$$\frac{1}{u} + \frac{1}{v} = \frac{n-n_0}{n_0} \left(\frac{1}{r_1} - \frac{1}{r_2} \right) \qquad (1-4-11)$$

实际上,薄透镜通常都是放置在空气中,$n_0 = 1$,所以(1-4-7)式又可简写为

$$\frac{1}{u} + \frac{1}{v} = (n-1) \left(\frac{1}{r_1} - \frac{1}{r_2} \right) \qquad (1-4-12)$$

置于空气中薄透镜,其第一焦距与第二焦距相等,用 f 表示,则

$$f = f_1 = f_2 = \left[(n-1) \left(\frac{1}{r_1} - \frac{1}{r_2} \right) \right]^{-1} \qquad (1-4-13)$$

焦度为

$$\Phi = (n-1) \left(\frac{1}{r_1} - \frac{1}{r_2} \right) \qquad (1-4-14)$$

将 f 代入式(1-4-12),得

$$\frac{1}{u} + \frac{1}{v} = \frac{1}{f} \qquad (1-4-15)$$

此式即薄透镜成像公式的高斯形式.

对放置在空气中的薄透镜,焦距的倒数 $1/f$ 即薄透镜的焦度,即 $\Phi = \frac{1}{f}$. 当焦距以"m"为单位时,焦度单位仍为屈光度. 由式(1-4-13)和(1-4-14)可知,透镜的焦距和焦度由透镜的曲率半径和折射率决定. 在眼镜行业中,焦度的单位是度,屈光度与度的换算关系为:1 屈光度 = 100 度.

(2)薄透镜组合

两个或两个以上薄透镜组成的共轴系统,称为薄透镜组合,简称透镜组. 物体通过透镜组后成像,可以利用薄透镜公式,采用逐次透镜成像法处理,即先求第一个透镜所成像,将此像作为第二个透镜的物,求出第二个透镜所成的像,以次类推,直至求出最后一个透镜所成的像,此像便是物体经过透镜组后

所成的像.

　　最简单的透镜组是由两个薄透镜紧密贴合在一起组成的, 如图 1 − 4 − 6 所示. 设两个透镜焦距分别为 f_1, f_2, 透镜组物距为 u, 像距为 v, 物体经透镜 1 成像在 S_1 处, 相应的物距和像距为 u_1 和 v_1, 且 $u_1 = u$, 由透镜公式(1 − 4 − 15)得

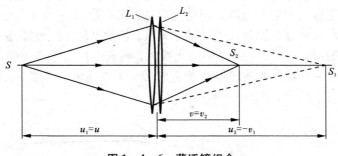

图 1 − 4 − 6　薄透镜组合

$$\frac{1}{u} + \frac{1}{v_1} = \frac{1}{f_1}$$

对于第二个透镜, $u_2 = -v_1$, $v_2 = v$, 则

$$\frac{1}{-v_1} + \frac{1}{v} = \frac{1}{f_2}$$

两式相加, 得

$$\frac{1}{u} + \frac{1}{v} = \frac{1}{f_1} + \frac{1}{f_2}$$

所以透镜组焦距 f 为

$$\frac{1}{f} = \frac{1}{f_1} + \frac{1}{f_2}$$

即紧密接触透镜组的等效焦距的倒数等于组成它的各透镜焦距的倒数之和. 因为放置在空气中的薄透镜, 其焦度等于焦距的倒数, 即 $\Phi = \dfrac{1}{f}$, 所以透镜组的焦度为

$$\Phi = \Phi_1 + \Phi_2$$

即透镜组的焦度为组成它的各透镜焦度之和.

　　这一关系常被用来测量透镜的焦度. 如测定某近视眼镜片(凹透镜)的焦度, 可用已知焦度的凸透镜与它紧密接触, 使组合后的焦度为零, 即光线通过透镜组后既不发散也不会聚, 光线的方向不改变. 此时两透镜焦度数值相等, 符号相反.

（3）厚透镜

厚透镜和薄透镜一样，也是包含两个折射球面的共轴系统，不同的是两折射面顶点之间的距离较大，不能忽略．厚透镜成像可以利用逐次成像法，也可以利用三对基点，利用三对基点不仅可以简化厚透镜的成像过程，而且可以简化任何复杂的共轴球面系统的成像过程，并有助于了解整个共轴系统的特点．下面介绍厚透镜的三对基点以及利用三对基点来求像点．

①两焦点　将点光源放在主光轴上某点，若发出的光线经厚透镜折射后平行于主光轴射出，如图 1 - 4 - 7 中的光线①，则该点称为厚透镜的第一主焦点 F_1．若平行于主光轴的光线经厚透镜折射后交于主光轴上某点 F_2，则 F_2 称为厚透镜的第二主焦点，如图 1 - 4 - 7 中光线②．

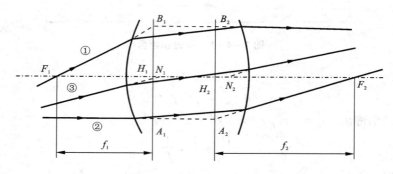

图 1 - 4 - 7　厚透镜的三对基点

②两主点　在图 1 - 4 - 7 中，通过 F_1 的入射光线①的延长线与经过整个系统折射后出射光线的反向延长线相交于 B_1 点．过 B_1 点作垂直于主光轴的平面且交于主光轴上的 H_1 点，H_1 称为折射系统的第一主点，$B_1H_1A_1$ 平面称为第一主平面．同样，平行于主光轴的入射光线②的延长线与经过整个系统折射后的出射光线的反向延长线相交于 A_2 点，过 A_2 点作垂直于主光轴的平面交主光轴于 H_2 点，H_2 点称为折射系统的第二主点，$B_2H_2A_2$ 平面称为第二主平面．

在图 1 - 4 - 7 中，无论光线在折射系统中经过怎样的曲折路径，在效果上只等于在相应的主平面上发生一次折射．通常将第一焦点 F_1 到第一主点 H_1 的距离称为第一焦距 f_1，物点到第一主平面的距离称为物距．第二焦点 F_2 到第二主点 H_2 的距离称为第二焦距 f_2，像到第二主平面的距离称为像距．

③两节点　在厚透镜的主光轴上还可以找到两点 N_1 和 N_2，它们类似于薄透镜的光心，光线通过它们时不改变方向，仅发生平移，即以任何角度向 N_1 点入射的光线都以相同的角度从 N_2 射出，如图 1 - 4 - 7 中的光线③．N_1、N_2 分

别称为厚透镜的第一节点和第二节点.

只要知道厚透镜三对基点在折射系统中的位置,则可像薄透镜那样利用三条光线中的任意两条求出经系统折射后所成的像. 三条光线如图 1 – 4 – 8 所示:a.平行于主光轴的光线①在第二主平面折射后通过第二主焦点 F_2;b.通过第一主焦点 F_1 的光线②在第一主平面折射后平行于主光轴射出;c.通过第一节点 N_1 的光线③从第二节点 N_2 平行于入射方向射出.

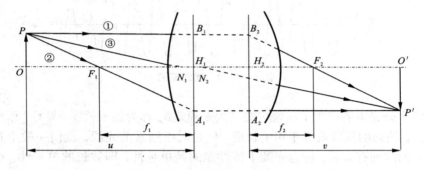

图 1 – 4 – 8   厚透镜作图成像法

各基点的位置决定于折射系统的具体条件. 如果折射系统前后媒质的折射率相同(如折射系统置于空气中),则 $f=f_1=f_2$,且 N_1 与 H_1 重合,N_2 与 H_2 重合,在这种情况下,物距 u、像距 v、焦距 f 之间的关系等同于薄透镜成像公式

$$\frac{1}{u}+\frac{1}{v}=\frac{1}{f}$$

式中 u、v、f 都以相应的主平面为起点计之.

相比较而言,单球面和薄透镜也有三对基点,单球面的两主点重合在单球面顶点 P 上,其两节点重合在单球面的曲率中心 C 点上;而薄透镜的两主点及两节点都重合在薄透镜的光心上.

4.2   相干长度和光源的单色性

相干长度是光的干涉中一个基本概念,只有很好地掌握这一概念,才能对光的干涉、甚至衍射的许多现象有较深入的理解.

由于发光机制的复杂性,原子或分子发出的光波都是一个个波列(见图 1 – 4 – 9),每个波列除了开头和末尾呈增长或衰减的波形外,中间部分基本上可以看成是有一定频率、一定振幅、一定振动方向的有限长度的简谐波. 而且不同波列间振动方向、初位相、频率也可能不同，因此各波列是不相干的．一个波列只能和自己干涉．无论是分振幅的干涉装置，还是分波阵面的干涉装置，都是将一个波列分成两部分，再令其相遇，产生干涉．当然这只是对普通光源而言，对于激光，已不再受此限制．关于激光的干涉，这里不准备叙述，有兴趣的读者可以查阅有关文献．

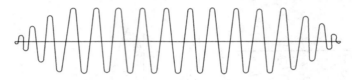

图 1 - 4 - 9   光波波列

两个分光束能产生干涉效应的最大光程差 δ_m 称为相干长度，显然，用波列的概念，波列的长度就等于相干长度．但是对于通常的光源，我们一般不知道它发出的波列有多长，标志光源干涉性能的是单色性，即波长的单一性，也就是光源发光的波长范围．波长范围越窄，我们说它的单色性越好，反之说它的单色性不好．单色性或波长范围 $\Delta\lambda$ 与相干长度有什么关系呢？

我们从波列概念出发，找出光源的单色性与相干长度的关系．

设某光源发出光的波列长度为 l，持续时间为 Δt，也称为相干时间，显然 $l = c\Delta t$，忽略首尾，此波列方程可写成如下复数形式

$$\left.\begin{array}{ll} F(t) = A_0 e^{2\pi\nu_0 t i} & |t| \leqslant \dfrac{\Delta t}{2} \\[2mm] F(t) = 0 & |t| > \dfrac{\Delta t}{2} \end{array}\right\} \tag{1-4-16}$$

$F(t)$ 的实部与时间的关系如图 1 - 4 - 10 所示．这样的波列实际上不是单一的频率，而是由许多不同频率的简谐波叠加而成的，这些简谐波的中心频率为 ν_0，这由它的傅立叶展开式可以清楚地看到

$$\begin{aligned} f(\nu) &= A_0 \int_{-\frac{\Delta t}{2}}^{\frac{\Delta t}{2}} e^{-2\pi i(\nu-\nu_0)t} dt \\[2mm] &= \frac{A_0}{2\pi i(\nu-\nu_0)} [e^{\pi i(\nu-\nu_0)\Delta t} - e^{-\pi i(\nu-\nu_0)\Delta t}] \\[2mm] &= A_0 \Delta t \frac{\sin[\pi(\nu-\nu_0)\Delta t]}{\pi(\nu-\nu_0)\Delta t} \end{aligned} \tag{1-4-17}$$

其强度随频率的分布为

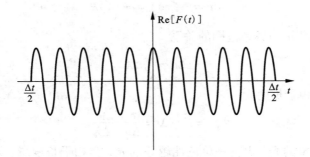

图 1 - 4 - 10   波列的时间曲线

$$|f(\nu)|^2 = A_0^2 \left\{ \frac{\sin[\pi(\nu-\nu_0)\Delta t]}{\pi(\nu-\nu_0)\Delta t} \right\}^2 (\Delta t)^2 \qquad (1-4-18)$$

$|f(\nu)|^2 - \nu$ 曲线如图 $1-4-11$ 所示.

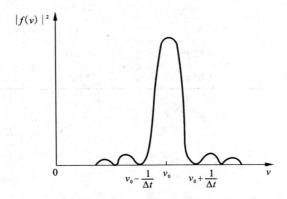

图 1 - 4 - 11   波列强度随频率的分布

可以看到，当 $\nu = \nu_0$ 时，其强度有极大值 $A_0^2(\Delta t)^2$. 而在 $\nu = \nu_0 \pm 1/\Delta t$ 处强度降为零. 在这个频率范围以外，光的强度已经很小，因此频率范围基本上为 $\Delta\nu = 1/\Delta t$，这表明持续时间为 Δt 的波列，实际上是以 ν_0 为中心频率的一系列不同频率的简谐波叠加的结果，其频率范围等于波列持续时间的倒数. 因此波列越长，相应的持续时间也越长，发出的光波频率范围越窄，光的单色性越好. 或者说，光源的单色性越好，波列就越长，相干长度也越长，干涉性能越好.

常用波长范围表示光的单色性，为此对基本关系式 $\lambda\nu = c$ 微分得

$$\lambda \mathrm{d}\nu + \nu \mathrm{d}\lambda = 0$$

$$d\nu = -\frac{\nu}{\lambda}d\lambda = -\frac{c}{\lambda^2}d\lambda$$

于是求得波长范围与频率范围的关系

$$\Delta\nu = \frac{c}{\lambda^2}\Delta\lambda \qquad\qquad (1-4-19)$$

最后,可求得相干长度为

$$\delta_m = l = c\Delta t = \frac{c}{\Delta\nu} = \frac{\lambda^2}{\Delta\lambda} \qquad\qquad (1-4-20)$$

即波长范围越窄的光,也就是单色性越好的光,其相干长度越长. 当然波长越长,相干长度也越长,但在可见光范围内,这个因素影响不大,如果扩展到整个电磁波谱,这个因素影响就很大了.

下表列举了一些实际光源,说明光的单色性对相干长度的影响.

表 1-4-1 　各种光源的相干长度

光　源	$\lambda/\mu m$	$\Delta\lambda/\mu m$	δ_m/cm
普通滤光片	0.5000	0.01	0.0025
钠光灯	0.5896	0.0006	0.058
氦－氖激光器	0.6328	10^{-11}	4×10^6

第 5 部分　电磁学

5.1　均匀电荷分布面上的电场强度

在大学物理的静电学部分, 一般都有求均匀带电球面和无限长均匀带电圆柱面电场分布的例题, 由于电荷分布具有对称性, 用高斯定理求出了面内、外场强分布, 但并没有给出电荷面上一点的场强. 原因是用高斯定理求面上一点场强时, 所选高斯面和带电面重合, 无法确定高斯面内包围了多少电量. 因此, 在此情况下用高斯定理求场强受到了限制, 但这并不表示球面上一点的场强不可求解. 下面给出三种求解方法: 积分替加法; 虚功法; 或者先将面电荷转化为有一定厚度的壳体电荷分布, 用高斯定理求出电荷壳层内的场强分布, 然后计算壳体厚度趋于零时的场强平均值. 最后我们导出任意电荷分布面上的电场强度.

5.1.1　均匀带电球面上的电场强度

方法 1　如图 $1-5-1$ 所示, 半径为 R、带电量为 $q > 0$ 的均匀带电球面. 把它分割成许多带电圆环带, 图中半径为 r、宽为 $\mathrm{d}l$ 的环微元, 面积为

$$\mathrm{d}S = 2\pi r \mathrm{d}l \qquad (1-5-1)$$

而　　　　　$r = R\sin\theta, \quad \mathrm{d}l = R\mathrm{d}\theta$

故　　　　　$\mathrm{d}S = 2\pi R^2 \sin\theta \mathrm{d}\theta \qquad (1-5-2)$

环元所带电量

$$\mathrm{d}q = \sigma\mathrm{d}S = 2\pi R^2 \sigma \sin\theta\mathrm{d}\theta$$
$$(1-5-3)$$

$$\sigma = \frac{q}{4\pi R^2}$$

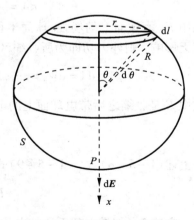

图 $1-5-1$　用叠加法求均匀带电球面上的场强

环元在场点 P 产生的电场强度 $\mathrm{d}\boldsymbol{E}$ 为

$$dE = \frac{x \cdot dq}{4\pi\varepsilon_0(r^2+x^2)^{3/2}}i \qquad (1-5-4)$$

其中
$$x = R + R\cos\theta$$

$$dE = \frac{2\pi R^2\sigma\sin\theta d\theta(R+R\cos\theta)}{4\pi\varepsilon_0\left[(R\sin\theta)^2+(R+R\cos\theta)^2\right]^{3/2}}$$

$$= \frac{\sigma\sin\theta d\theta}{4\sqrt{2}\varepsilon_0(1+\cos\theta)^{1/2}} \qquad (1-5-5)$$

由场强叠加原理知整个带电球面在 P 点产生的场强为

$$E = \int_{\text{球面}} dE$$

因为各环元在 P 点产生的 dE 同向,故

$$E = \int_{\text{球面}} dE = \int_0^\pi \frac{\sigma\sin\theta d\theta}{4\sqrt{2}\varepsilon_0(1+\cos\theta)^{1/2}} = \frac{\sigma}{2\varepsilon_0} \qquad (1-5-6)$$

将 $\sigma = \frac{q}{4\pi R^2}$ 代入上式得球面上任意 P 点的场强为

$$E = \frac{q}{8\pi\varepsilon_0 R^2}i \qquad (1-5-7)$$

即均匀带电球面上各点场强大小相等,方向均沿各场点的径向.

方法2　按照功能关系来讨论.设想把带电球壳的半径由 R 收缩到 $R+dR$ ($dR<0$),则外力克服静电场力做功为

$$dA = -qE_R dR \quad (q>0) \qquad (1-5-8)$$

式中 E_R 为球面上的场强.球面半径减小 $-dR$ 后,对大于 R 区域内的场强和场能无影响,则外力功即为所收缩区域内的静电场能,因而有

$$dA = dW_e = \frac{1}{2}\varepsilon_0 E^2 dV = \frac{1}{2}\varepsilon_0 E^2(-4\pi R^2 dR) \qquad (1-5-9)$$

式中 E 是收缩之后带电球面上的电荷在距球心为 R 处的场强,由高斯定理得

$$E = \frac{q}{4\pi\varepsilon_0 R^2} \qquad (1-5-10)$$

由上述(1-5-8)式、(1-5-9)式和(1-5-10)式解出

$$E_R = \frac{q}{8\pi\varepsilon_0 R^2} \qquad (1-5-11)$$

方法3　把带电球面所带电量 q 看成均匀分布在厚度不为零的薄层内,并设薄层的内外半径分别为 R_1 和 R,如图 1-5-2 所示,因为薄层非常非常薄,所以

$$R - R_1 \ll R_1, \ R$$

电荷的体密度 ρ 可认为是均匀的，且有

$$\rho(R - R_1) = \sigma$$

其中 σ 为均匀带电球面上单位面积所带的电量. 用高斯定理来计算，在 R_1 和 R 之间取一球形高斯面如图 $1-5-2$ 中虚线所示，其半径为 $r(R_1 < r < R)$，在 R_1 与 r 之间形成的球壳所带电量为 $4\pi R_1^2(r - R_1)\rho$，对该高斯面应用高斯定理有

$$4\pi r^2 E = \frac{4\pi R_1^2(r - R_1)\rho}{\varepsilon_0}$$

$$(1-5-12)$$

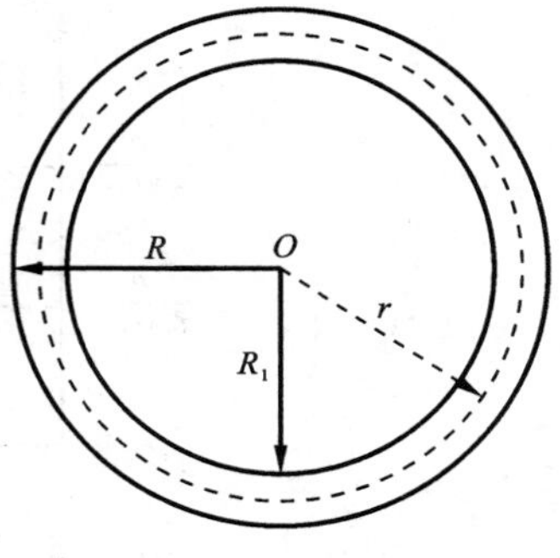

图 $1-5-2$ 均匀带电球面上的
场强分析

因为薄层很薄，等式左边的 $4\pi r^2$ 与等式右边的 $4\pi R_1^2$ 近似相等，可同时约去，于是有

$$E = \frac{(r - R_1)\rho}{\varepsilon_0} = \frac{\Delta r \cdot \rho}{\varepsilon_0} \qquad (1-5-13)$$

其中 $\Delta r = r - R_1$，为高斯球面与带电薄层的内球面之间的厚度，由上式可知，带电薄层内任一点的电场强度 E(大小)和该点与带电薄层内球面之间的厚度 Δr 成正比. 因为 E 与 Δr 之间为线性关系，所以均匀带电球面上的电场强度(大小)应为带电薄球壳内电场强度的平均值，即

$$E_{表面} = \frac{1}{2}\left[E(r = R_1) + E(r = R)\right] \qquad (1-5-14)$$

而

$$E(r = R_1) = \left.\frac{(r - R_1)\rho}{\varepsilon_0}\right|_{r = R_1} = 0 \qquad (1-5-15)$$

$$E(r = R) = \left.\frac{(r - R_1)\rho}{\varepsilon_0}\right|_{r = R} = \frac{(R - R_1)\rho}{\varepsilon_0} = \frac{\sigma}{\varepsilon_0} = \frac{q}{4\pi\varepsilon_0 R^2} \qquad (1-5-16)$$

$$E_{表面} = \frac{1}{2}\left(0 + \frac{q}{4\pi\varepsilon_0 R^2}\right) = \frac{q}{8\pi\varepsilon_0 R^2} \qquad (1-5-17)$$

结论 半径为 R、电量为 q 的均匀带电球面的场强分布为

$$\boldsymbol{E} = \begin{cases} 0 & (r < R) \\ \dfrac{q}{8\pi\varepsilon_0 r^3}\boldsymbol{r} & (r = R) \\ \dfrac{q}{4\pi\varepsilon_0 r^3}\boldsymbol{r} & (r > R) \end{cases} \qquad (1-5-18)$$

$E-r$ 曲线如图 $1-5-3$ 所示.

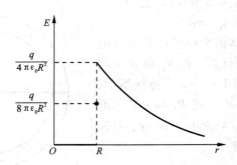

图 1 - 5 - 3　均匀带电球面的场强分布

5.1.2　无限长均匀带电圆柱面上的电场强度

方法 1　如图 1 - 5 - 4 所示,半径为 R、电荷线密度为 $\lambda > 0$ 的无限长均匀带电圆柱面,把它沿轴线方向分割成许多无限长的带电窄长条,建立 $OXYZ$ 坐标系,设柱轴为 Z 轴,柱截面为 XOY 平面,为运算方便,选 OY 轴过 P 点,任选柱面上一窄长条与柱截面交于 A 点,OA 与 OY 轴夹角为 θ,该窄条对应圆心角为 $\mathrm{d}\theta$,$AP = r$,若柱面长为 $L(L \to \infty)$、电荷面密度为 σ,则 A 处窄长条带电量为

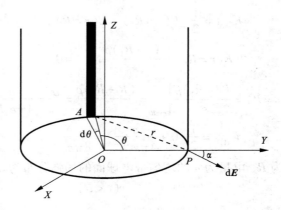

图 1 - 5 - 4　用叠加法求无限长均匀带电圆柱面上的场强

$$\mathrm{d}q = \sigma \cdot L \cdot R\mathrm{d}\theta \qquad (1 - 5 - 19)$$

该窄长条电荷线密度为

$$\mathrm{d}\lambda = \sigma R\mathrm{d}\theta \qquad (1 - 5 - 20)$$

因此该窄长条在 P 点的场强大小为

$$dE = \frac{\sigma R d\theta}{2\pi\varepsilon_0 r} \qquad (1-5-21)$$

方向在 XOY 平面上由 A 指向 P.

由于对称性, dE 在 X 方向的分量相互抵消, 总和为 0, 在 Y 方向的分量为:

$$dE_y = \frac{\sigma R d\theta}{2\pi\varepsilon_0 r}\cos\alpha = \frac{\sigma d\theta}{4\pi\varepsilon_0} \qquad (1-5-22)$$

其中 $\alpha = \frac{\pi}{2} - \frac{\theta}{2}$, $r = 2R\sin\frac{\theta}{2}$.

从而

$$E_y = \int_0^{2\pi} \frac{\sigma d\theta}{4\pi\varepsilon_0} = \frac{\sigma}{2\varepsilon_0} \qquad (1-5-23)$$

若把柱面电荷面密度 σ 转换为柱面电荷线密度 λ, $\sigma = \frac{\lambda}{2\pi R}$, 则

$$E = E_y = \frac{\lambda}{4\pi\varepsilon_0 R} \qquad (1-5-24)$$

即均匀带电圆柱面上各点的场强大小处处相等, 方向沿垂直于轴线的径矢方向.

方法 2　设柱面的半径由 R 收缩到 $R + dR$, 沿轴线取长度为 l, 外力克服静电场力做功为

$$dA = -qE_R dR = -\lambda l E_R dR \qquad (1-5-25)$$

式中 E_R 为柱面上的电场强度. 当柱面的半径减小 $|dR|$ 后, 距柱面的中心轴线为 R 以外区域内的场强和静电能没有发生变化, 则外力做的功转变为 $|dR|$ 范围内的静电能. 因而有

$$dA = dW_e = \frac{1}{2}\varepsilon_0 E^2 dV = \frac{1}{2}\varepsilon_0 E^2(-2\pi R l dR) \qquad (1-5-26)$$

式中 E 为柱面半径收缩为 $R + dR$ 时, 距轴线为 R 处的场强, 由高斯定理得

$$E = \frac{\lambda}{2\pi\varepsilon_0 R} \qquad (1-5-27)$$

由 $(1-5-25)$ 式、$(1-5-26)$ 式和 $(1-5-27)$ 式联立解得

$$E_R = \frac{\lambda}{4\pi\varepsilon_0 R} \qquad (1-5-28)$$

方法 3　把带电柱面所带电量看成均匀分布在厚度不为零的无限长柱形薄层内, 并设薄层的内、外半径分别为 R_1 和 R, 如图 $1-5-5$ 所示, 因为薄层非常薄, 所以 $R - R_1 \ll R$, R_1

电荷的体密度 ρ 可认为是均匀的, 且有

$$\rho(R - R_1) = \sigma = \frac{\lambda}{2\pi R} \quad (1-5-29)$$

其中 σ 为均匀带电柱面上单位面积所带的电量；λ 为沿柱面轴线方向单位长度所带的电量. 利用高斯定理来计算，首先在 R_1 和 R 之间取一长度为 L 的柱形高斯面如图 $1-5-5$ 中虚线所示，其半径为 $r(R_1 < r < R)$，在 R_1 与 r 之间形成的薄柱壳所带电量为 $2\pi R_1 L(r - R_1)\rho$，对该高斯面应用高斯定理有

$$2\pi r L E = \frac{2\pi R_1 L(r - R_1)\rho}{\varepsilon_0}$$

$$(1-5-30)$$

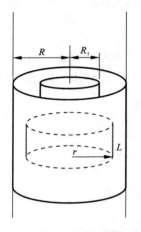

图 $1-5-5$　无限长均匀带电圆柱面上的场强分析

因为薄层很薄，等式前面的 $2\pi r$ 与等式后面的 $2\pi R_1$ 近似相等，可同时约去，于是有

$$E = \frac{(r - R_1)\rho}{\varepsilon_0} = \frac{\Delta r \cdot \rho}{\varepsilon_0} = \frac{\lambda}{2\pi \varepsilon_0 R} \frac{r - R_1}{R - R_1}$$

$$(1-5-31)$$

其中 $\Delta r = (r - R_1)$ 为带电薄层的内柱面与高斯柱面之间的厚度，由上式可知，带电薄层内任一点的电场强度 E（大小）和带电薄层的内柱面到该点之间的厚度成正比.

因为 E 与 Δr 之间为线性关系，所以均匀带电柱面上的电场强度（大小）应为带电薄柱壳内电场强度的平均值，即

$$E_{表面} = \frac{1}{2}\left[E(r = R_1) + E(r = R) \right] \quad (1-5-32)$$

$$E(r = R_1) = \frac{\lambda}{2\pi \varepsilon_0 R} \frac{r - R_1}{R - R_1}\bigg|_{r = R_1} = 0 \quad (1-5-33)$$

$$E(r = R) = \frac{\lambda}{2\pi \varepsilon_0 R} \frac{r - R_1}{R - R_1}\bigg|_{r = R} = \frac{\lambda}{2\pi \varepsilon_0 R} \quad (1-5-34)$$

$$E_{表面} = \frac{1}{2}\left(0 + \frac{\lambda}{2\pi \varepsilon_0 R}\right) = \frac{\lambda}{4\pi \varepsilon_0 R} \quad (1-5-35)$$

结论　半径为 R、电荷线密度为 λ 的无限长均匀带电圆柱面的场强分布为

$$E = \begin{cases} 0 & (r < R) \\[2mm] \dfrac{\lambda}{4\pi\varepsilon_0 r^2}r & (r = R) \\[2mm] \dfrac{\lambda}{2\pi\varepsilon_0 r^2}r & (r > R) \end{cases} \qquad (1-5-36)$$

$E-r$ 曲线如图 $1-5-6$ 所示.

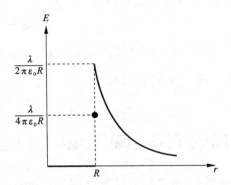

图 1-5-6 无限长均匀带电圆柱面的场强分布

5.1.3 任意均匀电荷分布面上电场强度的一般讨论[①]

对于球对称和轴对称性面电荷,可用积分叠加、虚功方法计算电荷面上的电场强度,或者先将面电荷转化为有一定厚度的壳体电荷分布,用高斯定理法求出电荷壳层内的场强分布,然后计算壳体厚度趋于零时的场强平均值.上述几种途径的结论是相同的——电荷面上的电场强度等于电荷面两侧紧邻点场强的平均值,下面尝试在普遍情况下导出这一结论.

在任意电荷面上取一微小电荷面元 σS,厚度 h,其横截面如图 $1-5-7$,此电荷面可以是导体表面的自由电荷,也可以是两种不同的电介质分界面的过剩极化电荷,现在讨论 S 和 h 趋于零时,a,b 和 c 三个点的电场强度的关系.其中 b 点位于电荷面之中,而 a 和 c 位于该电荷面的两侧,这三个点在 h 趋于零时无限靠近. b 点的电场强度是由除了电荷面元 σS 以外的全空间所有电荷产生,记为 $\boldsymbol{E}_b$. a 点场强是由全空间所有电荷产生,比 b 点的场强多了一份 σS 的贡献 $\boldsymbol{E}_{\sigma S}$,即

---

① 选自:徐劳立.电荷面上电场强度的一般讨论.物理与工程,2004(2)

$$E_a = E_b + E_{\sigma S} \quad (1-5-37)$$

c 点场强也是由全空间所有电荷产生，与 a 点的差别为在电荷面元 σS 的另一侧，σS 对 c 点场强的贡献显然为 $-E_{\sigma s}$，即

$$E_c = E_b - E_{\sigma S} \quad (1-5-38)$$

将上述两式相加可得到结论：电荷面上的电场强度等于电荷面两侧紧邻点场强的平均值，即

$$E_b = \frac{E_a + E_c}{2} \quad (1-5-39)$$

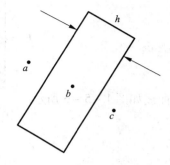

图 1 - 5 - 7　任意电荷面上场强分析

由此公式，不难得到球面或无限长柱面电荷上的电场强度.

5.2　用电像法计算处在外电场中导体表面上感应电荷的分布

一般地说，导体在外电场中发生静电感应后，其表面电荷的分布是复杂的，有的可能十分复杂，甚至找不出电荷的分布规律. 但在电场分布以及导体本身具有特殊对称性的情况下，可以利用静电平衡条件及电像法，找出导体表面的电荷分布规律，电像法是计算静电场问题的一种重要方法，它是静电场唯一性定理在空间中同时有点电荷和导体存在时的一个重要应用. 其主要内容如下：给定电荷的空间位置，它将在附近的导体表面诱导出一定感应电荷分布，空间电场是原电荷和感应电荷(在导体本身带电的情况下，还要加上这些电荷产生的电场)电场的叠加；在求导体外空间的电场时，我们可以假想导体内部有一些象电荷，这些像电荷和真实电荷在导体表面产生的电场处处垂直于导体表面. 根据静电场唯一性定理，导体外部空间中(原电荷所在的，以导体表面和无穷远处为边界构成的封闭空间)的电场可以由真实电荷与这些像电荷产生的电场叠加出来，即在导体外部空间，感应电荷产生的电场等于像电荷产生的电场. 下面分别讨论点电荷附近无限大导体平面和导体球表面上感应电荷的分布以及均匀外电场中导体球表面上感应电荷的分布.

5.2.1　点电荷附近接地无限大导体平面上感应电荷的分布

如图 1 - 5 - 8(a)所示，在点电荷 q(设 $q>0$)的附近，有一与其相距为 d 的接地无限大平面，平面上感应电荷的分布如何？

选取直角坐标系如图 1 - 5 - 8(b)所示，使接地无限大平面与 xOy 平面重

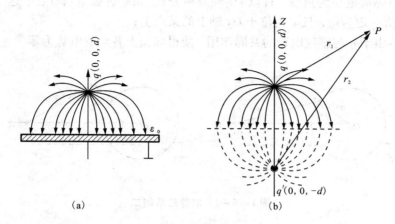

图 1 - 5 - 8　电像法示例一

合，则原点电荷所处的坐标为$(0,0,d)$，将接地无限大导体平板撤去，使整个空间变成介电常数为ε_0的电介质，在导体平面的下方与原点电荷q对称的位置处$(0,0,-d)$放置电量为$(-q)$的像电荷，于是，取无穷远电势为零时，原电荷(q)和像电荷$(-q)$在$z>0$空间中任一点$P(x,y,z)$处产生的电势为

$$U=\frac{q}{4\pi\varepsilon_0}\left(\frac{1}{r_1}-\frac{1}{r_2}\right)=\frac{q}{4\pi\varepsilon_0}\left(\frac{1}{\sqrt{x^2+y^2+(z-d)^2}}-\frac{1}{\sqrt{x^2+y^2+(z+d)^2}}\right)$$

$$(1-5-40)$$

则可得无限大导体平面$(z=0)$上的感应电荷分布为

$$\sigma=\varepsilon_0E=-\varepsilon_0\left.\frac{\partial U}{\partial z}\right|_{z=0}=-\frac{qd}{2\pi(x^2+y^2+d^2)^{3/2}}=-\frac{qd}{2\pi(r^2+d^2)^{3/2}}$$

$$(1-5-41)$$

（其中$r^2=x^2+y^2$）

对上式遍及整个面积分得

$$q_{感}=\iint\sigma\mathrm{d}S=\int_0^\infty\sigma\cdot2\pi r\mathrm{d}r=-\int_0^\infty\frac{qd}{2\pi(r^2+d^2)^{3/2}}\cdot2\pi r\mathrm{d}r=-q$$

此结果说明，导体平面上总感应电荷等于像电荷.

5.2.2　点电荷附近接地的导体球表面上感应电荷的分布

如图 1 - 5 - 9(a) 所示，在与点电荷q（设$q>0$）距离为d的地方，放入一半径为a的接地导体球，达到静电平衡后球面上必有感应电荷，我们先分析一下，这感应电荷的分布特点.

（1）感应电荷为负值，且以 Ox 轴对称分布. 如果有像电荷存在，这个像电荷的量值一定为负，且一定位于 Ox 轴上的某点上；

（2）由于 q 与感应电荷的共同作用，使得球面上各点的电势为零.

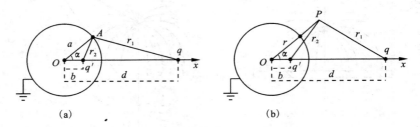

图 1 - 5 - 9　电像法示例二

根据分析，我们可以设想在距 O 为 b 的 Ox 轴上某点，有一个像电荷，其电量为 q'，q 与 q' 的共同作用，必须保证球面上任意一点具有零电势. 显然，q' 和 b 这两个量的大小必须满足这个零电势条件.

在球表面上，取任意一点 A（见图 1 - 5 - 9（a）），设 OA 和 Ox 夹角为 α，A 点距 q 和 q' 分别为 r_1 和 r_2，因为 A 点的电势必须为零，所以有

$$U_A = \frac{q}{4\pi\varepsilon_0 r_1} + \frac{q'}{4\pi\varepsilon_0 r_2} = 0 \qquad (1-5-42)$$

即

$$\frac{q}{\sqrt{d^2 + a^2 - 2da\cos\alpha}} = \frac{-q'}{\sqrt{b^2 + a^2 - 2ba\cos\alpha}} \qquad (1-5-43)$$

将式（1 - 5 - 43）变换形式，有

$$\frac{q^2}{q'^2} = \frac{d^2 + a^2 - 2da\cos\alpha}{b^2 + a^2 - 2ba\cos\alpha} \qquad (1-5-44)$$

进一步将式（1 - 5 - 44）变换形式，有

$$\frac{q^2}{q'^2} = \frac{d}{b}\left(\frac{d + \dfrac{a^2}{d} - 2a\cos\alpha}{b + \dfrac{a^2}{b} - 2a\cos\alpha}\right) \qquad (1-5-45)$$

因为整个球面电势都必须是零，所以不管 A 取在表面上哪一点，即不管 α 为任何值，式（1 - 5 - 45）都必须成立. 因此，上式中括号内应为常数，将其对 α 求一阶导数并令为零，得到如下关系

$$d + \frac{a^2}{d} - 2a\cos\alpha = b + \frac{a^2}{b} - 2a\cos\alpha \qquad (1-5-46)$$

$$\frac{q^2}{q'^2} = \frac{d}{b} \qquad (1-5-47)$$

由式$(1-5-46)$可得$b = \frac{a^2}{d}$，从而确定了像电荷的位置. 再将$b = \frac{a^2}{d}$代入式$(1-5-47)$，得像电荷的电量为$q' = -\frac{a}{d}q$. q处在球外，所以$d > a$，因此$b < a$，像电荷一定在导体球的内部，且电量的绝对值小于q. 当q向球面移近时，像电荷也向球面方向移动，其电量的绝对值同时增大；反之，当q远离导体球时，像电荷向球心O移动，其电量的绝对值逐渐变小. 这个像电荷q'只有对球外空间才有意义.

球外任一点P(见图$1-5-9(b)$)的电势为

$$U = \frac{q}{4\pi\varepsilon_0 r_1} + \frac{q'}{4\pi\varepsilon_0 r_2} = \frac{1}{4\pi\varepsilon_0}(\frac{q}{r_1} - \frac{qa}{dr_2})$$

$$= \frac{1}{4\pi\varepsilon_0}(\frac{q}{\sqrt{d^2 + r^2 - 2rd\cos\alpha}} - \frac{qa/d}{\sqrt{b^2 + r^2 - 2rb\cos\alpha}})$$

$$(1-5-48)$$

导体球表面上感应电荷的分布

$$\sigma = -\varepsilon_0 \frac{\partial U}{\partial r}\Big|_{r=a} = \frac{q(d^2 - a^2)}{4\pi a(d^2 + a^2 - 2ad\cos\alpha)^{3/2}} \qquad (1-5-49)$$

讨论：(a)如果导体球不接地，即原来是一个中性球，那么当球中放像电荷q'时，为保持导体总电荷为零，必须在球心再放一个像电荷$-q'$，则P点的电势为这三个电荷的共同贡献：

$$U = \frac{1}{4\pi\varepsilon_0}(\frac{q}{r_1} + \frac{q'}{r_2} - \frac{q'}{r})$$

球面电势为

$$U\big|_{r=a} = -\frac{q'}{4\pi\varepsilon_0 a} = \frac{q}{4\pi\varepsilon_0 d}$$

导体球表面上感应电荷的分布为

$$\sigma = -\varepsilon_0 \frac{\partial U}{\partial r}\Big|_{r=a} = \frac{q(d^2 - a^2)}{4\pi a(d^2 + a^2 - 2ad\cos\alpha)^{3/2}} + \frac{q}{4\pi ad}$$

(b)如果导体球不接地而带有电荷Q，那么为使导体球总电荷保持为Q，必须在球心再放一个像电荷$Q - q'$，则P点的电势为

$$U = \frac{1}{4\pi\varepsilon_0}(\frac{q}{r_1} + \frac{q'}{r_2} + \frac{Q-q'}{r})$$

导体球表面上感应电荷的分布为

$$\sigma = -\varepsilon_0 \frac{\partial U}{\partial r}\Big|_{r=a} = \frac{q(d^2 - a^2)}{4\pi a(d^2 + a^2 - 2ad\cos\alpha)^{3/2}} + \frac{Q}{4\pi a^2} + \frac{q}{4\pi ad}$$

5.2.3　均匀外电场中导体球表面上感应电荷的分布[①]

如图 $1-5-10(\mathrm{a})$ 所示,将半径为 a 的中性导体球放在均匀的外电场 $\boldsymbol{E}_0$ 中,达到静电平衡后球面上必有感应电荷,取球心为球极坐标的原点,选极轴 z 沿 $\boldsymbol{E}_0$ 方向,则感应电荷的面密度 σ 便由极角 θ 和 $\boldsymbol{E}_0$ 决定. 感应电荷激发的电场记作 $\boldsymbol{E}'$,则 $\boldsymbol{E}_0$ 与 $\boldsymbol{E}'$ 的合电场为

$$\boldsymbol{E} = \boldsymbol{E}_0 + \boldsymbol{E}'$$

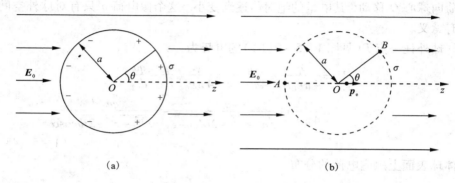

(a) (b)

图 $1-5-10$ 电像法示例三

由静电平衡条件知,导体球表面必为等势面,因此离球表面极近的点的合场强 $\boldsymbol{E}_{\text{表}}$ 必垂直于球面;由高斯定理可得 $\boldsymbol{E}_{\text{表}}$ 与 σ 的关系为

$$\boldsymbol{E}_{\text{表}} = \boldsymbol{E}_0 + \boldsymbol{E}'_{\text{表}} = \frac{\sigma}{\varepsilon_0}\boldsymbol{e}_n \qquad (1-5-50)$$

式中的 $\boldsymbol{e}_n$ 为导体球表面上该点的法向单位矢量. 式 $(1-5-50)$ 表明,求 σ 的问题化成了求 $\boldsymbol{E}'_{\text{表}}$ 的问题. 唯一性定理对镜像电荷的要求是:像电荷在球面上的电势与 $\boldsymbol{E}_0$ 在球面上的电势之和必为常量(因球面为等势面).

如图 $1-5-10(\mathrm{b})$ 所示,假设导体球表面上感应电荷的像电荷是电矩为 $\boldsymbol{P}_e$ 的电偶极子;已知电偶极子的电势为

$$U' = \frac{\boldsymbol{P}_e \cdot \boldsymbol{r}}{4\pi\varepsilon_0 r^3}$$

由此式得 A、B 两点的电势差为

① 选自:高炳坤. 用电像法计算均匀外电场中导体球表面上感应电荷的分布. 大学物理. 2006,25(3)

$$U'_A - U'_B = -\frac{P_e}{4\pi\varepsilon_0 a^2} - \frac{P_e\cos\theta}{4\pi\varepsilon_0 a^2} = -\frac{P_e}{4\pi\varepsilon_0 a^2}(1+\cos\theta)$$

外电场 E_0 在 A、B 两点的电势差为

$$U^0_A - U^0_B = E_0 a(1+\cos\theta)$$

A、B 两点的总电势差为

$$U_A - U_B = (U'_A - U'_B) + (U^0_A - U^0_B) = \left(-\frac{P_e}{4\pi\varepsilon_0 a^2} + E_0 a\right)(1+\cos\theta)$$

因为导体球表面为等势面，要求 $U_A - U_B = 0$，故有

$$P_e = 4\pi\varepsilon_0 a^3 E_0 \qquad\qquad (1-5-51)$$

上述表明，只要电偶极子的电矩满足式$(1-5-51)$，则此电偶极子必为导体球表面上感应电荷的像电荷. 唯一性定理表明，对导体球外的整个区域，此电偶极子激发的电场与感应电荷激发的电场必相同(但在导体球内二者便不同了).

已知电偶极子的电场为

$$E' = \frac{1}{4\pi\varepsilon_0}\left[\frac{3(P_e\cdot r)r}{r^5} - \frac{P_e}{r^3}\right]$$

将其用于图 $1-5-10(b)$ 中的球面上得

$$E'_表 = \frac{1}{4\pi\varepsilon_0}\left[\frac{3P_e\cos\theta}{a^3}e_n - \frac{P_e\cos\theta e_n - P_e\sin\theta e_\theta}{a^3}\right] = \frac{P_e}{4\pi\varepsilon_0 a^3}(2\cos\theta e_n + \sin\theta e_\theta)$$

将式$(1-5-51)$代入上式得.

$$E'_表 = E_0(2\cos\theta e_n + \sin\theta e_\theta)$$

在图 $1-5-10(b)$ 的球面上，E_0 可做如下分解

$$E_0 = E_0(\cos\theta e_n - \sin\theta e_\theta)$$

故有

$$E_表 = E_0 + E'_表 = 3E_0\cos\theta e_n$$

将此式与式$(1-5-50)$对照得

$$\sigma = 3\varepsilon_0 E_0\cos\theta$$

此即均匀外电场中导体球表面上感应电荷的分布规律.

5.3 电荷所受电力的两种表述形式[①]

5.3.1 电荷所受电力的两种表述形式

我们知道，任一带电体受的电力为

① 选自：高炳坤. 电荷所受电力的两种表述形式. 物理与工程, 2007(1)

$$F_e = \int_V E_{外} \rho_e dV \qquad (1-5-52)$$

式中的 ρ_e 为该带电体的电荷体密度；V 为该带电体的体积；$E_{外}$ 为除受力带电体以外的其他带电体激发的电场；用 $E_{内}$ 表示该带电体自身激发的电场；用 $E_{总}$ 表示该带电体与其他带电体共同激发的电场，则由叠加原理有

$$E_{总} = E_{外} + E_{内}$$

所以

$$\int_V E_{总} \rho_e dV = \int_V E_{外} \rho_e dV + \int_V E_{内} \rho_e dV = \int_V E_{外} \rho_e dV \left(因为 \int_V E_{内} \rho_e dV = 0\right)$$

将此式代入式 $(1-5-52)$ 得

$$F_e = \int_V E_{总} \rho_e dV \qquad (1-5-53)$$

用式 $(1-5-52)$ 与 $(1-5-53)$ 都可求电荷所受电力. 当 $E_{外}$ 已知或易求时，用式 $(1-5-52)$ 易求 F_e；当 $E_{总}$ 已知或易求时，用式 $(1-5-53)$ 易求 F_e. 下面举例说明.

5.3.2 平行板电容器二极板之间的相互吸引力

如图 $1-5-11(a)$ 所示，对极板 A 而言，极板 B 激发的电场便是 $E_{外}$，已知

$$E_{外} = \frac{\sigma}{2\varepsilon_0}$$

式中的 σ 为极板 B 上的面电荷密度的大小，将式 $(1-5-52)$ 用于极板 A 上，得

$$F_e = \int_V E_{外} \rho_e dV = \frac{\sigma}{2\varepsilon_0} \int_V \rho_e dV = \frac{\sigma}{2\varepsilon_0} Q = \frac{\sigma^2}{2\varepsilon_0} S (S \text{ 为极板的面积})$$

故单位面积极板受的电力为

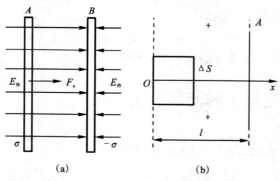

(a)   (b)

图 1 − 5 − 11　平行板电容器二极板间的相互吸引力分析

$$f_e = \frac{F_e}{S} = \frac{\sigma^2}{2\varepsilon_0} \qquad (1-5-54)$$

显然,用式$(1-5-52)$求解本题很简单.

用式$(1-5-53)$是否也可求解本题呢?不妨一试. 这时必须考虑所谓的面电荷的厚度,以及此电荷层中的ρ_e和$E_\text{总}$,图$1-5-11(b)$中的l是极板A上电荷层的厚度(放大了). 以电荷层的左侧某处为坐标原点,垂直于极板为Ox轴,电荷层中各处的电荷体密度记作$\rho_e(x)$,二极板在此电荷层中的总电场强度记作$E_\text{总}(x)$,可以证明(略)$x=0$与$x=l$处的总电场强度(极板A、B共同激发的电场强度) 分别为

$$\left.\begin{array}{l} E_\text{总}(0) = 0 \\ E_\text{总}(l) = \dfrac{\sigma}{\varepsilon_0} \end{array}\right\} \qquad (1-5-55)$$

如图$1-5-11(b)$所示,作底面积为ΔS,高为x的柱形高斯面;用高斯定理$\int_S \boldsymbol{E} \cdot \mathrm{d}\boldsymbol{S} = \dfrac{1}{\varepsilon_0}\int_V \rho_e \mathrm{d}V$ 得

$$E_\text{总}(x)\Delta S = \frac{1}{\varepsilon_0}\int_0^x \rho_e(x)\Delta S \mathrm{d}x$$

所以

$$E_\text{总}(x) = \frac{1}{\varepsilon_0}\int_0^x \rho_e(x)\mathrm{d}x$$

$$\mathrm{d}E_\text{总}(x) = \frac{1}{\varepsilon_0}\rho_e(x)\mathrm{d}x \qquad (1-5-56)$$

将式$(1-5-53)$与式$(1-5-56)$用于面积为ΔS,厚度为l的电荷层得

$$\Delta F_e = \int_0^l E_\text{总}(x)\rho_e(x)\Delta S \mathrm{d}x$$

$$= \Delta S \varepsilon_0 \int_{E_\text{总}(0)}^{E_\text{总}(l)} E_\text{总}(x)\mathrm{d}E_\text{总}(x)$$

$$= \Delta S \frac{\varepsilon_0}{2}\left[E_\text{总}^2(l) - E_\text{总}^2(0) \right]$$

将式$(1-5-55)$代入上式得

$$\Delta F_e = \Delta S \frac{\sigma^2}{2\varepsilon_0}$$

所以

$$f_e = \frac{\Delta F_e}{\Delta S} = \frac{\sigma^2}{2\varepsilon_0} \qquad (1-5-57)$$

显然,式$(1-5-57)$与式$(1-5-54)$相同,这表明式$(1-5-52)$与式$(1-5-53)$等价.

5.3.3　均匀带电球两半球之间的斥力

如图 $1-5-12(a)$ 所示，对半球 A 而言，半球 B 激发的电场为 $E_{外}$；因本题对 z 轴有对称性，故半球 A 受的电力 F_e 必沿 z 轴，因 $E_{外}$ 很难求，故很难用式($1-5-52$）求 F_e，但 $E_{总}$ 容易求出.

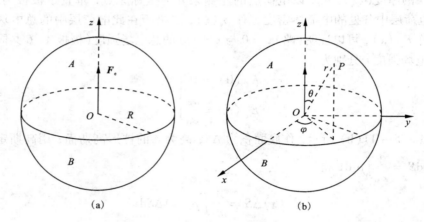

(a)　　　　　　　　　　(b)

图 $1-5-12$　均匀带电球两半球间的斥力分析

根据高斯定理有

$$E_{总} \cdot 4\pi r^2 = \frac{1}{\varepsilon_0}\rho_e \cdot \frac{4}{3}\pi r^3$$

得

$$E_{总} = \frac{\rho_e}{3\varepsilon_0}r$$

这就可用式($1-5-53$）求 F_e 了. 采用球极坐标［如图 $1-5-12(b)$］，则

$$dV = r^2\sin\theta d\theta d\varphi dr$$

半球 A 内体元 dV 中的电荷受的电力的大小为

$$dF_e = E_{总}\rho_e dV = \frac{\rho_e r}{3\varepsilon_0}\rho_e r^2\sin\theta d\theta d\varphi dr$$

$$= \frac{\rho_e^2}{3\varepsilon_0}r^3\sin\theta d\theta d\varphi dr$$

dF_e 在 z 方向的投影为

$$dF_{ez} = dF_e\cos\theta = \frac{\rho_e^2}{3\varepsilon_0}r^3\sin\theta\cos\theta d\theta d\varphi dr$$

故有

$$F_e = \int dF_{ez} = \frac{\rho_e^2}{3\varepsilon_0} \int_0^{2\pi} d\varphi \int_0^{\pi/2} \sin\theta\cos\theta d\theta \int_0^R r^3 dr$$

$$= \frac{\rho_e^2}{3\varepsilon_0} 2\pi \frac{1}{2} \frac{R^4}{4} = \frac{\pi\rho_e^2 R^4}{12\varepsilon_0}$$

5.4 电介质的极化与电场的相互作用[①]

电介质的极化是电场和介质分子相互作用的过程. 外电场引起电介质的极化, 而电介质极化后出现的极化电荷也要激发电场并改变电场的分布, 重新分布后的电场反过来再影响电介质的极化……如此这样循环下去, 达到最终的极化状态, 以上便是电介质极化过程的物理模型. 下面, 我们就按上述电介质极化过程的物理模型来研究电场与电介质极化的相互作用.

众所周知, 对于各向同性线性电介质, 其极化强度与介质内部电场强度有简单的线性关系

$$\boldsymbol{P} = \chi_e \varepsilon_0 \boldsymbol{E} \qquad (1-5-58)$$

式中 χ_e 为电介质的电极化率, 与电介质的性质有关, ε_0 为真空介电常数. $\boldsymbol{P}$ 是介质中某一点的极化强度矢量, 而 $\boldsymbol{E}$ 是该点的总场强.

为简单起见, 我们讨论置于均匀电场中的线性介质球的极化过程.

首先我们假设在均匀电场 $\boldsymbol{E}_0$ 中置均匀介质球的瞬间, 介质球内部电场强度也为 $\boldsymbol{E}_0$, 在该电场的作用下, 介质球极化, 根据式(1-5-58), 其极化强度为

$$\boldsymbol{P}_0 = \chi_e \varepsilon_0 \boldsymbol{E}_0 \qquad (1-5-59)$$

注意式(1-5-59)中的 $\boldsymbol{P}_0$ 不是最终极化强度, 因这里用的电场 $\boldsymbol{E}_0$ 并不包括介质极化后的极化电荷产生的附加电场.

我们先求极化强度为 $\boldsymbol{P}_0$ 的均匀介质球在其内部产生的附加电场 $\boldsymbol{E}_1$. 把介质球看成均匀带等量异号电荷的球体重叠在一起, 它的极化看成两球体沿极化方向有一微小相对位移, 设两球体的电荷体密度分别为 $\pm\rho_e$, 相对位移为 $\boldsymbol{l}$, 则极化强度 $\boldsymbol{P}_0 = \rho_e \boldsymbol{l}$. 用高斯定理可求得两球在球内产生的电场强度分别为

$$\boldsymbol{E}_+ = \frac{\rho_e}{3\varepsilon_0} \boldsymbol{r}_+ = \frac{\rho_e}{3\varepsilon_0} \left(\boldsymbol{r} - \frac{\boldsymbol{l}}{2}\right)$$

$$\boldsymbol{E}_- = -\frac{\rho_e}{3\varepsilon_0} \boldsymbol{r}_- = -\frac{\rho_e}{3\varepsilon_0} \left(\boldsymbol{r} + \frac{\boldsymbol{l}}{2}\right)$$

[①] 选自: 安宏. 电介质的极化与电场的相互作用. 物理与工程, 2007(6)

（其中 r_+ 为带正电球体球心到球内各点的矢径，r_- 为带负电球体球心到球内各点的矢径，r 为两球心连线中点到球内各点的矢径）

则介质球在其内部产生的附加电场为

$$\boldsymbol{E}_1 = \boldsymbol{E}_+ + \boldsymbol{E}_- = \frac{\rho_e}{3\varepsilon_0}(\boldsymbol{r} - \frac{\boldsymbol{l}}{2}) - \frac{\rho_e}{3\varepsilon_0}(\boldsymbol{r} + \frac{\boldsymbol{l}}{2}) = -\frac{\rho_e \boldsymbol{l}}{3\varepsilon_0} = -\frac{1}{3\varepsilon_0}\boldsymbol{P}_0 = -\frac{\chi_e}{3}\boldsymbol{E}_0$$

反过来，附加电场 $\boldsymbol{E}_1$ 又要作用于介质球，引起介质球的进一步极化. 有

$$\boldsymbol{P}_1 = \chi_e \varepsilon_0 \boldsymbol{E}_1 = \chi_e \varepsilon_0 (-\frac{\chi_e}{3}\boldsymbol{E}_0)$$

由于第二次极化，在介质球内又要激发新的附加电场

$$\boldsymbol{E}_2 = -\frac{1}{3\varepsilon_0}\boldsymbol{P}_1 = (-\frac{\chi_e}{3})^2 \boldsymbol{E}_0$$

新的附加电场又作用于介质球，引起介质球的极化……这样依次循环下去，第 n 次极化的贡献为

$$\boldsymbol{E}_n = (-\frac{\chi_e}{3})^n \boldsymbol{E}_0$$

这样，介质球内一点的电场显然应该是外电场 $\boldsymbol{E}_0$ 和每次极化产生的附加电场之和，即

$$\boldsymbol{E} = \boldsymbol{E}_0 + \boldsymbol{E}_1 + \boldsymbol{E}_2 + \cdots = \left[1 + \sum_{n=1}^{\infty} (-\frac{\chi_e}{3})^n \right] \boldsymbol{E}_0 \quad (1-5-60)$$

当 $\left| (-\frac{\chi_e}{3})^n \right| < 1$ 时，便能得到下式

$$\boldsymbol{E} = \frac{1}{1 + \frac{\chi_e}{3}}\boldsymbol{E}_0 = \frac{3}{3 + \chi_e}\boldsymbol{E}_0 = \frac{3}{2 + \varepsilon_r}\boldsymbol{E}_0 = \frac{3\varepsilon_0}{2\varepsilon_0 + \varepsilon}\boldsymbol{E}_0 \quad (1-5-61)$$

式（1-5-61）就是置于均匀外电场 $\boldsymbol{E}_0$ 中的介质球内部的电场强度表示式.

从上述讨论中，可以清楚地看到决定介质极化程度的不是原来的外场 $\boldsymbol{E}_0$，而是式（1-5-60）表示的介质内部的实际电场 $\boldsymbol{E}$.

5.5　电磁场的动量、能量和角动量——两个佯谬

电磁场作为一种特殊物质，也与普通实物一样具有能量、动量和角动量，即使是稳态电磁场也不例外. 角动量是电磁场普遍理论的重要结论. 如果不理解这一结论，就很难解释许多电磁现象中出现的"矛盾". 这种矛盾是可以完全解释清楚而得以消除的，所以，它们通常被称为"佯谬".

我们首先来观察一个简单实验. 如图 1-5-13 所示，一个静止的平板电容

器，极板的面积为 A，板距为 L，两极板上分别带电 $\pm Q$，在电容器内部产生匀强电场 E，设整个空间同时存在垂直于电场的均匀恒定磁场 B，现用一导体棒小心地在电容器内部与两极板相接触（所谓"小心"是指导体棒与极板接触时不带任何动量）. 以电容

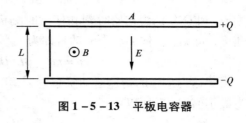

图 1 – 5 – 13　平板电容器

器、内部的电磁场以及所加导体棒作为考察对象，整个系统起初是静止的，电磁场又是恒定不变的，似乎总动量应为零，但由于导体棒与两极板接触后，两极板通过导体棒放电，导体棒中出现了电流，导体棒将受到安培力的作用，使导体棒产生向左的动量，系统的总动量不再等于零，然而导体棒所受的安培力是内力，内力的作用不会使系统的总动量发生改变，于是出现了矛盾. 在上述分析中无疑漏掉了什么东西，这就是未考虑稳态电磁场本身具有的动量，因而出现的矛盾是表观上的，这是一种佯谬.

为了解释这种佯谬，首先我们来求在运动过程中导体棒所获得的动量. 开始接触的瞬间，导体棒中有电流

$$I_0 = \frac{u_0}{R} = \frac{Q_0}{CR}$$

式中 C 为电容器的电容：

$$C = \varepsilon_0 \frac{A}{L}$$

其中 A 表示电容器极板的面积，L 表示两极板间的距离.

由于导体棒的电流导致电容器放电，极板上电量减少，极板间场强减弱. 另一方面，由于导体棒有电流，它在均匀外磁场中要受到安培力的作用.

$$F_{安} = BLI = BL\left(-\frac{\mathrm{d}Q}{\mathrm{d}t} \right) \qquad (1-5-62)$$

因此，导体棒将向左运动，其运动方程为

$$m \frac{\mathrm{d}v}{\mathrm{d}t} = F_{安} = -BL \frac{\mathrm{d}Q}{\mathrm{d}t} \qquad (1-5-63)$$

由于载流导体棒将向左运动，又会产生动生电动势. 而此电动势是阻碍极板放电电流的，因此导体棒上的电流会逐渐减小，直到极板上的剩余电量产生的电压与感应电动势相平衡. 此时，电流为零，电容器上的电量减到最少且不再改变，极板间电场不再改变，棒的速度达到最大并以此速度做匀速运动. 在此运动过程中，(1 – 5 – 63)式是恒成立的，因此可对(1 – 5 – 63)式求积分，得

$$mv = BL(Q_0 - Q) \tag{1-5-64}$$

式中 Q_0 和 Q 分别为初始时刻和任意时刻极板上的电量,v 为导体棒任意时刻的速度,可见,导体棒获得的动量即为

$$p = mv = BL(Q_0 - Q) \tag{1-5-65}$$

当棒达到平稳的匀速运动状态时,速度恒为 v_{max},此时极板上的电量也稳定为最小值 Q_{min},所以:

$$p_{max} = mv_{max} = BL(Q_0 - Q_{min}) \tag{1-5-66}$$

这是导体棒获得的最大动量.

现在的问题是,上述过程没有任何机械作用,那么,机械的动量是从哪里来的呢?

回顾上述推导过程,导体棒的运动是源自安培力,而安培力是电磁力,所以,我们应该从电磁场理论入手来寻找答案. 和普通的实物一样,电磁场也具有能量、动量和角动量. 电磁场的能流密度 S 和动量密度 g 分别为

$$S = E \times H \tag{1-5-67}$$

$$g = \frac{1}{c^2} S \tag{1-5-68}$$

式中 c 为真空光速.

我们再来看前面的例子,由于电容器内部同时存在静电场和稳恒磁场,根据公式(1-5-67),电容器内部存在能流,其方向是从电容器的右端流向左端(实际上是整个空间中存在的能量环流的一部分),其大小为

$$S = EH = \frac{\sigma B}{\varepsilon_0 \mu_0} = \frac{QB}{\varepsilon_0 \mu_0 A} \tag{1-5-69}$$

由(1-5-68)式,电容器内的电磁场的动量密度为

$$g = \frac{S}{c^2} = \frac{QB}{c^2 \varepsilon_0 \mu_0 A} \tag{1-5-70}$$

式中 c 为真空中的光速,$c = \dfrac{1}{\sqrt{\varepsilon_0 \mu_0}}$,故电容器两极板之间的电磁场总动量为

$$G = gV = gAL = BLQ \tag{1-5-71}$$

在导体棒接触极板的初始时刻和最后达到稳定平衡时刻,极板上电量从 Q_0 变到 Q_{min},则电磁场的总动量减少了

$$\Delta G = G_0 - G_{min} = BL(Q_0 - Q_{min}) \tag{1-5-72}$$

比较(1-5-62)式和(1-5-66)式可知,在运动过程中,电磁场损失了 ΔG 的动量,而这正是导体棒获得的机械动量. 因此,这一物理过程的本质是:电磁场的动量通过安培力转移给了导体棒,同时也实现了电磁动量向机械动量

的转换. 并且这一动量转换过程满足动量守恒定律. 从而使第一个佯谬得以正确解释.

更进一步，我们还可以证明这一过程满足能量转换与守恒定律.

首先考虑导体棒获得的动能. 当导体棒达到平衡（即保持匀速运动）时，电流为零，则棒上的电动势与电荷 $Q_{\min}$ 形成的电场的电压相等，即

$$BLv_{\max} = \frac{Q_{\min}}{C} \tag{1-5-73}$$

将(1-5-73)式代入(1-5-66)式得

$$v_{\max} = \frac{BLQ_0}{m + B^2L^2C} \tag{1-5-74}$$

可得到整个过程导体棒获得的（最大）动能为

$$E_k = \frac{1}{2}mv_{\max}^2 = \frac{mB^2L^2Q_0^2}{2(m + B^2L^2C)^2} \tag{1-5-75}$$

又由于导体棒中有电流流过，从而产生焦耳热. 当电流未达到零（即过程进行中）时，应遵循欧姆定律

$$iR = \frac{Q}{C} - BLv \tag{1-5-76}$$

对等式两边取微分得

$$Rdi = \frac{dQ}{C} - BLdv$$

将(1-5-63)式代入上式得

$$Rdi = \frac{m + B^2L^2C}{mC}dQ = \frac{m + B^2L^2C}{mC}idt$$

对上式分离变量后从 t 到 $t \to \infty$ 积分可得，

$$i = I_{\max}e^{-\frac{(m+B^2L^2C)t}{mCR}} = \frac{Q_0}{CR}e^{-\frac{(m+B^2L^2C)t}{mCR}}$$

整个过程产生的焦耳热为

$$\int_0^\infty i^2Rdt = \frac{Q_0^2\int_0^\infty e^{-\frac{2(m+B^2L^2C)t}{mCR}}dt}{RC^2}$$
$$= \frac{mQ_0^2}{2C(m + B^2L^2C)} \tag{1-5-77}$$

将(1-5-75)式与(1-5-77)式相加得到整个过程导体棒获得的动能和焦耳热之和为

$$\frac{1}{2}mv_{\max}^2 + \int_0^\infty Ri^2dt = \frac{Q_0^2(m^2 + 2mCB^2L^2)}{2C(m + B^2L^2C)^2} \tag{1-5-78}$$

然后,我们再来求在此过程中电磁场损失的能量. 整个过程磁场 B 不变,因此磁场能量不变. 只是因为放电过程电荷由 Q_0 减少为 Q_{min},电场相应地从 $E_0 = \dfrac{\sigma_0}{\varepsilon_0}$ 减弱为 $E = \dfrac{\sigma_{min}}{\varepsilon_0}$,电场能量的减少量为 ΔW

$$\Delta W = \frac{1}{2}\varepsilon_0 E_0^2 V - \frac{1}{2}\varepsilon_0 E^2 V$$

$$= \frac{\varepsilon_0 Q_0^2}{2\varepsilon_0^2 A^2}V - \frac{\varepsilon_0 Q_{min}^2}{2\varepsilon_0^2 A^2}V$$

$$= \frac{Q_0^2 L}{2\varepsilon_0 A} - \frac{Q_{min}^2 L}{2\varepsilon_0 A}$$

利用(1-5-73)式　　　　　　$BLv_{max} = \dfrac{Q_{min}}{C}$

即　　　　　　　　　　　$Q_{min} = BLv_{max}C$

和(1-5-74)式　　　　　　$v_{max} = \dfrac{BLQ_0}{m + B^2 L^2 C}$

得　　　$\Delta W = \dfrac{Q_0^2 L}{2\varepsilon_0 A} - \dfrac{\varepsilon_0 B^4 L^3 Q_0^2 A}{2(m + B^2 L^2 C)^2}$

$$= \frac{Q_0^2 L}{2\varepsilon_0 A(m + CB^2 L^2)^2}[(m + B^2 L^2 C)^2 - \varepsilon_0^2 B^4 L^2 A^2]$$

$$= \frac{Q_0^2(m^2 + 2mCB^2 L^2)}{2C(m + B^2 L^2 C)^2} \qquad (1-5-79)$$

比较(1-5-78)、(1-5-79)式可见,电磁场损失的能量正好等于棒获的动能与电流产生的焦耳热之和,即电磁场提供的能量一部分转换为导体棒的动能,另一部分转换为热能耗散掉了. 整个过程是一个包括机械能、热能和电磁能在内的能量转换与守恒的过程.

现在,我们来分析一个与电磁场的角动量和能量有关的实验. 如图1-5-14所示,一个绝缘塑料薄圆盘被固定在有光滑轴承的中心轴上,圆盘可绕轴自由转动,圆盘上固定一个同轴螺线管,用电池提供恒定电流,在塑料圆盘的边缘处等间隔地分布着一些带电金属小球,每个小球带等量同号电荷 q,上述各零件均固连在一起,而且开始时静止不动,设法将螺线管中的电流切断(切断电流的动作不致影响系统原先的静止状态),切断电流后,圆盘是否仍保持原来的静止状态呢? 在电流未切断前,螺线管内的电流产生磁场,有磁通量通过圆盘面;在电流被切断后,磁场消失,磁通量变为零. 在此过程中,因磁场变化产生相应的涡旋电场,该涡旋电场沿圆盘边缘的切线方向,各带电金属小球将受到切向涡旋电场力的作用,使圆盘产生转动,从另一角度分析,由于整个圆盘系统在切断电流前后未受到任何外界机械力的干扰(作用),切断电流前后系统的角动量应保持不变,始终为零,即切断电流后圆盘不会转动,如果圆盘转动将违背角动量守恒规律,以上两种解释和论证,结果刚好相反,究竟哪一种正确呢? 这又是一个佯谬. 该圆盘又被称为费恩曼圆盘.

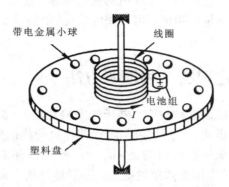

图 1 - 5 - 14　费恩曼圆盘

对费恩曼圆盘,空间同时存在由带电小球激发的电场 E 以及螺线管电流产生的磁场 B,因而空间存在能流 S,如图 1 - 5 - 15 所示,从图的上方看,能流逆时针流动,按公式(1 - 5 - 68),有能流也就有电磁动量,相应的电磁角动量为 L

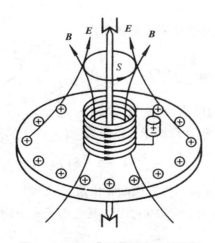

图 1 - 5 - 15　费恩曼圆盘定性解释

$$L = r \times G$$

　　该角动量的方向为沿轴线向上，故当螺线管中的电流未切断时，空间电磁场已具有了沿轴线向上的角动量，当切断电流后，电磁场角动量消失，转化为圆盘的同方向的机械角动量，从图 1 – 5 – 15 的上方看，圆盘将做逆时针转动，由此可见，考虑了电磁场的角动量后，圆盘的转动并不违背角动量守恒规律，恰恰相反，圆盘的转动正是角动量守恒的必然结果，这就是对费恩曼圆盘实验佯谬的定性解释，其定量证明读者可参阅陈秉乾《电磁学专题研究》一书．此处不作赘述．

5.6　安培环路定理的一种证明方法[①]

　　在普通物理学和电磁学教材中，磁场的安培环路定理是一个重要的内容，但对安培环路定理的证明，一般仅就无限长载流直导线的磁场进行推证，然后加以推广，教材中尚未见有普遍的证明．而一般可查证的证明方法或过于繁杂，或不够严谨．本节应用立体角的概念，一般地证明了磁场中的安培环路定理．证明方法简明易懂、直观且不失普遍性．

　　要证明安培环路定理，关键是要找到求解积分 $\oint_L \boldsymbol{B} \cdot \mathrm{d}\boldsymbol{l}$ 的方法．为此，我们首先引入立体角的概念，并从立体角的计算中得到几个有用的结果，应用这些结果可求解积分式 $\oint_L \boldsymbol{B} \cdot \mathrm{d}\boldsymbol{l}$，进而证明安培环路定理．

1．立体角的概念及计算

（1）立体角的定义

　　空间有向面元 $\mathrm{d}\boldsymbol{S}$ 对点 O 所张立体角定义为（图 1 – 5 – 16）

$$\mathrm{d}\omega = \frac{\mathrm{d}S\cos\theta}{r^2} = \frac{\mathrm{d}\boldsymbol{S} \cdot \boldsymbol{e}_r}{r^2} \quad (1 – 5 – 80)$$

其中 $\boldsymbol{e}_r$ 为 O 指向 $\mathrm{d}\boldsymbol{S}$ 的单位矢，θ 为 $\mathrm{d}\boldsymbol{S}$ 和 $\boldsymbol{e}_r$ 之间的夹角．空间曲面 S 对 O 点所张立体角为

$$\Omega_0 = \int \mathrm{d}\omega = \iint_S \frac{\mathrm{d}\boldsymbol{S} \cdot \boldsymbol{e}_r}{r^2} \quad (1 – 5 – 81)$$

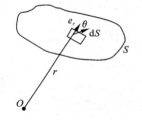

图 1 – 5 – 16　立体角的定义

（2）无限大平面对面外一点所张的立体角

　　图 1 – 5 – 17 中，S 为一无限大平面，其各面元正方向相同，令其向右，点

---

①　选自：梁金桂．安培环路定理的一种证明方法．大学物理，2002(5)

A、B 分别位于 S 的左右两侧，则 S 对点 A 所张立体角为 2π，对点 B 所张立体角为 -2π.

（3）有限曲面对附近一点所张的立体角

图 1 – 5 – 18 中，O 是有限曲面 S 上的一点，点 O_- 和 O_+ 分别位于 S 的左右两侧且无限接近 O 点．O 点附近曲面对 O_- 而言，相当于无限大平面，它们对 O_- 点所张立体角为 2π，因此，整个曲面对 O_- 所张立体角可表示为

$$\Omega_{o_-} = 2\pi + \Omega' \qquad (1 – 5 – 82)$$

Ω' 为除 O 点附近曲面外的部分对 O_- 所张的立体角.

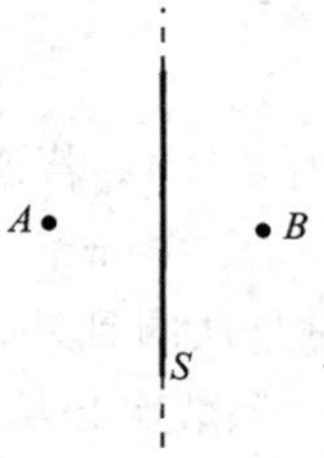

图 1 – 5 – 17　无限大平面对
面外一点所张立体角

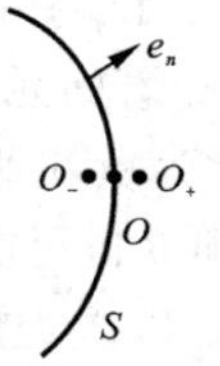

图 1 – 5 – 18　有限曲面对其面上
附近一点所张立体角

同理可得到

$$\Omega_{o_+} = -2\pi + \Omega' \qquad (1 – 5 – 83)$$

可见，在 O 点附近，立体角的变化是不连续的.

（4）空间闭合曲线平动所扫过的立体角

图 1 – 5 – 16 中，设 S 的边界曲线为 l．令 S 不动，O 点位移 $\mathrm{d}\boldsymbol{L}$，S 对 O 点立体角的改变为 $\mathrm{d}\Omega$．$\mathrm{d}\Omega$ 可看成 O 点不动，而 S 平移 $-\mathrm{d}\boldsymbol{L}$ 而引起，它等于 l 位移 $-\mathrm{d}\boldsymbol{L}$ 所扫过的面积对 O 点所张的立体角（图 1 – 5 – 19），故有

$$\mathrm{d}\Omega = \oint_l \frac{(-\mathrm{d}\boldsymbol{L} \times \mathrm{d}\boldsymbol{l}) \cdot \boldsymbol{e}_r}{r^2} \qquad (1 – 5 – 84)$$

考虑 O 从 A 点移到 B 点引起的立体角的改变 $\Delta\Omega$．设 A 到 B 路径为 L，则有

$$\Delta\Omega = \int_L \oint_l \frac{(-\mathrm{d}\boldsymbol{L} \times \mathrm{d}\boldsymbol{l}) \cdot \boldsymbol{e}_r}{r^2} \qquad (1 – 5 – 85)$$

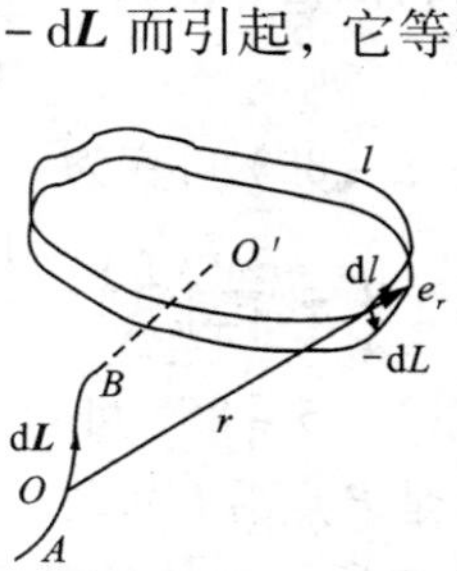

图 1 – 5 – 19　曲线 l 位移 $-\mathrm{d}\boldsymbol{L}$
所扫过的面积对 O 点所张立体角

若 A 到 B 的路径不穿过 S，则 Ω 连续变化，有

$$\Delta\Omega = \int_A^B \oint_l \frac{(-\mathrm{d}\boldsymbol{L}\times\mathrm{d}\boldsymbol{l})\cdot\boldsymbol{e}_r}{r^2} = \int_{\Omega_A}^{\Omega_B}\mathrm{d}\Omega = \Omega_B - \Omega_A \quad (1-5-86)$$

若 A 到 B 的路径穿过 S，与 S 交于 O'，因为 Ω 在 O' 点不连续，所以有

$$\begin{aligned}
\Delta\Omega &= \int_A^B \oint_l \frac{(-\mathrm{d}\boldsymbol{L}\times\mathrm{d}\boldsymbol{l})\cdot\boldsymbol{e}_r}{r^2}\\
&= \int_A^{O'-} \oint_l \frac{(-\mathrm{d}\boldsymbol{L}\times\mathrm{d}\boldsymbol{l})\cdot\boldsymbol{e}_r}{r^2} + \int_{O'_+}^B \oint_l \frac{(-\mathrm{d}\boldsymbol{L}\times\mathrm{d}\boldsymbol{l})\cdot\boldsymbol{e}_r}{r^2}\\
&= \int_{\Omega_A}^{\Omega_{O'}}\mathrm{d}\Omega + \int_{\Omega_{O'_+}}^{\Omega_B}\mathrm{d}\Omega = \Omega_B - \Omega_A + (\Omega_{O'_-} - \Omega_{O'_+})\\
&= \Omega_B - \Omega_A + 4\pi
\end{aligned}\qquad (1-5-87)$$

这里考虑的是顺着面元矢量方向穿过 S（不妨称为从内到外）；若逆着面元矢量方向穿过 S（称为从外到内），上式右方应修改为 $\Omega_B - \Omega_A - 4\pi$.

当然，A 到 B 也可能多次穿过 S，如果第一次穿过是从内到外，第二次穿过必是从外到内，以次类推，若奇数次穿过是从内到外，偶数次必从外到内. 从内到外，$\Delta\Omega$ 将增加 4π，而从外到内，$\Delta\Omega$ 将减少 4π. 因此，对偶数次穿过，由于相互抵消，$\Delta\Omega$ 的计算仍可用式 $(1-5-86)$，而式 $(1-5-87)$ 可用于奇数次穿过 $\Delta\Omega$ 的计算.

2. 安培环路定理的证明

（1）首先对无限长载流（稳恒电流）导线 L 的磁场进行证明. 设闭合曲线 l 环绕 L（如图 $1-5-20$）. 则由毕 – 萨定律和磁场叠加原理，有

$$\oint_l \boldsymbol{B}\cdot\mathrm{d}\boldsymbol{l} = \oint_l \left(\int_L \frac{\mu_0}{4\pi}\frac{I\mathrm{d}\boldsymbol{L}\times\boldsymbol{e}_r}{r^2}\right)\cdot\mathrm{d}\boldsymbol{l} = \frac{\mu_0 I}{4\pi}\int_L\oint_l \frac{\mathrm{d}\boldsymbol{L}\times\boldsymbol{e}_r}{r^2}\cdot\mathrm{d}\boldsymbol{l} \quad (1-5-88)$$

再由矢量的运算法则

$$(\boldsymbol{A}\times\boldsymbol{B})\cdot\boldsymbol{C} = (\boldsymbol{C}\times\boldsymbol{A})\cdot\boldsymbol{B}$$

式 $(1-5-88)$ 可变为

$$\oint_l \boldsymbol{B}\cdot\mathrm{d}\boldsymbol{l} = \frac{\mu_0 I}{4\pi}\int_L\oint_l \frac{(-\mathrm{d}\boldsymbol{L}\times\mathrm{d}\boldsymbol{l})\cdot\boldsymbol{e}_r}{r^2}$$

对照式 $(1-5-85)$ 可知，上式右端的积分正好是 P 点沿 L 移动，以 l 为边界的曲面对 P 点所张立体角的改变. 因 L 无限长，l 环绕 L，所以 L 必穿过以 l 为边界的曲面，且过的次数一定为奇数. 根据式（1 – 5 – 87），考虑到 A、B 均为无穷远点，

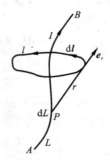

图 $1-5-20$ l 环绕无限长载流导线 L

$\Omega_A = \Omega_B = 0$，从上式立即得到

$$\oint_l \boldsymbol{B} \cdot \mathrm{d}\boldsymbol{l} = \frac{\mu_0 I}{4\pi} \times 4\pi = \mu_0 I \qquad (1-5-89)$$

若闭合曲线 l 不环绕 L（如图 $1-5-21$），则可在 L 上取点 O，设想从 O 引出一半无限长导线 L'，其中通有大小为 I 但方向相反的两个电流. 显然，假想导线 L' 的引入并不影响空间磁场分布，但问题却化为 l 环绕无限长载流导线 AOC 和无限长载流导线 COB. 根据磁场叠加原理，有

$$\oint_l \boldsymbol{B} \cdot \mathrm{d}\boldsymbol{l} = \oint_l (\boldsymbol{B}_{AOC} + \boldsymbol{B}_{COB}) \cdot \mathrm{d}\boldsymbol{l}$$

$$= \oint_l \boldsymbol{B}_{AOC} \cdot \mathrm{d}\boldsymbol{l} + \oint_l \boldsymbol{B}_{COB} \cdot \mathrm{d}\boldsymbol{l}$$

$$= \mu_0(-I + I) = 0 \qquad (1-5-90)$$

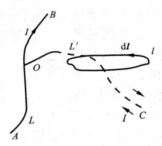

图 $1-5-21$ l 不环绕无限长载流导线 L

也可以这样考虑，因 l 不环绕 L，L 要么不穿过以 l 为边界的曲面，要么偶数次穿过. 根据式（$1-5-86$）及 $\Omega_A = \Omega_B = 0$，即得到式（$1-5-90$）.

（2）再对载有稳恒电流 I 的闭合电路的磁场进行证明. 在 L 上取 A、B 两点，A、B 将 L 分成 L_1 和 L_2. 从 A、B 处分别引出半无限长导线 L'' 和 L'（如图 $1-5-22$），L'、L'' 中都通有大小为 I、而方向相反的电流. 这样，问题化成了两根无限长载流导线 $L'L_1L''$ 和 $L''L_2L'$ 的磁场问题. 用磁场叠加原理和前面的结论将立即得到

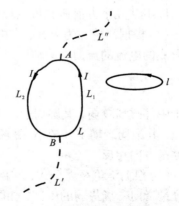

图 $1-5-22$ L 为闭合载流回路

$$\oint_l \boldsymbol{B} \cdot \mathrm{d}\boldsymbol{l} = \begin{cases} \mu_0 I & l \text{ 环绕 } L \\ 0 & l \text{ 不环绕 } L \end{cases}$$

对多个电流回路、多个无限长载流导线的磁场，可使用磁场叠加原理和上面有关的结论，很容易得到证明.

5.7　有趣的磁镜

我们知道，电容器可以储存电荷. 那么，运动的电荷特别是高速运动的电荷将如何储存呢? 磁瓶(或叫磁镜)就是一种能把运动电荷储存(或约束在空间一定区域)起来的装置.

两个相同的载流圆线圈同轴放置，电流流向一致，所产生的非均匀磁场具有轴对称性，当两个线圈的距离等于线圈半径时，它们之间轴线上的磁场几乎均匀，该装置称为亥姆霍兹线圈. 若两线圈间距增大，轴线上中部的磁场将弱于端部的磁场，磁力线的分布似橄榄状(如图 1 – 5 – 23 所示). 当带电粒子注入该磁

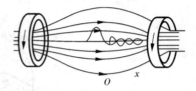

图 1 – 5 – 23　磁镜

场中，若速度的方向与磁场轴线的夹角适当，带电粒子可沿着磁场轴线以螺旋线轨道在两个励磁线圈之间的区域往复振荡运动，两线圈宛如两个反射镜，带电粒子在一对磁镜之间来回反射. 磁约束可控热核反应实验中，有一种装置就是运用这一原理将高温涡旋运动的等离子体约束在指定区域.

以下从几个方面研究带电粒子在磁镜装置中的运动:

(1)根据洛伦兹力公式，带电粒子的圆周分运动(即由 $v_\perp$ 所形成的圆运动)所形成的电流的流向与 x 轴一定成左手螺旋关系，该圆周分运动的半径为

$$r = \frac{mv_\perp}{qB} \tag{1 – 5 – 91}$$

由于中部磁场较弱，其圆周运动半径较大，而在螺旋运动的两个端部，因磁场较强，其圆周运动半径较小. 磁场中带电粒子的圆周分运动的等效磁矩方向与外磁场方向相反.

(2)根据洛伦兹力公式，在磁镜中，磁场对螺旋运动电荷的作用力总有一个分量指向磁场最弱的中部，如图 1 – 5 – 24 所示，故螺旋运动的轴向速度分量在磁场中部最大，在朝向磁镜运动时将逐渐减小，在一定条件下可以变为零，然后反向运动，形成往复振荡.

（3）由于洛伦兹力不能对运动电荷作功，电荷的总动能不变．记电荷圆周分运动速度 $v_\perp$，轴向速度 $v_{/\!/}$；电荷运动速率为 v，则有

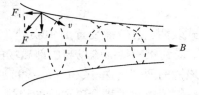

图 1－5－24　磁镜中电荷受力示意图

$$\frac{1}{2}m(v_\perp^2 + v_{/\!/}^2) = \frac{1}{2}mv^2 = 常量$$

$$(1-5-92)$$

（4）估算带电粒子能够被束缚在一对磁镜中的条件．设磁场稳定不变，带电粒子圆周分运动半径足够小，其等效磁矩所在点的磁场可用轴线上的磁场近似表示，该磁矩在非均匀磁场的作用下获得轴向加速度，该加速度可用下列方法计算：

根据载流线圈在非均匀磁场中所受作用力公式（1－5－102）

$$\boldsymbol{f} = (\boldsymbol{P}_m \cdot \nabla)\boldsymbol{B}$$

则运动方程为

$$(\boldsymbol{P}_m \cdot \nabla)\boldsymbol{B} = m\frac{\mathrm{d}\boldsymbol{v}_{/\!/}}{\mathrm{d}t} \qquad (1-5-93)$$

即

$$-IS\frac{\mathrm{d}B}{\mathrm{d}x} = m\frac{\mathrm{d}v_{/\!/}}{\mathrm{d}t}$$

考虑到 $I = q\dfrac{v_\perp}{2\pi r}$，$qv_\perp B = m\dfrac{v_\perp^2}{r}$，$S = \pi r^2$

可得

$$-v_\perp^2 \frac{\mathrm{d}B}{B} = \mathrm{d}v_{/\!/}^2$$

$$-\frac{\mathrm{d}B}{B} = -\frac{\mathrm{d}(v^2 - v_{/\!/}^2)}{v^2 - v_{/\!/}^2} \qquad (1-5-94)$$

设带电粒子从 $x=0$ 点运动到磁镜的端部以内的 $x=d$ 点时，该粒子的轴向速度恰减为零，将上式两端分别从磁镜的中部 $x=0$ 积分到 $x=d$ 点，可得

$$\frac{B_0}{B_d} = \frac{v_{0\perp}^2}{v^2} \qquad (1-5-95)$$

为了将带电粒子约束在磁场中，磁镜端部的磁感应强度 $B_{\max}$ 应大于上式中的 B_d，即

$$B_{\max} > B_d = \frac{v^2 B_0}{v_{0\perp}^2} \qquad (1-5-96)$$

将式（1－5－92）代入上式，还可得到

$$\left|\frac{v_{0/\!/}}{v_{0\perp}}\right| < \sqrt{\frac{B_{\max}}{B_0} - 1} \qquad (1-5-97)$$

上式表明：在磁镜装置的中心处，带电粒子速度的轴向分量与横向分量的比值，受到磁镜端部磁场与中部磁场的比值的限制，不满足这一条件会导致电荷从磁镜的两端逃逸. 式(1-5-99)通常被称为"磁镜搜集粒子的判据"，该式可以一般地由轨道耦合磁通量的绝热式不变性导出.

现在考虑磁镜轴线上的 $x=0$ 与 $x=d$ 之间的一点 x，对于该点来说，式(1-5-94)的积分结果为

$$\frac{B_0}{B_x} = \frac{v_{0\perp}^2}{v_\perp^2} \qquad (1-5-98)$$

利用式(1-5-91)消去上式中的 $v_\perp^2$，经整理可得

$$r_x = \frac{mv_{0\perp}}{q}\frac{1}{\sqrt{B_0 B_x}} \qquad (1-5-99)$$

带电粒子在该对磁镜内距离中心 x 远处的回旋半径 r_x 与当地轴线上磁感应强度 B_x 的平方根成反比. 从而，电荷在磁镜装置中螺旋运动轨迹的轮廓呈现橄榄状.

5.8　磁场对载流线圈的作用[①]

在一般电磁学教材中，为了简单易懂，都是选择特殊条件(如均匀磁场、矩形载流线圈)来导出磁场对载流线圈的磁力和磁力矩作用的. 本书运用矢量分析方法，得出在较普遍的情况下，磁场对载流线圈作用的合力、合磁力矩、做功及相互作用能的一般结果.

1. 磁力作用

载流线圈在均匀外磁场 $\boldsymbol{B}$ 中，受到的合磁力 $\boldsymbol{f}$ 为零，即

$$\boldsymbol{f} = \oint_L I\mathrm{d}\boldsymbol{l} \times \boldsymbol{B} = \left(\oint_L I\mathrm{d}\boldsymbol{l}\right) \times \boldsymbol{B} = 0 \qquad (1-5-100)$$

在非均匀磁场 $\boldsymbol{B}$ 中，其受到的合磁力 $\boldsymbol{f}$ 一般不为零，根据斯托克斯的积分变换公式 $\oint_L \mathrm{d}\boldsymbol{l}\cdots = \int_S \mathrm{d}\boldsymbol{S} \times \nabla\cdots$，有

$$\boldsymbol{f} = \oint_L I\mathrm{d}\boldsymbol{l} \times \boldsymbol{B} = \int_S I(\mathrm{d}\boldsymbol{S} \times \nabla) \times \boldsymbol{B} = \int_S I\nabla(\boldsymbol{B} \cdot \mathrm{d}\boldsymbol{S}) - \int_S I(\nabla \cdot \boldsymbol{B})\mathrm{d}\boldsymbol{S}$$

由于 $\nabla \cdot \boldsymbol{B} = 0$，并考虑到载流线圈足够小，记磁矩为 $P_m = IS$，可得合磁力 $\boldsymbol{f}$：

---

① 选自：徐劳立. 磁场对载流线圈的作用. 大学物理，2002(6)

$$f = \nabla \boldsymbol{B} \cdot l\boldsymbol{S} = \nabla \boldsymbol{B} \cdot \boldsymbol{P}_{\mathrm{m}} \qquad (1-5-101)$$

又因
$$\boldsymbol{P}_{\mathrm{m}} \times (\nabla \times \boldsymbol{B}) = \nabla (\boldsymbol{B} \cdot \boldsymbol{P}_{\mathrm{m}}) - (\boldsymbol{P}_{\mathrm{m}} \cdot \nabla)\boldsymbol{B}$$

载流线圈所在点一般不会有外磁场的励磁电流，由麦克斯韦微分方程组可知，$\nabla \times \boldsymbol{B} = 0$，故有

$$f = (\boldsymbol{P}_{\mathrm{m}} \cdot \nabla)\boldsymbol{B} \qquad (1-5-102)$$

2. 磁力矩作用

载流线圈上各个电流元 $I\mathrm{d}\boldsymbol{l}$ 受到的磁力 $I\mathrm{d}\boldsymbol{l} \times \boldsymbol{B}$ 对于原点的磁力矩的总和为

$$\boldsymbol{M} = \oint_L \boldsymbol{r} \times (I\mathrm{d}\boldsymbol{l} \times \boldsymbol{B}) = \oint_L I\mathrm{d}\boldsymbol{l}(\boldsymbol{r} \cdot \boldsymbol{B}) - \oint_L I\boldsymbol{B}(\boldsymbol{r} \cdot \mathrm{d}\boldsymbol{l})$$

上式右端第一项和第二项经积分变换可分别改写为：

$$\oint_L I\mathrm{d}\boldsymbol{l}(\boldsymbol{r} \cdot \boldsymbol{B}) = I\int_S (\mathrm{d}\boldsymbol{S} \times \nabla \boldsymbol{B}) \cdot \boldsymbol{r} + I\int_S \mathrm{d}\boldsymbol{S} \times (\nabla \boldsymbol{r} \cdot \boldsymbol{B}) =$$

$$I\int_S (\mathrm{d}\boldsymbol{S} \times \nabla \boldsymbol{B}) \cdot \boldsymbol{r} + I\int_S \mathrm{d}\boldsymbol{S} \times \boldsymbol{B}$$

$$\oint_L I\boldsymbol{B}(\boldsymbol{r} \cdot \mathrm{d}\boldsymbol{l}) = I\oint_L (\mathrm{d}\boldsymbol{l} \cdot \boldsymbol{r})\boldsymbol{B} = I\int_S [(\mathrm{d}\boldsymbol{S} \times \nabla) \cdot \boldsymbol{r}]\boldsymbol{B}$$

$$= I\int_S \boldsymbol{r} \cdot (\mathrm{d}\boldsymbol{S} \times \nabla \boldsymbol{B}) + I\int_S \boldsymbol{B}(\mathrm{d}\boldsymbol{S} \times \nabla) \cdot \boldsymbol{r}$$

$$= I\int_S \boldsymbol{r} \cdot (\mathrm{d}\boldsymbol{S} \times \nabla \boldsymbol{B})$$

从而得到非均匀磁场中载流线圈所受磁力矩

$$\boldsymbol{M} = I\int_S (\mathrm{d}\boldsymbol{S} \times \nabla \boldsymbol{B}) \cdot \boldsymbol{r} + I\int_S \mathrm{d}\boldsymbol{S} \times \boldsymbol{B} - I\int_S \boldsymbol{r} \cdot (\mathrm{d}\boldsymbol{S} \times \nabla \boldsymbol{B})$$

$$(1-5-103)$$

式中的第一和第三项与原点的选择有关，一般不能抵消；而在均匀磁场中，$\nabla \boldsymbol{B} = 0$，载流线圈所受磁力矩为

$$\boldsymbol{M} = \boldsymbol{P}_{\mathrm{m}} \times \boldsymbol{B} \qquad (1-5-104)$$

3. 磁力做的功，载流线圈在外磁场中的相互作用能

设载流线圈磁矩 $\boldsymbol{P}_{\mathrm{m}}$ 与均匀外磁场 $\boldsymbol{B}$ 的夹角为 θ，磁力矩 $\boldsymbol{M}$ 引起的角位移为 $\mathrm{d}\boldsymbol{\theta}$，如图 $1-5-25$ 所示，该力矩做的功 W 为

$$W = \int \boldsymbol{f} \cdot \mathrm{d}\boldsymbol{r} = \int f_\perp \, \mathrm{d}S = \int f_\perp \, r\mathrm{d}\theta = \int \boldsymbol{M} \cdot \mathrm{d}\boldsymbol{\theta}$$

$$= \int \boldsymbol{P}_{\mathrm{m}} \times \boldsymbol{B} \cdot \mathrm{d}\boldsymbol{\theta} = -\int BP_{\mathrm{m}}\sin\theta\mathrm{d}\theta = BIS\int_1^2 \mathrm{d}(\cos\theta)$$

$$= IS_2 \cdot \boldsymbol{B} - IS_1 \cdot \boldsymbol{B} \qquad (1-5-105)$$

磁力矩的功也可写成

$$W = I\boldsymbol{B} \cdot (\boldsymbol{S}_2 - \boldsymbol{S}_1) = -[(-I\phi_2) - (-I\phi_1)] \qquad (1-5-106)$$

上式说明，在保持电流 I 和外磁场不变的
情况下，磁力矩做的功与线圈方位角变动的
过程无关，只与线圈方位角的始末位置有关，
该功在形式上可以等于载流线圈在外磁场中
的相互作用能增量的负值. 若选择 $\theta = \pi/2$ 为
该相互作用能的零点，则载流线圈在均匀外
磁场中的相互作用能（亦可称为"附加势能"）
为

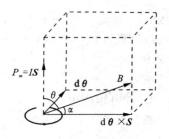

图 1 -5 -25　　力矩做功示意图

$$E_p = -I\phi = -IS \cdot B = -P_m \cdot B$$
$$(1-5-107)$$

当磁矩 P_m 足够小，式（1 - 5 - 107）对于非均匀磁场也近似成立. 例如，电
子绕原子核的轨道角动量在外磁场中取向的量子化，对应的轨道电流磁矩在不
同的取向时，会有不同的相互作用能，导致光谱谱线的分裂.

现在讨论载流线圈与磁场随空间坐标变化缓慢的非均匀磁场的相互作用能
问题. 此时，载流线圈所受合力 f 和合力矩 M 一般都不为零，设在此情况下 M 仍
可以由式（1 - 5 - 104）表示，则载流线圈在给定点转动时 M 仍表现为保守力
矩，但是，载流线圈在 f 的作用下做平动时，情况将如何呢？我们来求磁力 f 在
任意闭合路径 L 上做的功 $\oint_L f \cdot dl$，利用（1 - 5 - 101）式可得

$$\oint_L f \cdot dl = \oint_L dl \cdot (\nabla B \cdot P_m) = \int_S (dS \times \nabla) \cdot (\nabla B \cdot P_m) =$$
$$\int_S [\nabla \times (\nabla B \cdot P_m)] \cdot dS = 0 \qquad (1-5-108)$$

由此证明，在载流线圈的磁矩和外磁场不随时间改变的情况下，该磁力 f
也是保守的，即 f 沿任意闭合路径 L 做的功为零. 从而可以相应地定义小电流圈
在磁场中 a 和 b 两点的相互作用能之差

$$E_p(b) - E_p(a) = -\int_a^b (dl \cdot \nabla) B \cdot P_m \qquad (1-5-109)$$

由于
$$dE_p = -[(dl \cdot \nabla)B] \cdot P_m \qquad (1-5-110)$$

$$dE_p = \frac{\partial E_p}{\partial x}dx + \frac{\partial E_p}{\partial y}dy + \frac{\partial E_p}{\partial z}dz = dl \cdot \nabla E_p \qquad (1-5-111)$$

式（1 - 5 - 110）与式（1 - 5 - 111）对照，可见小磁矩 P_m 在非均匀磁场中受的磁
力恰为相互作用能 E_p 的负梯度，即

$$\nabla B \cdot P_m = -\nabla E_p \qquad (1-5-112)$$

由式（1 - 5 - 112）得到小磁矩 P_m 在非均匀磁场中的相互作用能

$$E_p = -\boldsymbol{B} \cdot \boldsymbol{P}_m + C \qquad (1-5-113)$$

当载流线圈与外磁场的励磁线圈相距无限远时,相互作用能为零,则常量 C 取零.式(1-5-113)的物理意义在于:载流线圈与外磁场的相互作用能不仅取决于磁矩与外磁场的方向关系,而且与载流线圈所在地的磁场强弱有关,这样,当磁场的空间分布不均匀时,该相互作用能也可因为载流线圈的平动分运动而改变.

5.9 磁场零值点的一个判据[①]

在某些恒定电流的磁场中存在磁感应强度为零的点,不妨称之为磁场的零值点.通常,磁场中的零值点都是通过定量或半定量计算来确定的.那么,是否可以通过定性分析来确定磁场中的零值点呢? 本文通过对一个简单问题的思考,引出这方面的一个判据.

如图 1-5-26 所示,由均匀导体棒构成一个棱长为 l 的立方体框架,电流 I 从立方体的一个顶点 O 流入,从另一顶点 G 流出,求框架中的电流在立方体中心 P 处产生的磁感应强度.

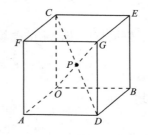

图 1-5-26 立方体框架图(1)

这是一个简单的问题.根据框架中电流分布的特点,可将 12 条棱边分成 6 对,每一对棱边(例如 OA 与 EG)中的电流大小相等、方向相同,空间位置关于 P 点对称,在立方体中心处产生的磁感应强度相互抵消,因而整个框架中的电流在立方体中心处产生的总磁感应强度为零.这就是问题的答案.

如果就此止步,只不过做了一道普通的习题而已.但是,可以进一步想:在立方体对角线 OG 上其他点处的磁感应强度如何?

如图 1-5-27 所示,设 P 点是对角线 OG 上的任意一点,稍加分析发现,棱边 OA、OB、OC 中的电流在 P 点处产生的磁感应强度大小相等,方向都与 OG 垂直.由于这三条棱边中的电流相对于 OG 呈对称分布,所以相应的磁感应强度矢量在垂直于 OG 的平面内也呈对称分布,合磁感应强度为零.类似地,棱边 DG、EG、FG 中的电流在 P 点处产生的合磁感应强度也为零.其余六条棱边的情况要复杂一些,可将它们分为 AD 与 AF、BE 与 BD、CF 与 CE 三组.由于这

① 选自:江少林.磁场零值点的一个判据.物理与工程.2005(10)

三组棱边中的电流大小相等、与 P 点的几何关系相同，所以三者在 P 点处产生的磁感应强度大小相等. 进一步可以证明，三者在 P 点处产生的磁感应强度方向都垂直于 OG. 证明如下：

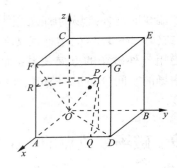

图 1 - 5 - 27　立方体框架图（2）

　　设 P 点坐标为 (x, x, x)，$PQ \perp AD$，$PR \perp AF$. 因 AD、AF 中电流大小相等、相对于 P 点在几何上对称，故两者在 P 点处产生的磁感应强度大小相等，将相应的磁感应强度分别记为 $\boldsymbol{B}_{AD} = B\boldsymbol{e}_1$、$\boldsymbol{B}_{AF} = B\boldsymbol{e}_2$，其中，$\boldsymbol{e}_1$、$\boldsymbol{e}_2$ 分别为沿 $\boldsymbol{B}_{AD}$、$\boldsymbol{B}_{AF}$ 方向的单位矢量. 由图 1 - 5 - 27 可见，沿 AD、QP 方向的单位矢量分别为

$$e_1' = \boldsymbol{j}$$
$$e_1'' = \frac{-(l-x)\boldsymbol{i} + x\boldsymbol{k}}{\sqrt{x^2 + (l-x)^2}}$$

于是，根据直电流产生的磁场所满足的右手法则知，$\boldsymbol{B}_{AD}$ 应垂直于 $\overline{QP}$，所以

$$\boldsymbol{e}_1 = \boldsymbol{e}_1' \times \boldsymbol{e}_1'' = \frac{x\boldsymbol{i} + (l-x)\boldsymbol{k}}{\sqrt{x^2 + (l-x)^2}}$$

类似地，有

$$\boldsymbol{e}_2 = \frac{-x\boldsymbol{i} - (l-x)\boldsymbol{j}}{\sqrt{x^2 + (l-x)^2}}$$

因此

$$\boldsymbol{B}_{AD} + \boldsymbol{B}_{AF} = B(\boldsymbol{e}_1 + \boldsymbol{e}_2) = \frac{B(l-x)}{\sqrt{x^2 + (l-x)^2}} \cdot (-\boldsymbol{j} + \boldsymbol{k})$$

而 $\boldsymbol{OG} = l(\boldsymbol{i} + \boldsymbol{j} + \boldsymbol{k})$，易知

$$(\boldsymbol{B}_{AD} + \boldsymbol{B}_{AF}) \cdot \boldsymbol{OG} = 0$$

即

$$(\boldsymbol{B}_{AD} + \boldsymbol{B}_{AF}) \perp \boldsymbol{OG}$$

类似地，有

$$(\boldsymbol{B}_{BE} + \boldsymbol{B}_{BD}) \perp \boldsymbol{OG}$$
$$(\boldsymbol{B}_{CF} + \boldsymbol{B}_{CE}) \perp \boldsymbol{OG}$$

可见，这三组棱边 AD 与 AF，BE 与 BD 及 CF 与 CE 在 P 点所产生的磁感应强度矢量都与 OG 垂直且共面。

　　由于这三组棱边中的电流相对于对角线 OG 呈对称分布，所以它们在 P 点处产生的磁感应强度矢量在垂直于 OG 的平面内也呈对称分布，因而合磁感应强度为零. 这表明, 立方体框架中的电流不仅在立方体中心处产生的磁感应强度为零, 而且在立方体对角线 OG 上其他各点处产生的磁感应强度也为零.

在此基础上, 再进一步想: 在对角线 OG 的延长线上各点处是否也有这个结果? 回答是肯定的. 不难看出, 上面的分析计算也适用于 P 点位于 OG 的延长线上的情形. 至此, 我们得到了比原题更广泛的结果. 但如果就此止步, 也还只是讨论了一道习题而已. 进一步思考: 这个结果是偶然的还是必然的? 其中是否有某种规律? 从上面的讨论可以看出, 所得结果与框架中电流分布的几何对称性有密切关系. 事实上, 将整个立方体框架围绕对角线 OG 旋转120°角, 则电流的空间分布保持不变, 这表明框架中电流分布具有一定的旋转对称性. 这种旋转对称性决定了轴线上各点处的磁感应强度方向必与轴线平行. 但仅此还不足以要求这些点处的磁感应强度大小为零. 进一步观察发现, 将立方体框架对包含对角线的某一平面(例如三角形 ODG 所在的平面)作镜像操作, 则电流的空间分布也保持不变. 这表明框架中电流分布还具有一定的镜像对称性. 电流分布的镜像对称性决定了镜面上各点的磁感应强度方向必与镜面垂直. 显然, 上述旋转对称性和镜像对称性的共同存在, 决定了对角线 OG 上各点的磁感应强度必为零. 这表明, 前面由半定量计算所得到的结果不是偶然的, 而是由电流分布的对称性所决定的. 总结其中的规律, 并把它推广到有介质存在的情形, 可以得到关于磁场零值点的一个判据: 如果载流系统及其周围介质都具有围绕某一直线的旋转对称性(即旋转 $\varphi(0° < \varphi < 360°)$ 角后系统表观不变)和对于包含该直线的一个平面的镜像对称性(即镜像操作后系统表观不变), 那么系统在该直线上各点处产生的磁感应强度为零.

从对称性考虑, 上述判据不仅适用于线电流系统, 也适用于面电流和体电流系统. 例如, 将上述立方体导体框架改为薄壁立方导体盒(盒内为真空或充满某种均匀各向同性磁介质), 或改为实心立方导体, 甚至改为 Sierpinski 海绵状导体(空隙内为真空或充满某种均匀各向同性磁介质), 电流从立方体对角线的一端输入, 从另一端输出, 尽管我们并不知道其中电流分布的细节, 但根据系统的几何对称性就可断定, 上述系统在电流输入、输出端连线及其延长线上各点处产生的磁感应强度为零. 又如, 对于球形电容器或无限长圆柱形电容器的均匀漏电流所产生的磁场, 利用上述判据容易确定, 空间各处磁感应强度均为零.

上述判别方法的最大优点是, 不必知道电流分布的细节, 也不必进行定量或半定量的计算, 仅仅通过对称分析就能作出肯定的判断. 它适用于载流系统及其周围介质都具有较高对称性的情形, 特别适用于结构复杂而对称性高的系统. 当然, 这种方法也有其局限性, 在磁场零值点不是由系统的对称性决定, 而是由其他因素决定时, 该方法就无用武之地了.

第 6 部分　　量子物理基础

6.1　基于量纲分析法对黑体辐射两个基本定律的讨论[①]

　　量纲分析方法在关于物理问题的半定量讨论中，是一种行之有效的方法和重要工具.

　　物理量的量纲表明了该物理量单位的性质或特征. 任何一个力学量 B 的量纲 $\dim B$，均可由三个基本量纲的幂次积形式给出

$$\dim B = L^{\alpha_1} M^{\alpha_2} T^{\alpha_3} \tag{1-6-1}$$

　　但同时，$\dim B$ 也可以由任何一组量纲无关（独立）量 $N_i (i=1, 2, 3)$ 的量纲的幂次积形式给出

$$\dim B = N_1^{\beta_1} N_2^{\beta_2} N_3^{\beta_3} \tag{1-6-2}$$

　　量纲无关（独立）量是指在基本量纲下，N_3 不可能通过 N_1 及 N_2 的线性组合表示.

　　同一物理量的量纲应是一客观的不变量，虽然其表达形式会因为选择的量纲无关量（组）的不同而不同，但不同的表达形式之间必定存在一个唯一确定的转换关系. 换言之，若在基本量纲（L、M、T）下 N_1、N_2、N_3 的量纲分别为

$$\dim N_1 = L^{n_{11}} M^{n_{12}} T^{n_{13}} \tag{1-6-3}$$

$$\dim N_2 = L^{n_{21}} M^{n_{22}} T^{n_{23}} \tag{1-6-4}$$

$$\dim N_3 = L^{n_{31}} M^{n_{32}} T^{n_{33}} \tag{1-6-5}$$

则一定会有线性方程组

$$\begin{cases} \alpha_1 = n_{11}\beta_1 + n_{21}\beta_2 + n_{31}\beta_3 \\ \alpha_2 = n_{12}\beta_1 + n_{22}\beta_2 + n_{32}\beta_3 \\ \alpha_3 = n_{13}\beta_1 + n_{23}\beta_2 + n_{33}\beta_3 \end{cases} \tag{1-6-6}$$

成立

　　可见，若已知 α_1、α_2、α_3 及 $n_{ij}(i, j=1, 2, 3)$，则只需解方程组（1-6-6）

---

　　① 　部分选自：付茂林. 量纲分析的线性代数方法. 大学物理，2011(11)

就可得到 β_1、β_2、β_3，也就能给出表达式 $(1-6-2)$.

事实上，上述的变换关系类似于几何空间矢量在不同的坐标系中的表示，利用向量和矩阵形式可简练地表示如下

$$(\alpha_1, \alpha_2, \alpha_3) = (\beta_1, \beta_2, \beta_3)A \qquad (1-6-7)$$

其中 A 为转换矩阵，且，

$$A = (n_{ij}) = \begin{pmatrix} n_{11} & n_{12} & n_{13} \\ n_{21} & n_{22} & n_{23} \\ n_{31} & n_{32} & n_{33} \end{pmatrix} \qquad (1-6-8)$$

而 $$(\beta_1, \beta_2, \beta_3) = (\alpha_1, \alpha_2, \alpha_3)A^{-1} \qquad (1-6-9)$$

其中 A^{-1} 为 A 的逆矩阵.

可见只要求出转换矩阵 A 的逆矩阵 A^{-1}，就能很快求出独立量纲组 N_i 下的表达式.

下面我们以黑体辐射的两个基本定律为例进行讨论.

众所周知，在普朗克提出量子论之前，维恩根据热力学原理得到了黑体辐射的频谱函数为

$$M_\lambda(T) = c_1\lambda^{-5}e^{-\frac{c_2}{\lambda T}} \qquad (1-6-10)$$

式中 $M_\lambda(T)$ 为单色辐出度；λ 为波长；T 为绝对温度. 由此我们可以导出关于黑体辐射的两个实验规律：

（1）斯特藩—玻耳兹曼定律

黑体在一定温度下的辐出度

$$M(T) = \int_0^\infty M_\lambda(T)\mathrm{d}\lambda = \int_0^\infty c_1\lambda^{-5}e^{-\frac{c_2}{\lambda T}}\mathrm{d}\lambda$$

$$= \frac{c_1}{c_2^4} \cdot T^4\int_0^\infty \left(\frac{c_2}{\lambda T}\right)^3 e^{-\frac{c_2}{\lambda T}}\mathrm{d}\left(\frac{c_2}{\lambda T}\right)$$

显然， $$\sigma = \frac{c_1}{c_2^4}\int_0^\infty \left(\frac{c_2}{\lambda T}\right)^3 e^{-\frac{c_2}{\lambda T}}\mathrm{d}\left(\frac{c_2}{\lambda T}\right)$$

是一个与 T 无关的常数. 则有

$$M(T) = \sigma T^4 \propto T^4$$

此即斯特藩 — 玻耳兹曼定律.

（2）维恩位移定律

设温度为 T，$\lambda = \lambda_m$ 时，$M_\lambda(T)$ 取极大值，则 $\left.\dfrac{\partial M_\lambda(T)}{\partial \lambda}\right|_{\lambda = \lambda_m} = 0$

由 $(1-6-10)$ 式有

$$\left(\frac{c_2}{\lambda_\mathrm{m} T} - 5\right) \times c_1 \lambda_\mathrm{m}^{-5} \mathrm{e}^{-\frac{c_2}{\lambda_\mathrm{m} T}} = 0$$

故有
$$\lambda_\mathrm{m} T = \frac{c_2}{5} = b$$

此乃维恩位移定律.

在普朗克揭示了黑体辐射的量子本质后,上述定律可以通过量纲分析很简捷地导出.

考虑到黑体辐射的热力学特性、电磁特性以及量子特性,我们选择物理常数 K、c、h 以及物理量 T 构建新的独立量纲组(KT, c, h),考察的物理量为 $M(T)$ 和 λ_m,为方便起见,先将上述各量的量纲在基本量纲表示上的幂指数列于表 1-6-1:

表 1-6-1   各量的量纲在基本量纲表示上的幂指数

	L	M	T
KT	2	1	-2
c	1	0	-1
h	2	1	-1
$M(T)$	0	1	-3
λ_m	1	0	0

设 $M(T)$ 的量纲式为
$$\dim M(T) = [KT]^{a_1} [c]^{a_2} [h]^{a_3}$$

λ_m 的量纲式为
$$\dim \lambda_\mathrm{m} = [KT]^{b_1} [c]^{b_2} [h]^{b_3}$$

此时
$$A = \begin{bmatrix} 2 & 1 & -2 \\ 1 & 0 & -1 \\ 2 & 1 & -1 \end{bmatrix}, \ |A| = -1$$

$$A^{-1} = \frac{1}{|A|} \cdot A^* = \begin{bmatrix} -1 & 1 & 1 \\ 1 & -2 & 0 \\ -1 & 0 & 1 \end{bmatrix}$$

所以
$$(a_1, a_2, a_3) = (0, 1, -3) \begin{bmatrix} -1 & 1 & 1 \\ 1 & -2 & 0 \\ -1 & 0 & 1 \end{bmatrix} = (4, -2, -3)$$

$$(b_1, b_2, b_3) = (1, 0, 0)\begin{bmatrix} -1 & 1 & 1 \\ 1 & -2 & 0 \\ -1 & 0 & 1 \end{bmatrix} = (-1, 1, 1)$$

由此可得

$$\dim M(T) = [KT]^4 [c]^{-2} [h]^{-3}$$

即

$$M(T) \propto T^4$$

且 $\sigma \propto \dfrac{K^4}{c^2 h^3}$ （斯特藩—玻耳兹曼常数）

作为比较，由普朗克公式所得计算结果为

$$\sigma = \frac{2\pi^5}{15} K^4 c^{-2} h^{-3}$$

又

$$\dim \lambda_m = [KT]^{-1}[c]^1[h]^1$$

故有

$$\lambda_m T = 常数$$

其中维恩常数

$$b \propto K^{-1} \cdot ch$$

利用普朗克公式所得结果为 $b = 0.2014 chK^{-1}$.

由上述推导结果，我们看到，有了普朗克常数 h 的概念后，即使不作严格的论证，而仅从量纲分析出发就能得到两条黑体辐射定律的半定量结论，尽管无法确切地确定两个常数 σ 和 b，但结论仍能反映出它们与普适常数 K、c、h 之间的依存关系；同时，推导过程也揭示物理常数是如何深刻地影响和支配着物理世界的物理规律这一事实.

6.2　精细结构常数与原子尺度相关物理量的关联

在原子世界中，存在诸如玻尔半径 r_1、康普顿波长 λ_c、氢原子基态能量 E_1 等物理参量，它们描述了原子层次的空间特性和能量特征，在原子尺度上客观、真实地反映了物理规律. 它们的数值受哪些因素的影响？是否存在某种规律性？其规律性背后是否有深刻的物理背景？这一系列的问题值得我们深入探讨.

我们以氢原子 为例，对其特征能量和特征半径作一粗略的估算. 假设核外电子运行在半径为 r 的圆形轨道上，动量为 p，其总能量

$$E = \frac{p^2}{2m_e} - \frac{1}{4\pi\varepsilon_0} \cdot \frac{e^2}{r} \tag{1-6-11}$$

由于电子的平均动量为 0，故 $\Delta p \approx p$，而 $\Delta x \approx r$，由海森堡不确定关系

$$\Delta p \cdot \Delta x \approx \hbar$$

有
$$p \approx \frac{\hbar}{r}$$

代入(1-6-11)式，有

$$E = \frac{\hbar^2}{2m_e r^2} - \frac{1}{4\pi\varepsilon_0} \cdot \frac{e^2}{r} \tag{1-6-12}$$

考察其基态，其能量应取极小值，故有

$$\frac{dE}{dr} = 0$$

对(1-6-12)式求导，有

$$-\frac{\hbar^2}{m_e r^3} + \frac{1}{4\pi\varepsilon_0} \cdot \frac{e^2}{r^2} = 0$$

由此解得

$$r = \frac{4\pi\varepsilon_0 \hbar^2}{m_e e^2} \equiv r_1 \tag{1-6-13}$$

其对应的能量为

$$E = -\frac{m_e e^4}{32\pi^2 \varepsilon_0^2 \hbar^2} \equiv E_1 \tag{1-6-14}$$

(1-6-13)式的 r_1 正是玻尔半径，它清楚地表明了原子层次的空间尺度特性——电子和质子间的"典型"距离.

(1-6-14)式的 E_1 即氢原子的基态能量，它反映了原子层次的能量特征——即原子层次上能量的数量级.

但两者的表达式略显复杂，同时其物理图象也不太清晰.

我们试着将(1-6-13)、(1-6-14)式作如下变形，

$$r_1 \equiv \frac{4\pi\varepsilon_0 \hbar^2}{m_e e^2} = \frac{4\pi\varepsilon_0 \hbar c}{e^2} \cdot \frac{\hbar}{m_e c} \tag{1-6-15}$$

$$E_1 \equiv -\frac{m_e e^4}{32\pi^2 \varepsilon_0^2 \hbar} = -\frac{1}{2}\left(\frac{e^2}{4\pi\varepsilon_0 \hbar c}\right)^2 \cdot m_e c^2 \tag{1-6-16}$$

令 $\alpha = \frac{e^2}{4\pi\varepsilon_0 \hbar c}$，则(1-6-15)、(1-6-16)可表示成

$$r_1 = \frac{1}{\alpha} \cdot \frac{\hbar}{m_e c} \tag{1-6-17}$$

$$E_1 = \frac{1}{2}\alpha^2 \cdot m_e c^2 \tag{1-6-18}$$

很显然与(1-6-13)、(1-6-14)两式相比，(1-6-17)、(1-6-18)两式中 r_1 和 E_1 的表达式更为简单和"漂亮"．而且由(1-6-18)式不难看出，常

数 α 应当是一个无量纲的数. 这也意味着 $\dfrac{\hbar}{m_e c}$ 是一个仅由物理常数决定的具有长度量纲的量.

(1-6-17)、(1-6-18) 两式的结果似乎给了我们这样一个启示, 是否可能仅由几个基本物理常数来构建一组物理单位, 用于原子尺度下各类物理量的描述, 这其中自然涉及到仅由物理常数确定的无量纲常数 α.

由于原子层次的作用主要是电磁相互作用, 同时考虑到原子内部的量子特性, 故涉及这两个领域的常数: 基本电荷 e、电子的静质量 m_e、普朗克常数 h 或 $\hbar$、光速 $c = \dfrac{1}{\sqrt{\varepsilon_0 \mu_0}}$, 应当是我们所需要的基本物理常数.

由于这样一组物理单位仅由物理常数组成, 故称之为自然单位, 其构成如表 1-6-2 所示.

表 1-6-2　原子世界中的自然单位

物理量	自然单位	数值
质量	m_e	$9.10 \times 10^{-31} \text{kg}$
能量	$E_0 = m_e c^2$	$8.19 \times 10^{-14} \text{J}(0.51\text{Mev})$
长度	$l_0 = \hbar/m_e c$	$3.9 \times 10^{-13} \text{m}(39 \times 10^{-3} \text{Å})$
时间	$t_0 = \hbar/m_e c^2$	$1.29 \times 10^{-21} \text{s}$
动量	$p_0 = m_e c$	$2.73 \times 10^{-22} \text{kg} \cdot \text{m} \cdot \text{s}^{-1}$
角动量	$\hbar$	$1.06 \times 10^{-34} \text{J} \cdot \text{s}$
速度	c	$3.0 \times 10^8 \text{m/s}$

无量纲常数 α 称为"精细结构常数"(其名称源自于磁相互作用而引起的光谱精细结构现象), 其数值为

$$\alpha = \frac{e^2}{4\pi\varepsilon_0 \hbar c} = 9 \times 10^9 \times \frac{(1.60 \times 10^{-19})^2}{1.06 \times 10^{-34} \times 3.0 \times 10^8} = 7.297 \times 10^{-3} = \frac{1}{137}$$

$$(1-6-19)$$

上式又可表述为

$$\alpha = \frac{e^2}{4\pi\varepsilon_0 \hbar c} = \frac{\dfrac{1}{4\pi\varepsilon_0} \cdot \dfrac{\dfrac{e^2}{\hbar}}{m_e c}}{m_e c^2} = \frac{1}{4\pi\varepsilon_0} \cdot \frac{\dfrac{e^2}{l_0}}{E_0} \qquad (1-6-20)$$

由 (1-6-20) 式可见, α 可以理解为相隔一个自然单位距离的两个电子间

的电势能与一个自然单位能量的比值,这从另一个方面表明了它的无量纲特性,另外 α 在数值上是如此之小,这反映了在微观领域中电磁相互作用实际上是"很弱"的. 另外从(1-6-19)式看,电子的质量并未包含在 α 的表达式中,也就是说,(1-6-20)式中的 m_e 可用其他带电量为 e 的微观粒子的质量替换,因此 α 描述的是带电量为 e 的任何基本粒子与电磁场耦合情况的耦合常数. 从此意义上讲,精细结构常数是自然界真正的基本常数之一,因为它反映和决定了自然界的某种基本属性,虽然到目前为止,它还仅仅是一个经验常数,对其大小还找不到任何理论上的解释. 换言之,其大小也许仅仅是一种巧合,也许存在着更深刻的理论背景. 若 α 值比较大,这个世界的面貌也许会大不一样,甚至会有难以想像的差异.

从自然单位的角度审视(1-6-17)、(1-6-18)式,我们发现 r_1、E_1 均可表示为与 α 有关的数与对应的自然单位量的乘积形式. 那么原子世界中其他的相关量是否也会有类似的特点呢?

首先,我们考察一下氢原子中电子的速度 v 和时间尺度 τ

由 $\Delta p \cdot \Delta x \sim \hbar$ 有

$$p = m_e v \sim \frac{\hbar}{r_1}$$

所以

$$v \approx \frac{\hbar}{m_e r_1} = \frac{\hbar}{m_e \cdot \frac{1}{\alpha} \cdot \frac{\hbar}{m_e c}} = \alpha c \ll c$$

上述结果表明速度为 c 的 α 倍,说明电子运动是非相对论性的. 这也说明我们前面对此问题作非相对论性处理是合理的;同时也意味着,用非相对论性的薛定谔方程讨论原子结构的问题,是完全合理的.

若用电子通过 r_1 的时间 τ 来表征原子层次的时间尺度,则有

$$\tau = \frac{r_1}{v} = \frac{\frac{1}{\alpha} \cdot \frac{\hbar}{m_e c}}{\alpha c} = \frac{1}{\alpha^2} \cdot \frac{\hbar}{m_e c^2} = \frac{1}{\alpha^2} \cdot t_0$$

下面,我们再来研究一下电子的空间尺度.

设电子的康普顿波长 $\lambda_c = \frac{\hbar}{m_e c} = l_0$,那么电子的空间尺度可达到 αl_0 吗?

令

$$r_c = \alpha l_0 = \frac{1}{137} \times 3.9 \times 10^{-3} = 2.8 \times 10^{-5}(\text{Å}) = 2.8 (\text{fm})$$

又

$$r_c = \alpha l_0 = \frac{e^2}{4\pi\varepsilon_0 \hbar c} \times \frac{\hbar}{m_e c} = \frac{e^2}{4\pi\varepsilon_0 m_e c^2}$$

由于上述结果中未出现普朗克常数,故称为电子的经典半径.

上式可变形为

$$\frac{1}{4\pi\varepsilon_0} \cdot \frac{e^2}{r_c} = m_e c^2$$

这表明当电子间距离为 r_c 时，其静电势能与其静能 $m_e c^2$ 同数量级.

由于原子核的半径在 10 fm 左右，比 r_c 略大，这意味着当电子半径为其经典半径 r_c 时，电子是可以被"装进"原子核里的. 而在历史上未发现中子之前，人们确曾以为原子核是由质子和电子组成的. 但从量子的观点分析，这是绝不可能的.

由海森堡不确定关系

$$\Delta p \cdot \Delta x \sim \hbar$$

可见，要将一个量子特性的粒子"关进"几何尺度为 Δx 的盒子里，其动量的不确定度

$$\Delta p \sim \frac{\hbar}{\Delta x}$$

而当 $\Delta p > mc$ 时，粒子的能量 $E = c\sqrt{p^2 + m^2c^2} \sim c\sqrt{\Delta p^2 + m^2c^2} > \sqrt{2}mc^2$，粒子已成为相对论性的了. 而根据相对论性的量子观点，此时任何单粒子的波方程都失去了意义，因为在如此高的能量下，粒子随时都可以产生或湮灭.

对于电子而言，当其成为相对论性粒子时，$\Delta p = m_e c$ 相对应的几何尺度为

$$\Delta x = \frac{\hbar}{\Delta p} = \frac{\hbar}{m_e c} = \lambda_c$$

也就是说，电子的康普顿波长 $\lambda_c = \dfrac{\hbar}{m_e c}$ 是电子在空间定域的最小几何线度，或者说是原子层次上能实现的最小几何线度，而电子的经典半径 $r_c = \alpha l_0$ 在原子层次是不可达到的，也是无意义的.

最后，我们将上述讨论的相关结果整理于表 1-6-2.

表 1-6-2　精细结构常数与原子尺度相关物理量的关联

原子尺度	表达式	数值
玻尔半径	$\alpha_1 = \dfrac{1}{\alpha} l_0$	0.53Å
康普顿波长（电子大小）	$\lambda_c = l_0$	$3.9 \times 10^{-3} \text{Å}$
氢原子基态能量	$E_1 = -\dfrac{1}{2}\alpha^2 E_0$	-13.6eV
时间	$\tau = \dfrac{r_1}{v} = \dfrac{1}{\alpha^2} t_0$	$2.42 \times 10^{-17} \text{s}$
速度	$v = \alpha c$	$2.2 \times 10^6 \text{m/s}$

精细结构常数 $\alpha = \dfrac{e^2}{4\pi\varepsilon_0 \hbar c} = \dfrac{1}{137}$

由表 1 - 6 - 2 可以看出,由基本物理常数所构建的自然单位,客观、清晰、真实地反映了原子层次中的各种物理场景,而同样由物理常数构成的无量纲数——精细结构常数 α 奇妙而简明地表明了各种原子尺度与对应的自然单位的耦合程度.这一结论,充分展示了物理常数在物理世界中的重要性以及它们是如何深刻地影响和支配着原子世界的物理描述.借助这些常数,人们可以更清晰、更简明地了解原子世界.

6.3 从驻波图象讨论量子化条件[①]

为了解释氢光谱的实验规律,1913 年,玻尔提出了氢原子理论,其核心内容是:

(1)氢原子只能处在能量不连续的定态.

(2)角动量量子化条件:

$$L = n\hbar \quad n = 1, 2, 3, \cdots \qquad (1-6-21)$$

(3)量子跃迁假设:

$$|E_n - E_m| = h\nu_{nm} \qquad (1-6-22)$$

众所周知,玻尔理论成功地说明了氢原子光谱的实验规律,但面对诸如氦原子这类复杂的原子光谱,玻尔理论就遇到了巨大的困难.同时,它面临着能量量子化与经典理论的连续性思想的不相容,这也导致了其理论中的定态概念及量子化条件显示出过多的人为色彩.换言之,玻尔理论并未从根本上解决原子的定态及不连续的问题.

正是在这一历史背景下,德布罗意在爱因斯坦的光量子论的启发下,通过仔细分析光的微粒说及波动说的发展历史,并注意到 19 世纪哈密顿曾经阐述过的几何光学与经典粒子力学的相似性,于 1923 年提出了他的物质波假说.

德布罗意假设,与静质量为 m_0 的运动粒子伴随着一个频率为 ν 的周期性现象,二者的关系是

$$E = \gamma m_0 c^2 = mc^2 = h\nu \qquad (1-6-23)$$

其中 $\gamma = \dfrac{1}{\sqrt{1 - \dfrac{v^2}{c^2}}}$,$v$ 为粒子相对于静止参考系的运动速度.

同时,在粒子的固有参考系内

---

① 部分选自:许亚娣.德布罗意物质波公式的建立.物理与工程,2011(3)

　　赵凯华.创立量子力学的睿智方思.大学物理,2006(9)

$$E_0 = m_0 c^2 = h\nu_0 \qquad (1-6-24)$$

ν_0 是与粒子内在的某种周期性现象相联系的频率.

根据洛伦兹变换

$$t_0 = \frac{t - \dfrac{vx}{c^2}}{\sqrt{1 - \dfrac{v^2}{c^2}}}$$

从静止参考系看,随粒子运动的内在振动

$$y_0 = \cos 2\pi\nu_0 t_0$$

将其演变为一列波动

$$y = \cos 2\pi\nu_0 \cdot \gamma\left(t - \frac{vx}{c^2}\right) \qquad (1-6-25)$$

由(1-6-23)、(1-6-24)式可得

$$\nu = \gamma\nu_0$$

代入(1-6-25)式有

$$y = \cos 2\pi\nu\left(t - \frac{x}{\dfrac{c^2}{v}}\right) = \cos 2\pi\nu\left(t - \frac{x}{u}\right) \qquad (1-6-26)$$

(1-6-26)式显示这是一列行波,且波速 $u = \dfrac{c^2}{v} > c$.

德布罗意将此行波称为相位波,故 $u > c$ 并不与相对论矛盾.

由(1-6-26)式有

$$\lambda = \frac{u}{c} = \frac{\dfrac{c^2}{v}}{\dfrac{mc^2}{h}} = \frac{h}{mv} = \frac{h}{p} \qquad (1-6-27)$$

由(1-6-23)式有

$$\omega = 2\pi\nu = \frac{E}{\hbar} = \frac{\gamma m_0 c^2}{\hbar}$$

由(1-6-27)式有

$$k = \frac{2\pi}{\lambda} = \frac{p}{\hbar} = \frac{\gamma m_0 v}{\hbar}$$

由此可得,该行波的群速

$$v_g = \frac{d\omega}{dk} = \frac{\dfrac{d\omega}{dv}}{\dfrac{dk}{dv}} = v$$

这说明粒子的运动速度 v 对应"相位波"的群速,亦即能量传播速度.

至此,德布罗意完美地完成了其物质波假设的理论证明.但其正确性还有待于实验事实的检验.

德布罗意物质波假设的提出,一方面是希望将实物粒子与光的波粒二象性理论统一起来,另一方面则是为了更自然地去理解微观粒子能量的不连续性,以克服玻尔理论所遭遇的困难.对此,德布罗意将原子的定态概念与驻波图像结合起来,完成了对氢原子量子化条件的新的诠释.也部分地证实了其物质波假设的正确性.

由(1-6-21)式有

$$pr = n\frac{h}{2\pi}$$

即

$$2\pi r = n\frac{h}{p}$$

将(1-6-27)式代入上式,有

$$2\pi r = n\lambda \qquad\qquad (1-6-28)$$

式中 r 为氢原子中电子的轨道半径.

(1-6-28)式中所展现的物理图象是:氢原子处于定态时,其电子所对应的德布罗意波,一定是绕原子核一周光滑地衔接起来的驻波,如图1-6-1中虚线所示.

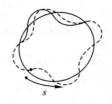

图1-6-1　氢原子的驻波图象

否则实线部分的波形将与虚线部分的波形叠合在一起而干涉相消(见图1-6-1),这样自然也就无法实现原子状态的稳定(定态).

若设驻波方程为

$$\phi(s, t) = A(s)\varphi(t)$$

考虑 $A(s)$ 应满足连续、光滑及周期性要求,令

$$A(s) = A_0\cos2\pi\frac{s}{\lambda}, \ s\in[\sigma, 2\pi r]$$

若

$$2\pi r = n\lambda$$

则

$$A(s+2\pi r) = A_0\cos2\pi\frac{s+2\pi r}{\lambda}$$

$$= A_0\cos\left(2\pi\frac{s}{\lambda}+2\pi n\right)$$

$$= A_0\cos 2\pi\,\frac{s}{\lambda} = A(s)$$

说明状态稳定——定态. 而若

$$2\pi r = n\lambda + \Delta,\ 0 < \Delta < \lambda$$

则
$$A(s + 2\pi r) = A_0\cos(2\pi\,\frac{s}{\lambda} + 2\pi\,\frac{\Delta}{\lambda})$$

即
$$A(s + 2\pi r) = A_0\cos 2\pi\,\frac{s}{\lambda}\cos 2\pi\,\frac{\Delta}{\lambda} - A_0\sin 2\pi\,\frac{s}{\lambda}\sin 2\pi\,\frac{\Delta}{\lambda}$$

而同一点上的

$$A(s)\ =\ \lim_{m\to\infty}\sum_{k=0}^{m}A(s + 2\pi rk)$$

即
$$A(s)\ =\ A_0\cos 2\pi\,\frac{s}{\lambda}\lim_{m\to\infty}\sum_{k=0}^{m}\cos 2\pi\,\frac{k\Delta}{\lambda} -$$

$$A_0\sin 2\pi\,\frac{s}{\lambda}\lim_{m\to\infty}\sum_{k=0}^{m}\sin 2\pi\,\frac{k\Delta}{\lambda}$$

显然, $A(s) = 0$

从上述的分析和讨论中, 我们可以得出结论: 原子的定态及其量子化条件即是要求对应的物质波满足类似于经典力学里的驻波条件. 这样一种描述的物理图象是直观的、清晰的, 也远比玻尔理论的描述来得自然.

但是这种描述并没有完全摆脱经典物理的阴影, 因为在上述描述中使用了经典波动理论中波形图这类模型, 似乎物质波是真实具体的、实在的波, 这显然是值得质疑的, 那么这种驻波, 是否就是后来提出的概率波的分布图呢? 从后来由量子力学得出的氢原子的波函数来看, 显然也不是如此, 因为至少在 $n = 1$ 的量子态下, 在氢原子"轨道"上是不可能有波节的. 换言之, 从量子力学的观点来看, 将驻波与定态联系在一起, 是不确切的. 尽管如此, 这种联系, 无论是在量子力学发展期, 还是我们今天学习量子力学, 都是具有启发性的.

下面我们将上述思想方法应用于量子力学的另一个典型问题——一维无限深方势阱中运动粒子, 也许会再次发现这种方法的魅力和美妙!

如图 $1 - 6 - 2$, 设质量为 m 的粒子被限制在 $x \in [0,\ a]$ 的区域内, 显然, 该粒子对应的物质波将在 $x \in [0,\ a]$ 的区间内构成一个以 $x = 0$ 和 $x = a$ 为波的节点的驻波. 其驻波条件为

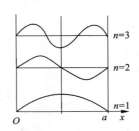

图 $1 - 6 - 2$　无限深势阱的驻波图象

$$n \cdot \frac{\lambda_n}{2} = a, \ n = 1, 2, 3, \cdots$$

故　　　　　　　　　　　　　　$$\lambda_n = \frac{2a}{n}$$

其动量为　　　　　　　　　　$$p_n = \frac{h}{\lambda_n} = \frac{n}{2a}h$$

其能量为　　　　　　　　　　$$E_n = \frac{p_n^2}{2m} = \frac{n^2 h^2}{8ma^2}$$

　　上述结果显示与粒子相应的物质波的波长是量子化的, 同时粒子的动量和能量也是量子化的.

学习指导篇

第1、2章　质点力学和刚体力学

1.1　内容概要

内容概要如图2 − 1 − 1 所示.

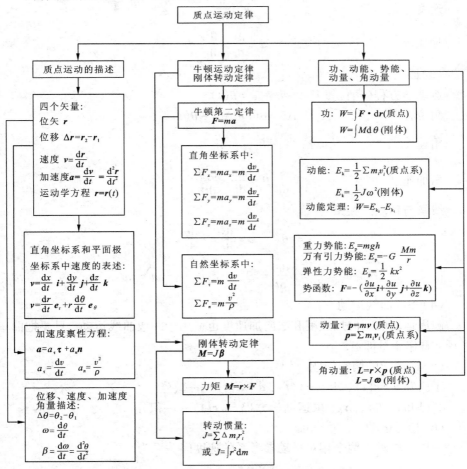

图 2 − 1 − 1　质点力学和刚体力学知识框架图

1.2　学习指导

1.2.1　质点运动学

（1）运动学方程：表示质点位置随时间变化关系

$$r = r(t)$$

（2）质点的位移、速度和加速度

位移　　　　　　　$\Delta r = r(t + \Delta t) - r(t)$

速度　　　　　　　$v = \dfrac{\mathrm{d} r}{\mathrm{d} t}$

加速度　　　　　　$a = \dfrac{\mathrm{d} v}{\mathrm{d} t} = \dfrac{\mathrm{d}^2 r}{\mathrm{d} t^2}$

（3）圆周运动

运动学方程（角位置）　　　　$\theta = \theta(t)$

角位移　　　　　　$\Delta\theta = \theta(t + \Delta t) - \theta(t)$

角速度　　　　　　$\omega = \dfrac{\mathrm{d}\theta}{\mathrm{d} t}$

角加速度　　　　　$\beta = \dfrac{\mathrm{d}\omega}{\mathrm{d} t} = \dfrac{\mathrm{d}^2\theta}{\mathrm{d} t^2}$

线量与角量的关系

$$s = r\theta \qquad v = \frac{\mathrm{d} s}{\mathrm{d} t} = r\,\frac{\mathrm{d}\theta}{\mathrm{d} t} = r\omega$$

$$a_\tau = \frac{\mathrm{d} v}{\mathrm{d} t} = r\,\frac{\mathrm{d}\omega}{\mathrm{d} t} = r\beta \qquad a_n = \frac{v^2}{r} = \omega v = r\omega^2$$

（4）一般曲线运动

圆周运动的切向加速度和法向加速度也适用于一般曲线运动，只要把曲率半径 r 看作变量即可.

（5）运动学的两类问题

①已知 $r = r(t)$，求 $v = v(t)$，$a = a(t)$——微分

②已知 a 和 r_0，v_0，求运动学方程 $r = r(t)$——积分

（6）相对运动

一质点相对于两个相对平动参考系的速度间关系为

$$v_{AC} = v_{AB} + v_{BC}$$

加速度变换关系为

$$a_{AC} = a_{AB} + a_{BC}$$

1. 2. 2 质点动力学

(1)功和能及其守恒定律

①功：质点在力 $\boldsymbol{F}$ 的作用下产生位移 $\mathrm{d}\boldsymbol{r}$，则定义 $\boldsymbol{F}$ 和位移 $\mathrm{d}\boldsymbol{r}$ 的标积为该力做的功.

$$\mathrm{d}W = \boldsymbol{F} \cdot \mathrm{d}\boldsymbol{r}$$

对于从 a 到 b 的有限的过程

$$W = \int_a^b \boldsymbol{F} \cdot \mathrm{d}\boldsymbol{r}$$

重力的功 $\qquad W = mg(z_0 - z)$

万有引力的功 $\qquad W = -GmM\left(\dfrac{1}{r_0} - \dfrac{1}{r}\right)$

弹性力的功 $\qquad W = \dfrac{1}{2}kx_0^2 - \dfrac{1}{2}kx^2$

②动能定理

质点的动能定理 $\qquad W = \dfrac{1}{2}mv^2 - \dfrac{1}{2}mv_0^2$

质点系的动能定理 $\qquad \sum W_e + \sum W_i = \sum_i \dfrac{1}{2}m_i v_i^2 - \sum_i \dfrac{1}{2}m_i v_{i0}^2$

式中 $\sum W_e$ 为所有外力功的总和，$\sum W_i$ 为所有内力功的总和.

③保守力和势能

做功与物体经过的路径无关的力称为保守力，对保守力可引入势能的概念.

重力势能 $\qquad E_\mathrm{p} = mgz$（势能零点选在 $z = 0$ 处）

万有引力势能 $\qquad E_\mathrm{p} = -G\dfrac{mM}{r}$（势能零点选在无穷远处）

弹性势能 $\qquad E_\mathrm{p} = \dfrac{1}{2}kx^2$（势能零点选在原长处）

保守力与势能的微分关系

$$\boldsymbol{F} = -\nabla E_\mathrm{p} = -\left(\dfrac{\partial E_\mathrm{p}}{\partial x}\boldsymbol{i} + \dfrac{\partial E_\mathrm{p}}{\partial y}\boldsymbol{j} + \dfrac{\partial E_\mathrm{p}}{\partial z}\boldsymbol{k}\right) \quad \text{或} \quad F_t = -\dfrac{\mathrm{d}E_\mathrm{p}}{\mathrm{d}l}$$

机械能守恒定律：在只有保守力做功的情况下系统的机械能保持不变，即

$$E_\mathrm{k} + E_\mathrm{p} = 常量$$

(2)动量、角动量及其守恒定律

① 动量定理与动量守恒定律

动量定理：合外力的冲量 I 等于质点动量的增量.

$$\sum_i \boldsymbol{F}_i \mathrm{d}t = \mathrm{d}\boldsymbol{p} = \mathrm{d}\left(\sum_i m_i \boldsymbol{v}_i\right)$$

$$\boldsymbol{I} = \boldsymbol{p} - \boldsymbol{p}_0 = \sum_i m_i \boldsymbol{v}_i - \sum_i m_i \boldsymbol{v}_{i0} = \sum_i \int_0^t \boldsymbol{F}_i \mathrm{d}t$$

动量守恒定律：系统所受合外力为零时，即 $\sum_i \boldsymbol{F}_i = 0$ 时

$$\sum_i m_i \boldsymbol{v}_i = 常矢量$$

② 角动量定理及角动量守恒定律

角动量定理：对某一固定点 O，质点（或质点系）所受合外力矩等于质点（或质点系）的角动量对时间的变化率

$$\frac{\mathrm{d}\boldsymbol{L}_O}{\mathrm{d}t} = \boldsymbol{r} \times \boldsymbol{p} = \boldsymbol{M}_O$$

角动量守恒：对某一固定点 O，质点（或质点系）所受合外力矩为零，即 $\boldsymbol{M}_O = 0$ 时，质点（或质点系）对该点的角动量为常矢量，即 $\boldsymbol{L}_O = $ 常矢量.

（3）质心和质心运动定理

质心
$$\boldsymbol{r}_c = \frac{\sum_i m_i \boldsymbol{r}_i}{M} \quad 或 \quad \boldsymbol{r}_c = \frac{\int \boldsymbol{r}\mathrm{d}m}{M}$$

质心运动定理
$$M\boldsymbol{a}_c = \sum_i \boldsymbol{F}_i$$

1.2.3   刚体绕定轴转动及运动特点

（1）如果刚体上各点都绕某一固定直线做圆周运动，则称刚体绕定轴转动，固定直线称作转轴. 在定轴转动中，刚体上所有质点在相等时间内转过相同的角度，同一时刻具有相等的角速度和角加速度.

（2）刚体的转动惯量

$$J = \sum_i \Delta m_i r_i^2$$

转动惯量等于刚体中每个质点的质量与这一点到转轴距离的平方的乘积的总和. 它仅与刚体的形状、质量分布和转轴的位置有关.

质量为连续分布时

$$J = \int r^2 \mathrm{d}m$$

若刚体由几部分构成，则刚体的转动惯量为几部分之和.

平行轴定理：若有任一轴与过质心的轴平行，相距为 d，刚体对其转动惯量为 J，则有

$$J = J_c + md^2$$

（3）刚体定轴转动定律

$$M = J\beta$$

其中 M 为外力对转轴的力矩之和，J 为刚体对转轴的转动惯量.

（4）绕定轴转动刚体的动能定理

$$W = \int M d\theta = \frac{1}{2}J\omega_2^2 - \frac{1}{2}J\omega_1^2$$

合外力矩对定轴转动刚体所做的功等于刚体转动动能的增量. 式中 W 为作用于刚体上的合外力矩所做的功.

（5）质点的角动量定理

$$\int M dt = L_2 - L_1$$

作用在质点系的角冲量等于系统角动量的增量. 其中 M 为合外力矩，它和 L 都是对同一固定点计算的.

（6）刚体的角动量定理

$$\int M dt = J_2\omega_2 - J_1\omega_1$$

外力矩对刚体的角冲量（冲量矩）等于刚体角动量的增量.

（7）角动量守恒定律：如果作用在系统（包括刚体和质点）上关于某一个固定轴的合外力矩为零，则系统对此轴的总角动量守恒.

（8）旋进：自旋物体在外力矩作用下，自旋轴发生转动的现象.

1.3 典型例题

例 1-1 一质点沿半径为 R 的圆周按 $s = v_0 t - \frac{1}{2}bt^2$ 规律运动，其中 v_0、b 都是正常数，求：（1）t 时刻质点的总加速度. （2）什么时刻质点的总加速度大小等于 b？（3）当加速度达到 b 时，质点沿圆周运行了多少圈？

解 （1）根据质点的运动学方程，可知质点圆周运动的速率为

$$v = \frac{ds}{dt} = v_0 - bt$$

自然坐标系下，质点的切向、法向加速度分别为

$$a_\tau = \frac{dv}{dt} = -b$$

$$a_n = \frac{v^2}{R} = \frac{(v_0 - bt)^2}{R}$$

因而质点的总加速度大小为

$$a = \sqrt{a_n^2 + a_\tau^2} = \frac{\sqrt{R^2 b^2 + (v_0 - bt)^4}}{R}$$

(2)当质点的总加速度等于 b 时，即

$$\frac{\sqrt{R^2 b^2 + (v_0 - bt)^4}}{R} = b$$

由上式可解得

$$t = \frac{v_0}{b}$$

(3)由上式知：当加速度等于 b 时，$t = \frac{v_0}{b}$，此时质点运行的路程

$$s = v_0 t - \frac{1}{2} bt^2 = v_0 \frac{v_0}{b} - \frac{1}{2} b \left(\frac{v_0}{b} \right)^2 = \frac{v_0^2}{2b}$$

质点做圆周运动，因而其运行的总圈数为

$$n = \frac{s}{2\pi R} = \frac{v_0^2}{4\pi Rb}$$

例 1-2　摩托快艇以速率 v_0 行驶，它受到的摩擦阻力与速率平方成正比，可表示为 $F = -kv^2$（k 为正常数）．设摩托快艇的质量为 m，当摩托快艇发动机关闭后，

(1)求速率 v 随时间 t 的变化规律．

(2)求路程 x 随时间 t 的变化规律．

(3)证明速度 v 与路程 x 之间的关系为 $v = v_0 e^{-k'x}$．

解　(1)由牛顿运动定律 $F = ma$ 得

$$-kv^2 = m \frac{dv}{dt}$$

上式分离变量

$$-\frac{k}{m} dt = \frac{dv}{v^2}$$

两边积分 $\int_0^t -\frac{k}{m} dt = \int_{v_0}^v \frac{dv}{v^2}$ 得

$$-\frac{k}{m} t = -\frac{1}{v} + \frac{1}{v_0}$$

速率随时间变化的规律为

$$v = \cfrac{1}{\cfrac{1}{v_0} + \cfrac{k}{m}t} \qquad (2-1-1)$$

（2）由位移和速度的积分关系 $x = \int_0^t v\mathrm{d}t + x_0$，设 $x_0 = 0$，积分得

$$x = \int_0^t v\mathrm{d}t = \int_0^t \cfrac{1}{\cfrac{1}{v_0} + \cfrac{k}{m}t}\mathrm{d}t = \frac{m}{k}\ln\left(\frac{1}{v_0} + \frac{k}{m}t\right) - \frac{m}{k}\ln\frac{1}{v_0}$$

路程随时间变化的规律为

$$x = \frac{m}{k}\ln\left(1 + \frac{k}{m}v_0 t\right) \qquad (2-1-2)$$

（3）将 $(2-1-1)$、$(2-1-2)$ 两式消去 t 得

$$v = v_0 \mathrm{e}^{-\frac{k}{m}x}$$

例 1-3 如图 $2-1-2$ 所示，一条均匀的金属链条，质量为 m，挂在一个光滑的钉子上，一边长度为 a，另一边长度为 b，且 $a > b$，试证链条从静止开始到滑离钉子所花的时间为：

$$t = \sqrt{\frac{a+b}{2g}}\ln\frac{\sqrt{a}+\sqrt{b}}{\sqrt{a}-\sqrt{b}}$$

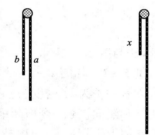

图 $2-1-2$　例 1-3 用图

解法一 以钉子处的重力势能为零，则静止时及另一边长为 x 时的机械能分别为

$$E_0 = -\frac{m}{a+b}ag\frac{a}{2} - \frac{m}{a+b}bg\frac{b}{2}$$

$$E = -\frac{m}{a+b}(a+b-x)g\frac{a+b-x}{2} - \frac{m}{a+b}xg\frac{x}{2} + \frac{1}{2}mv^2$$

由机械能守恒定律 $E = E_0$，求得

$$v = \sqrt{\frac{2g}{a+b}(x-a)(x-b)}$$

由 $v = \dfrac{\mathrm{d}x}{\mathrm{d}t}$ 得 $\mathrm{d}t = \dfrac{\mathrm{d}x}{v}$，积分得

$$t = \int_0^t \mathrm{d}t = \int_a^{a+b}\frac{\mathrm{d}x}{v} = \int_a^{a+b}\frac{\mathrm{d}x}{\sqrt{\dfrac{2g}{a+b}(x-a)(x-b)}} = \sqrt{\frac{a+b}{2g}}\ln\frac{\sqrt{a}+\sqrt{b}}{\sqrt{a}-\sqrt{b}}$$

解法二 左右两部分分别应用牛顿运动定律

$$T - \frac{m}{a+b}(a+b-x)g = \frac{m}{a+b}(a+b-x)\frac{\mathrm{d}v}{\mathrm{d}t}$$

$$T - \frac{m}{a+b}xg = -\frac{m}{a+b}x\frac{dv}{dt}$$

两式相减得

$$\frac{m}{a+b}(2x-a-b)g = m\frac{dv}{dt}$$

两边乘以 dx

$$\frac{m}{a+b}(2x-a-b)gdx = m\frac{dx}{dt}dv$$

利用 $\frac{dx}{dt} = v$,化简得

$$\frac{1}{a+b}(2x-a-b)gdx = vdv$$

两边积分

$$\int_a^{a+b} \frac{1}{a+b}(2x-a-b)gdx = \int_0^v vdv$$

得

$$v = \sqrt{\frac{2g}{a+b}(x-a)(x-b)}$$

t 的求法与解法一相同.

例1-4　如图2-1-3所示,在密度为 ρ_1 的液体上方悬一长为 l,密度为 ρ_2 的均匀细棒 AB,棒的 B 端刚好和液面接触. 今剪断细绳,设棒只在浮力和重力的作用下下沉,求:(1)棒刚好全部沉入液体时的速度;(2)若 $\rho_2 = \frac{\rho_1}{2}$,求棒浸入液体的最大深度;(3)棒下落过程中所能达到的最大速率.

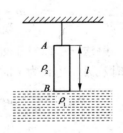

图2-1-3　例1-4用图

解　(1)均匀细棒受重力和浮力的作用,于是细棒的加速度满足下式

$$\rho_2 lSa = \rho_2 lSg - \rho_1 ghS$$

即

$$a = g - \frac{\rho_1 gh}{\rho_2 l}$$

式中 S 为棒截面积,h 为棒浸入液体中的长度.

又因为 $a = \frac{dv}{dt}$,$v = \frac{dh}{dt}$,得 $\left(g - \frac{\rho_1 gh}{\rho_2 l}\right)dh = vdv$,两边积分有

$$\int_0^l \left(g - \frac{\rho_1 gh}{\rho_2 l}\right)dh = \int_0^{v_1} vdv \quad \Rightarrow \quad v_1 = \sqrt{\frac{(2\rho_2 - \rho_1)gl}{\rho_2}}$$

即为细棒刚好全部浸入液体时的速度. 可见要使棒能全部浸入液体中,须 $\rho_2 \geqslant \dfrac{\rho_1}{2}$

(2)由(1)得 $\left(g - \dfrac{\rho_1 gh}{\rho_2 l}\right) \mathrm{d}h = v\mathrm{d}v$,两边积分有 $gh - \dfrac{\rho_1 gh^2}{2\rho_2 l} = \dfrac{1}{2}v^2$,当细棒浸入液体达最大深度时,$v = 0$,而 $h \neq 0$,于是有 $2g - \dfrac{\rho_1 gh}{\rho_2 l} = 0 \Rightarrow h = \dfrac{2\rho_2 l}{\rho_1}$,又因为 $\rho_2 = \dfrac{\rho_1}{2}$,所以 $h = l$.

(3)当细棒下落到最大速率时有 $a = 0$,即 $g - \dfrac{\rho_1 gh}{\rho_2 l} = 0$,则此时 $h = \dfrac{\rho_2 l}{\rho_1}$,由(2)有

$$v = \sqrt{2gh - \frac{\rho_1 gh^2}{\rho_2 l}} = \sqrt{\frac{\rho_2 gl}{\rho_1}}$$

例 1-5　在地面上以初速度 v_0 竖直上抛一质量为 m 的小球. 在小球上升和下降过程中受到空气的阻力为 mkv^2,k 为正常量,试求:(1)小球能上升的最大高度;(2)小球返回地面时的速度.

解　以地面为参考系,建立坐标系,小球的起点为原点.

(1)小球在运动过程中受到重力和空气阻力的作用,小球在上升的过程中受到的合力大小为

$$F_1 = mg + mkv^2,\text{方向向下,}$$

加速度为 $\qquad a_1 = g + kv^2,\text{方向向下.}$

因为 $v = \dfrac{\mathrm{d}h}{\mathrm{d}t}$,$a_1 = \dfrac{\mathrm{d}v}{\mathrm{d}t} = g + kv^2$,得 $\mathrm{d}h = \dfrac{v\mathrm{d}v}{g + kv^2}$,于是两边积分有

$$h = \left| \int_{v_0}^{0} \frac{\frac{1}{2k}}{1 + \frac{kv^2}{g}} \mathrm{d}\left(1 + \frac{kv^2}{g}\right) \right| = \frac{1}{2k}\ln\left(1 + \frac{kv_0^2}{g}\right)$$

(2)小球在下落过程中受到重力和空气阻力的作用,小球在下落的过程中受到的合力大小为

$$F_2 = mg - mkv^2,\text{方向向下,}$$

加速度为 $\qquad a_2 = g - kv^2,\text{方向向下.}$

因为 $v = \dfrac{\mathrm{d}h}{\mathrm{d}t}$,$a_2 = \dfrac{\mathrm{d}v}{\mathrm{d}t} = g - kv^2$,得 $\mathrm{d}h = \dfrac{v\mathrm{d}v}{g - kv^2}$,于是两边积分有

$$h = \frac{1}{2k}\ln\left(1 + \frac{kv_0^2}{g}\right) = -\frac{1}{2k}\ln\left(1 - \frac{kv^2}{g}\right)$$

则 $v = \dfrac{v_0}{\sqrt{1 + \dfrac{kv_0^2}{g}}}$，即小球下落到地面时的速度.

例 1-6　有一条长为 L 质量为 M 的均匀分布的链条成直线状放在光滑的水平桌面上，链条有极小的一段被推出桌面边缘，在重力作用下从静止开始下滑，试求：(1)链条刚离开桌面时的速度；(2)若链条与桌面之间有摩擦并设摩擦系数为 μ，问链条必须下垂多长才开始下滑；(3)重新拉回桌面至少做的功.

解　设链条在桌面下长度为 x 时的部分的质量为 m_2，留在桌面的部分的质量为 m_1，有

(1) $\begin{cases} T = m_1 a_1 = m_1 \dfrac{\mathrm{d}v_1}{\mathrm{d}t} \\ m_2 g - T' = m_2 \dfrac{\mathrm{d}v_2}{\mathrm{d}t} \end{cases}$ $\qquad \begin{cases} v_1 = v_2 \\ T = T' \end{cases}$

$$\frac{\mathrm{d}v}{\mathrm{d}t} = \frac{m_2}{(m_1 + m_2)}g = \frac{x}{L}g = \frac{\mathrm{d}v}{\mathrm{d}x}\frac{\mathrm{d}x}{\mathrm{d}t} = v\frac{\mathrm{d}v}{\mathrm{d}x}$$

$$\int_0^v v\,\mathrm{d}v = \int_0^L \frac{x}{L}g\,\mathrm{d}x$$

$$\frac{1}{2}v^2 = \frac{g}{L}\frac{1}{2}x^2 \bigg|_0^L = \frac{g}{2L}\cdot L^2 = \frac{gL}{2} \qquad v = \sqrt{gL}$$

(2)有摩擦时，设下垂长度为 d 时链条开始下滑

$$T - f = m_1 \frac{\mathrm{d}v}{\mathrm{d}t}, \quad m_2 g - T' = m_2 \frac{\mathrm{d}v}{\mathrm{d}t}$$

$$\frac{\mathrm{d}v}{\mathrm{d}t} = \frac{m_2 g - f}{m_1 + m_2} = \frac{1}{m_1 + m_2}(m_2 g - \mu m_1 g)$$

链条下滑时，$m_2 > \mu m_1$，$\dfrac{m_2}{m_1} = \dfrac{d}{L-d}$，所以 $d \geqslant \mu(L-d)$

即
$$d \geqslant \frac{\mu}{1+\mu}L$$

(3) $F - \mu\dfrac{L-x}{L}mg - T = 0$

$$T' = \frac{m}{L}gx \qquad F = \frac{\mu}{L}mg(L-x) + \frac{m}{L}gx = \mu mg + \frac{m}{L}g(1-\mu)x$$

$$W = \int_d^0 -F\,\mathrm{d}x = \mu mgd + \frac{mg}{2L}(1-\mu)d^2 \qquad \text{力与位移方向相反}$$

例 1 - 7 如图 2 - 1 - 4 所示, 质量为 M, 长为 l 的均匀直棒, 可绕垂直于棒一端的水平轴 O 无摩擦地转动, 它原来静止在平衡位置上, 现有一质量为 m 的弹性小球飞来, 正好在棒的下端与棒垂直地相撞, 相撞后, 使棒从平衡位置处摆动到最大角度 30°处.

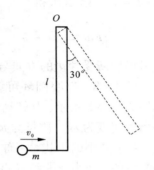

(1) 设这碰撞为弹性碰撞, 试计算小球初速 v_0 的值;

(2) 相撞时小球受到多大的冲量?

图 2 - 1 - 4 例 1 - 7 用图

解 (1) 设小球的初速度为 v_0, 棒经小球碰撞后得到的初角速度为 ω, 而小球的速度变为 v, 按题意, 小球和棒做弹性碰撞, 所以碰撞时遵从角动量守恒定律和机械能守恒定律, 可列下式:

$$mv_0 l = J\omega + mvl \qquad (2-1-4)$$

$$\frac{1}{2}mv_0^2 = \frac{1}{2}J\omega^2 + \frac{1}{2}mv^2 \qquad (2-1-5)$$

上两式中 $J = \frac{1}{3}Ml^2$, 碰撞过程极为短暂, 可认为棒没有显著的角位移; 碰撞后, 棒从竖直位置上摆到最大角度 $\theta = 30°$, 按机械能守恒定律可列式

$$\frac{1}{2}J\omega^2 = Mg\frac{l}{2}(1 - \cos30°) \qquad (2-1-6)$$

由式 (2 - 1 - 6) 得

$$\omega = \left[\frac{Mgl}{J}(1 - \cos30°)\right]^{\frac{1}{2}} = \left[\frac{3g}{l}\left(1 - \frac{\sqrt{3}}{2}\right)\right]^{\frac{1}{2}}$$

由式 (2 - 1 - 4) 得

$$v = v_0 - \frac{J\omega}{ml} \qquad (2-1-7)$$

由式 (2 - 1 - 5) 得

$$v^2 = v_0^2 - \frac{J\omega^2}{m}$$

所以

$$\left(v_0 - \frac{J\omega}{ml}\right)^2 = v_0^2 - \frac{J}{m}\omega^2 \qquad (2-1-8)$$

求得

$$v_0 = \frac{l\omega}{2}\left(1 + \frac{J}{ml^2}\right) = \frac{l}{2}\left(1 + \frac{1}{3}\frac{M}{m}\right)\omega = \frac{\sqrt{6(2 - \sqrt{3})}}{12}\frac{3m + M}{m}\sqrt{gl}$$

(2) 相碰时小球受到的冲量为

$$\int F\mathrm{d}t = \Delta mv = mv - mv_0$$

由(2－1－4)式求得

$$\int F \mathrm{d}t = mv - mv_0 = -\frac{J\omega}{l} = -\frac{1}{3}Ml\omega = -\frac{\sqrt{6(2-\sqrt{3})}M}{6}\sqrt{gl}$$

负号说明所受冲量的方向与初速度方向相反.

例1－8　空心圆环可绕竖直轴 AC 自由转动,如图2－1－5所示,其转动惯量为 J_0,环半径为 R,初始角速度为 ω_0. 质量为 m 的小球,原来静置于 A 点,由于微小的干扰,小球向下滑动. 设圆环内壁是光滑的,问小球滑到 B 点与 C 点时,小球相对于环的速率各为多少?

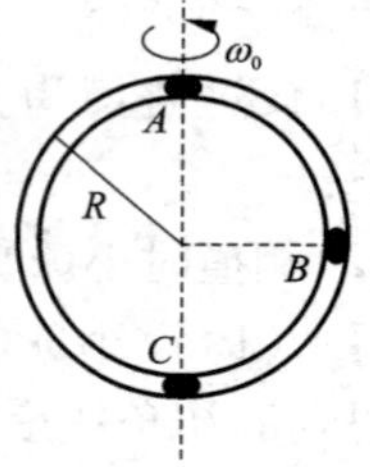

解　(1)小球与圆环系统对竖直轴的角动量守恒,当小球滑至 B 点时,有

$$J_0\omega_0 = (J_0 + mR^2)\omega \qquad (2－1－9)$$

该系统在转动过程中,机械能守恒,设小球相对圆环的速率为 v_B,以 B 点为重力势能零点,则有

$$\frac{1}{2}J_0\omega_0^2 + mgR = \frac{1}{2}(J_0 + mR^2)\omega^2 + \frac{1}{2}mv_B^2 \qquad (2－1－10)$$

联立(2－1－9)、(2－1－10)两式,得 $v_B = \sqrt{2gR + \dfrac{J_0\omega_0^2 R^2}{J_0 + mR^2}}$

(2)当小球滑至 C 点时,因为 $J_C = J_0$,所以 $\omega_C = \omega_0$

例1－9　一轻质弹簧的倔强系数为 k,它的一端固定,另一端通过一条轻绳绕过一定滑轮和一质量为 m 的物体相连,如图2－1－6. 定滑轮可看作均质圆盘,其质量为 M,半径为 r,滑轮轴是光滑的. 若用手托住物体,使弹簧处于其自然长度,然后松手. 求物体下降 h 时的速度 v.

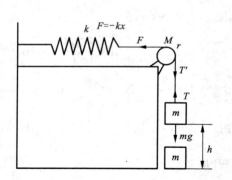

图2－1－5　例1－8用图

图2－1－6　例1－9用图

解　方法一　研究系统:物体和滑轮,受力分析如图所示. 当物体下降 x 距离时,物体和滑轮的运动方程为

$$mg - T = ma$$

$$T'r - (kx)r = \frac{1}{2}Mr^2\beta, \qquad T = T'$$

$$\beta = \frac{a}{r}$$

即

$$mg - T = m \frac{\mathrm{d}^2 x}{\mathrm{d}t^2}$$

$$T - (kx) = \frac{1}{2} M \frac{\mathrm{d}^2 x}{\mathrm{d}t^2}$$

两式相加

$$mg - kx = (m + \frac{1}{2}M) \frac{\mathrm{d}^2 x}{\mathrm{d}t^2}, \quad mg - kx = (m + \frac{1}{2}M) v \frac{\mathrm{d}v}{\mathrm{d}x}$$

$$(mg - kx)\mathrm{d}x = (m + \frac{1}{2}M) v \mathrm{d}v$$

两边积分有

$$mgx - \frac{1}{2}kx^2 = \frac{1}{2}(m + \frac{1}{2}M)v^2 + C$$

由初始条件：$x = 0$，$v = 0$，得到：$C = 0$

任一位置物体的速度：$v = \sqrt{\dfrac{2mgx - kx^2}{m + \frac{1}{2}M}}$，当 $x = h$，$v = \sqrt{\dfrac{2mgh - kh^2}{m + \frac{1}{2}M}}$

方法二　当物体下降 x 距离时

弹簧力做的功：$A_k = \int_0^x - kx\mathrm{d}x$，$A_k = -\frac{1}{2}kx^2$，重力做的功：$A_g = mgx$

根据动能定理：$mgx - \frac{1}{2}kx^2 = \frac{1}{2}mv^2 + \frac{1}{2}J\omega^2$，其中 $J = \frac{1}{2}Mr^2$，所以

$$2mgx - kx^2 = (m + \frac{1}{2}M)v^2$$

任一位置物体的速度：$v = \sqrt{\dfrac{2mgx - kx^2}{m + \frac{1}{2}M}}$，当 $x = h$，$v = \sqrt{\dfrac{2mgh - kh^2}{m + \frac{1}{2}M}}$

例 1 - 10　一轴承光滑的定滑轮，质量为 $M = 20.0$ kg，半径为 $R = 0.10$ m，一根不能伸长的轻绳，一端固定在定滑轮上，另一端系有一质量 $m = 5.0$ kg 的物体，如图 2 - 1 - 7 所示. 已知定滑轮的转动惯量为 $J = \frac{1}{2}MR^2$，其初角速度 $\omega_0 = 10.0$ rad/s，方向垂直纸面向里. 求：

(1)定滑轮的角加速度；

(2)定滑轮的角速度变化到 $\omega = 0$ 时，物体上升的高度；

(3)当物体回到原来位置时，定滑轮的角速度.

解　研究对象：物体和滑轮，系统受到 mg，Mg，N 三个力，只有 mg 对转

轴的力矩不为零.

根据转动定理：$-mgR = (m + \dfrac{1}{2}M)R^2\beta$

$$\beta = -\dfrac{2mg}{R(M + 2m)} = -32.7 \ (\text{rad/s}^2)$$

（2）根据：$\omega^2 = \omega_0^2 + 2\beta\theta$，当 $\omega = 0$，$\theta = \dfrac{-\omega_0^2}{2\beta} =$

1.53（rad）

物体上升的高度：

$$h = \theta R = \dfrac{-R\omega_0^2}{2\beta} = 1.53（\text{m}）$$

（3）物体回到原处时，系统重力矩做的功为零，所以系统对转轴的角动量守恒. 定滑轮的角速度：$\omega = \omega_0 = 10 \ \text{rad/s}$，方向与原来相反.

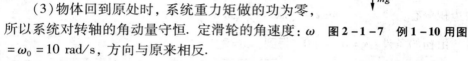

图 2 - 1 - 7   例 1 - 10 用图

例 1 - 11   如图 2 - 1 - 8 所示，长为 L 的均匀细杆可绕端点 O 固定水平光滑轴转动. 把杆摆平后无初速地释放，杆摆到竖直位置时刚好和光滑水平桌面上的小球相碰. 球的质量与杆相同. 设碰撞是弹性，求碰后小球获得的速度.

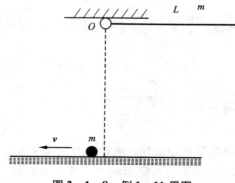

图 2 - 1 - 8   例 1 - 11 用图

解   研究对象为直杆和小球

过程一为直杆在重力矩的作用下，绕通过 O 的轴转动，重力矩做的功等于直杆的转动动能

根据刚体动能定理：$\qquad \dfrac{1}{2}mgl = \dfrac{1}{2}J_0\omega^2 - 0$

碰撞前的角速度：
$$\omega = \sqrt{\frac{3g}{l}}$$

过程二为直杆和小球发生弹性碰撞：系统的角动量和动能守恒
$$J_0\omega = J_0\omega' + mvl$$

$$\frac{1}{2}J_0\omega^2 = \frac{1}{2}mv^2 + \frac{1}{2}J_0\omega'^2$$

将 $\omega = \sqrt{\frac{3g}{l}}$ 代入上述两式：得到 $v = \frac{1}{2}\sqrt{3gl}$

例 1-12　如图 2-1-9 所示，一长为 l、质量为 m 的棒可绕支点 O 转动，一质量为 m，速率为 v 的子弹射入距支点为 a 的棒内，若杆的偏转角为 $30°$，问子弹的初速率为多大.

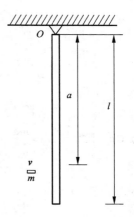

解　对系统应用角动量守恒定律

设子弹射入后杆的角速度为 ω

机械能守恒
$$\frac{1}{2}J\omega^2 = \left(mga + Mg\frac{l}{2}\right)(1 - \cos30°)$$

根据角动量守恒
$$mav = J\omega$$

得
$$\omega = \frac{mav}{J} = mav\Big/\left(\frac{1}{3}Ml^2 + ma^2\right)$$

图 2-1-9　例 1-12 用图

解得
$$v = \frac{1}{ma}\left[\frac{g}{6}(2 - \sqrt{3})(Ml + 2ma)(Ml^2 + 3ma^2)\right]^{\frac{1}{2}}$$

例 1-13　已知 k，m，J，R，当 $t=0$ 时，弹簧无伸长，如图 2-1-10 所示.求：

(1)当系统从静止释放开始运动至物体下落高度 h 时，物体 m 的速度.

(2)物体 m 运动的加速度.

解法一　用牛顿第二定律和转动定律求解

对质点：
$$mg - T_1 = ma$$

对滑轮：
$$T_1R - T_2R = J\beta$$

$$T_2 = kx，\quad a = R\beta$$

由以上几式解得：
$$a = \frac{mg - kx}{m + \dfrac{J}{R^2}}$$

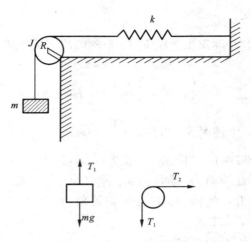

图 2-1-10   例 1-13 用图

当 $x = h$ 时,　　　$a = \dfrac{mg - kx}{m + \dfrac{J}{R^2}}$,　　　$a = \dfrac{\mathrm{d}v}{\mathrm{d}t} = v\dfrac{\mathrm{d}v}{\mathrm{d}x} = \dfrac{mg - kx}{m + \dfrac{J}{R^2}}$

$$\int_0^v v\mathrm{d}v = \int_0^h \frac{mg - kx}{m + \dfrac{J}{R^2}}\mathrm{d}x = \frac{mgh - \dfrac{1}{2}kh^2}{m + \dfrac{J}{R^2}}$$

解得　　　　　　　$v = \left(\dfrac{2mgh - kh^2}{m + \dfrac{J}{R^2}}\right)^{\frac{1}{2}}$

解法二　用机械能守恒定律求解

$$mgh - \frac{1}{2}kh^2 = \frac{1}{2}mv^2 + \frac{1}{2}J\omega^2 = \frac{1}{2}\left(m + \frac{J}{R^2}\right)v^2$$

可得到相同结论.

例 1-14　如图 2-1-11 所示,一匀质细杆质量为 m,长为 l,可绕过一端 O 的水平轴自由转动,杆于水平位置由静止开始摆下,求:

(1)初始时刻的角加速度;

(2)杆转过 θ 角时的角速度.

解　(1)由转动定律,有

$$mg\frac{l}{2} = \left(\frac{1}{3}ml^2\right)\beta$$

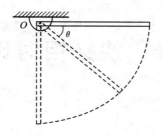

图 2 – 1 – 11   例 1 – 14 用图

所以
$$\beta = \frac{3g}{2l}$$

（2）由机械能守恒定律，有

$$mg\frac{l}{2}\sin\theta = \frac{1}{2}\left(\frac{1}{3}ml^2\right)\omega^2$$

所以
$$\omega = \sqrt{\frac{3g\sin\theta}{l}}$$

第 3 章　狭义相对论基础

3.1　内容概要

内容概要如图 2 - 3 - 1 所示.

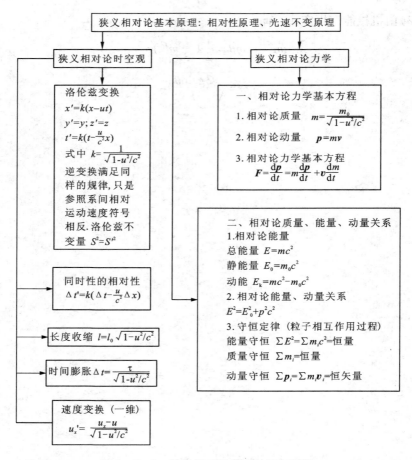

图 2 - 3 - 1　狭义相对论基础知识框架图

3.2 学习指导

3.2.1 狭义相对论的基本原理

（1）狭义相对性原理

物理定律在所有惯性系中都是相同的，即所有惯性系都是等价的.

（2）光速不变原理

所有惯性系中，真空中光速等于恒定值 c.

（3）洛伦兹坐标变换

设建立在惯性系 S 和 S' 上的两个坐标系在 $t = t' = 0$ 时重合，S' 以匀速 u 沿 x 轴相对 S 运动，则

$$\begin{cases} x' = k(x - ut) \\ y' = y \\ z' = z \\ t' = k\left(t - \dfrac{u}{c^2}x\right) \end{cases} \quad 或 \quad \begin{cases} x = k(x' + ut') \\ y = y' \\ z = z' \\ t = k\left(t' + \dfrac{u}{c^2}x'\right) \end{cases}$$

式中

$$k = \frac{1}{\sqrt{1 - \dfrac{u^2}{c^2}}}$$

当 S、S' 间的相对速度 $u \ll c$ 时，$k \approx 1$，洛伦兹变换还原为伽利略变换，即伽利略变换只是洛伦兹变换在低速时的近似.

（4）洛伦兹速度变换

$$\begin{cases} v_x' = \dfrac{v_x - u}{1 - \dfrac{uv_x}{c^2}} \\[4mm] v_y' = \dfrac{v_y\sqrt{1 - \dfrac{u^2}{c^2}}}{1 - \dfrac{uv_x}{c^2}} \\[4mm] v_z' = \dfrac{v_z\sqrt{1 - \dfrac{u^2}{c^2}}}{1 - \dfrac{uv_x}{c^2}} \end{cases} \quad 或 \quad \begin{cases} v_x = \dfrac{v_x' + u}{1 + \dfrac{uv_x'}{c^2}} \\[4mm] v_y = \dfrac{v_y'\sqrt{1 - \dfrac{u^2}{c^2}}}{1 + \dfrac{uv_x'}{c^2}} \\[4mm] v_z = \dfrac{v_z'\sqrt{1 - \dfrac{u^2}{c^2}}}{1 + \dfrac{uv_x'}{c^2}} \end{cases}$$

当 $u \ll c$ 时，洛伦兹速度变换还原为伽利略速度变换.

当 $v'_x < c$ 时，$v_x < c$，即相对一个惯性系以小于光速的速率运动的物体，在另一惯性系中测得速率仍小于光速.

当 $v'_x = c$ 时，$v_x = c$，即相对一个惯性系以光速运动的物体，相对另一惯性系仍以光速运动. 这正是光速不变原理的体现.

3.2.2　同时的相对性

在一个惯性系中同时发生的两个事件，在另一个惯性系中不是同时发生的. 根据洛伦兹变换，

$$t'_2 - t'_1 = k\left[(t_2 - t_1) - \frac{u}{c^2}(x_2 - x_1) \right],$$

当 $t_2 = t_1$，$x_2 \neq x_1$ 时，$t'_2 \neq t'_1$，此即同时的相对性.

当 $t_2 = t_1$，$x_2 = x_1$ 时，$t'_2 = t'_1$，即 S 系中同时、同地发生的两个事件，在 S 系中是同时发生的. 但这两个事件本质上就是一个事件.

当 $t_2 > t_1$，且 $\frac{x_2 - x_1}{t_2 - t_1} \leq c$ 时，$t'_2 > t'_1$，即两个事件可以建立因果联系时，这两个事件发生的时间次序是绝对的. 若 $\frac{x_2 - x_1}{t_2 - t_1} > c$，即两个事件不可能通过某个信号相联系时，它们发生的先后次序是相对的，在不同的惯性系测量，可以发生颠倒.

3.2.3　时间膨胀效应

在某一个惯性系中同一地点先后发生的两个事件的时间间隔，称为固有时，记为 τ. 在另一惯性系中这两个事件的时间间隔记为 Δt，则

$$\Delta t = \frac{\tau}{\sqrt{1 - \frac{u^2}{c^2}}} = k\tau$$

因为 $k > 1$，所以 $\Delta t > \tau$. 即在不同惯性系中测量两个事件的时间间隔，固有时最短或者说运动的时钟变慢. 时间膨胀效应是时空的基本属性引起的，与钟的具体结构无关. 运动物体上发生的自然过程比静止物体的同样过程延缓了. 在两个不同的惯性系中，时间膨胀效应具有相对性，即 S 系中的观测者发现 S' 系中的时钟变慢，而 S' 系中的观测者也会得出 S 系中时钟变慢的结论.

3.2.4　长度收缩效应

设 S' 系中静止杆沿 x' 轴放置，其长度 $l_0 = x'_2 - x'_1$ 称为静长. 在 S 系中测量

其长度为 $l = x_2 - x_1$，x_2 与 x_1 必须是 S 系中同一时刻测得的坐标. 则

$$l = l_0 \sqrt{1 - \frac{u^2}{c^2}} = \frac{l_0}{k}$$

即运动的物体沿运动方向长度收缩. 长度收缩效应也是时空的基本属性引起的. 长度收缩也是相对的，S 系中测得 S' 系中的物体长度收缩，S' 系中同样也测得 S 系中物体长度收缩.

3.2.5 质速关系

$$m = \frac{m_0}{\sqrt{1 - \frac{v^2}{c^2}}} = km_0$$

式中 m_0 为物体静止时的质量，称为静质量；m 为物体以速度 v 运动时的质量.

当 $v \ll c$ 时，$m \approx m_0$，即经典物理中的质量与运动无关，是个不变量.

3.2.6 相对论动量

$$\boldsymbol{p} = m\boldsymbol{v} = \frac{m_0 \boldsymbol{v}}{\sqrt{1 - \frac{v^2}{c^2}}} = km_0 \boldsymbol{v}$$

当 $v \ll c$ 时，与经典物理中的定义一致.

相对论动力学基本方程

$$\boldsymbol{f} = \frac{\mathrm{d}\boldsymbol{p}}{\mathrm{d}t}$$

此时 $\boldsymbol{f} \neq m\boldsymbol{a}$，与经典力学不同. 由于 $v \to c$ 时，$m \to \infty$，因而在恒力作用下，加速度越来越小，最后 $a \to 0$，使得物体的速度不会因受力作用而达到或超过光速.

当 $v \ll c$ 时，基本方程与经典力学一致.

质能关系

$$E = mc^2 = km_0 c^2$$

特别地，当物体静止时有静能

$$E_0 = m_0 c^2$$

3.2.7 相对论动能

$$E_k = mc^2 - m_0 c^2 = (k-1)m_0 c^2$$

当 $v \ll c$ 时, $E_k \approx \dfrac{m_0}{2}v^2$, 与经典力学表达式相同.

当 $v \to c$ 时, $E_k \to \infty$, 无论怎样做功, 也无法使物体速度达到或超过光速.

相对论能量与动量关系

$$E^2 = E_0^2 + p^2c^2$$

其中, $E = mc^2$, $E_0 = m_0c^2$, $p = mv$.

对静质量为零的粒子(如光子), 有 $m_0 = 0$, $v = c$, $E = pc$.

3.3 典型例题

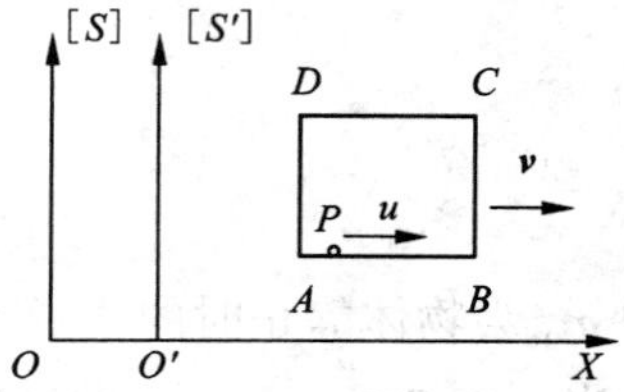

例 3 - 1　如图 2 - 3 - 2, 每边静长为 l 的正方形 $ABCD$ 相对 S 系沿 AB 方向匀速运动, 速度为 v. 设质点 P 从 A 出发, 以匀速 u 沿 $ABCD$(设为 S' 系)绕行一周.

图 2 - 3 - 2　例 3 - 1 用图

求:(1)S 系和 S' 系中测得 P 点从 A 至 B 所需时间.

(2)S 系和 S' 系中测得 P 点从 B 至 C 所需时间.

(3)S 系和 S' 系中测得质点绕 $ABCD$ 一周所需时间.

解　将质点 P 在 A、B 点分别记为事件 1、2.

(1)已知, $x_2' - x_1' = l$, 由题意 $u = \dfrac{x_2' - x_1'}{t_2' - t_1'}$ 亦为已知, 故 $\Delta t' = t_2' - t_1' = \dfrac{x_2' - x_1'}{u} = \dfrac{l}{u}$.

由洛伦兹变换

$$\Delta t = t_2 - t_1 = \frac{(t_2' - t_1') + \dfrac{v}{c^2}(x_2' - x_1')}{\sqrt{1 - \dfrac{v^2}{c^2}}} = \frac{\left(1 + \dfrac{uv}{c^2}\right)\Delta t'}{\sqrt{1 - \dfrac{v^2}{c^2}}} = \frac{1 + \dfrac{uv}{c^2}}{\sqrt{1 - \dfrac{v^2}{c^2}}}\frac{l}{u}$$

注意: $\Delta t \neq \dfrac{\Delta t'}{\sqrt{1 - \dfrac{v^2}{c^2}}}$, 因为 $\Delta t'$ 不是 S' 系中一地点时钟所测.

(2)可以像(1)一样求解, 但此时直接用时间膨胀公式更简明. 因为 BC 与 S' 系运动方向垂直, 对 S 系 BC 两点的钟是同步的, 可以认为是 S' 系中同一地点的钟.

$$\Delta t' = \frac{l}{u}, \quad \Delta t = \frac{\Delta t'}{\sqrt{1 - \dfrac{v^2}{c^2}}} = \frac{\dfrac{l}{u}}{\sqrt{1 - \dfrac{v^2}{c^2}}}$$

（3）$\Delta t' = \dfrac{4l}{u}$，可以理解为同一地点 A 的钟测得，是固有时间间隔，所以

$$\Delta t = \frac{\Delta t'}{\sqrt{1 - \dfrac{v^2}{c^2}}} = \frac{\dfrac{4l}{u}}{\sqrt{1 - \dfrac{v^2}{c^2}}}$$

例 3 – 2 静止时边长为 a 的正方形 $ABCD$，令其相对 S 系以速率 v 匀速直线运动.

（1）若运动方向沿 AB 边，求 S 系中 $ABCD$ 的长度及面积.

（2）若运动方向沿对角线 AC，求 S 系中 $ABCD$ 的长度及面积.

解 （1）AB、CD 段长度收缩（如图 2 – 3 – 3）

$$l_1 = a\sqrt{1 - \frac{v^2}{c^2}}$$

BC、DA 段长度不变 $\qquad l_2 = a.$

周长为 $\qquad L = 2l_1 + 2l_2 = 2a\left(1 + \sqrt{1 - \dfrac{v^2}{c^2}}\right)$

$ABCD$ 为长方形，面积

$$S = l_1 l_2 = a^2 \sqrt{1 - \frac{v^2}{c^2}}$$

（2）AC 段长度收缩（如图 2 – 3 – 4）

$$l_1 = \sqrt{2}a\sqrt{1 - \frac{v^2}{c^2}}$$

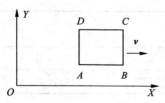

图 2 – 3 – 3　例 3 – 2 用图（1）

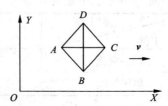

图 2 – 3 – 4　例 3 – 2 用图（2）

BD 段长度不变.

$$l_2 = \sqrt{2}a$$

$ABCD$ 为菱形,边长 $l = \sqrt{(\frac{l_1}{2})^2 + (\frac{l_2}{2})^2} = \frac{\sqrt{2}}{2}a \sqrt{2 - \frac{v^2}{c^2}}$

周长 $$L = 4l = 2\sqrt{2}a \sqrt{2 - \frac{v^2}{c^2}}$$

面积 $$S = \frac{l_1 l_2}{2} = a^2 \sqrt{1 - \frac{v^2}{c^2}}.$$

例 3 - 3 静长为 l 的飞船以恒定速度 v 相对地球运动,某时刻从飞船头部发出光信号. 求飞船上观测者经过多长时间在飞船尾部收到光信号和地球上观测者测得的时间间隔.

解 方法一 飞船上的观测者认为 $\Delta t' = \frac{l}{c}$,即经过 $\Delta t'$,光信号从船头传至船尾. 对地球上观测者,飞船长度收缩,而光相对飞船的速度为 $c + v$. 注意这与光速不变原理及信号速度不大于光速并不矛盾!

所以 $$\Delta t = \frac{l \sqrt{1 - \frac{v^2}{c^2}}}{c + v} = \sqrt{\frac{c - v}{c + v}} \cdot \frac{l}{c} = \Delta t' \sqrt{\frac{c - v}{c + v}}$$

注意 $$\Delta t \neq \frac{\Delta t'}{\sqrt{1 - \frac{v^2}{c^2}}}$$

同样 $$\Delta t' \neq \frac{\Delta t}{\sqrt{1 - \frac{v^2}{c^2}}}$$

方法二 此题亦可直接用洛伦兹变换讨论.

设地球 S 系,飞船为 S' 系.

事件 　　　　参照系	S	S'
船头发光	(x_1, t_1)	(x_1', t_1')
船尾接收	(x_2, t_2)	(x_2', t_2')

已知:$x_2' - x_1' = -l$,注意运动方向沿 x' 轴正向,沿船尾至船头的方向.

对 S' 系光速为 c,所以

$$\Delta t' = t_2' - t_1' = \frac{x_2' - x_1'}{-c} = \frac{l}{c}$$

光传播方向沿 x' 负向.

对 S 系, 用洛伦兹变换

$$\Delta t = t_2 - t_1 = \frac{t_2' - t_1' + \frac{(x_2' - x_1')v}{c^2}}{\sqrt{1 - \frac{v^2}{c^2}}} = \Delta t' \frac{1 - \frac{v}{c}}{\sqrt{1 - \frac{v^2}{c^2}}} = \Delta t' \sqrt{\frac{c-v}{c+v}}$$

例 3 - 4   宇宙飞船以 $0.8c$ 的速度飞离地球, 此时飞船上的时钟与地球时钟均为 0 点.

(1) 飞船时钟为 0 点 30 分时, 飞经一相对地球静止的宇航站, 问宇航站上的时钟为何时?

(2) 对地球观测者, 宇航站距地球多远?

(3) 飞船飞经宇航站时向地球发送无线电信号, 地球何时收到?（按地球时）

(4) 地球观测者收到信号后立即发出应答信号, 飞船何时收到信号?（按飞船时）

解   (1) 飞船飞行 $\tau_0 = 30$ min 为固有时间, 地球上测得时间间隔为

$$\Delta t = \frac{\tau_0}{\sqrt{1 - \frac{v^2}{c^2}}} = 50 \, (\text{min})$$

即宇航站时钟为 0 点 50 分.

(2) 地球观测者测得宇航站与地球相距

$$l = v\Delta t = 7.2 \times 10^{11} \, (\text{m})$$

(3) 对地球观测者, 无线电信号从宇航站所在地发出, 传至地球需

$$t_1 = \frac{l}{c} = 40 \, (\text{min})$$

故 1 点 30 分收到信号.

(4) 对地球, 信号发出经地球应答, 宇宙飞船再接收需时间 t. 则此时间内飞船又飞行了 $0.8ct$ 距离, 而信号传播 $2l + 0.8ct$ 距离, 故

$$t = \frac{2l + 0.8ct}{c} \quad \text{或} \quad t = \frac{2l}{0.2c} = 400 \, (\text{min})$$

而飞船发出信号到接收信号经历的为固有时间, 所以

$$t' = t \sqrt{1 - \frac{v^2}{c^2}} = 240 \, (\text{min})$$

即飞船于 4 点 30 分收到信号.

如果从飞船参照系来看，发送信号与应答信号传播时间相同. 发送信号传播时间

$$t_1' = \frac{l\sqrt{1-\dfrac{v^2}{c^2}}}{c-0.8c} = 120 \text{ min}$$

所以
$$t' = 2t_1' = 240 \text{ min}$$

例 3 - 5　静质量为 m_0 粒子受恒力 F 作用从静止开始运动，求 t 时刻速度与动能的大小.

解　在相对论中 $F = \dfrac{\mathrm{d}p}{\mathrm{d}t}$，因为是恒力 $p = Ft$，

又
$$p = \frac{m_0 v}{\sqrt{1-\dfrac{v^2}{c^2}}}$$

故
$$\frac{m_0 v}{\sqrt{1-\dfrac{v^2}{c^2}}} = Ft$$

两边平方移项即可解出

$$v = \frac{Ft}{\sqrt{m_0^2 + \left(\dfrac{Ft}{c}\right)^2}}$$

所以动能 E_k 为

$$E_k = mc^2 - m_0 c^2 = \left(\frac{1}{\sqrt{1-\dfrac{v^2}{c^2}}} - 1\right)m_0 c^2 = \sqrt{(m_0 c^2)^2 + (Ftc)^2} - m_0 c^2$$

上式最后一等式亦可直接由 $E^2 = E_0^2 + p^2 c^2$ 和 $p = Ft$ 得到，更加简单.

当 $Ft \ll m_0 c$ 时，$v \approx \dfrac{Ft}{m_0}$，此即经典力学结论.

当 $Ft \gg m_0 c$ 时，或 $t \to \infty$ 时，$v \to c$，但小于 c.

注意只有当 $v \ll c$ 时，动能的表达式方为

$$E_k \approx \frac{1}{2}m_0 v^2$$

本题亦可由功能原理 $Fv = \dfrac{\mathrm{d}E}{\mathrm{d}t}$ 通过积分求解，但不如用动量定理简明.

例 3 - 6　两个静质量相同的粒子，一个处于静止状态，另一个总能量为其

静能的4倍. 两粒子碰撞后粘合在一起, 成为一个复合粒子. 求复合粒子静质量与碰撞前单个粒子静质量的比值.

解 方法一 设单个粒子静质量为 m_0, 运动粒子速度为 v, 则

$$E = 4E_0 = \frac{E_0}{\sqrt{1 - \dfrac{v^2}{c^2}}}$$

解得

$$v = \frac{\sqrt{15}}{4}c$$

碰后复合粒子质量为 M, 静质量为 M_0, 运动速度为 u, 则

$$Mc^2 = \frac{m_0 c^2}{\sqrt{1 - \dfrac{v^2}{c^2}}} + m_0 c^2$$

即

$$M = 5m_0$$

由动量守恒得

$$Mu = \frac{m_0 v}{\sqrt{1 - \dfrac{v^2}{c^2}}}$$

解得

$$u = \sqrt{\frac{3}{5}}c$$

所以

$$M_0 = M\sqrt{1 - \frac{u^2}{c^2}} = \sqrt{10}\,m_0$$

即

$$\frac{M_0}{m_0} = \sqrt{10}$$

方法二 对运动粒子有

$$E_1^2 = p_1^2 c^2 + E_0^2, \ E_1 = 4E_0$$

所以

$$p_1^2 c^2 = 15E_0^2$$

其中

$$E_0 = m_0 c^2$$

对复合粒子有

$$E^2 = p^2 c^2 + M_0^2 c^4, \ E = E_1 + E_0 = 5E_0, \ p = p_1$$

故

$$M_0^2 c^4 = 10E_0^2 = 10 m_0^2 c^4$$

因此

$$\frac{M_0}{m_0} = \sqrt{10}$$

例3-7 静质量为 m_0 的粒子在恒力作用下, 从静止开始加速, 经 Δt 时间, 粒子的动能为其静能的 n 倍. 求:

(1)粒子达到的速度 v; (2)粒子获得的动量 p; (3)粒子所受冲量 I; (4)恒

力大小 F.

解　(1)由动能表达式得

$$nE_0 = mc^2 - m_0c^2 = \left(\frac{1}{\sqrt{1 - \dfrac{v^2}{c^2}}} - 1 \right) E_0$$

解得

$$v = \frac{\sqrt{n(n+2)}}{n+1}c$$

(2)粒子质量

$$m = \frac{m_0}{\sqrt{1 - \dfrac{v^2}{c^2}}} = (n+1)m_0$$

动量

$$p = mv = \sqrt{n(n+2)}\,m_0c$$

(3)由动量定理,冲量 I 为

$$I = p = \sqrt{n(n+2)}\,m_0c$$

(4)恒力大小 F 为

$$F = \frac{I}{\Delta t} = \sqrt{n(n+2)}\,\frac{m_0c}{\Delta t}$$

例 3−8　在北京正负电子对撞机中,电子可加速到动能为 $E_k = 2.8\text{GeV}$.求:(1)这种电子的速率和光速之差.

(2)这样一个电子的动量.

(3)这种电子在周长为 240 m 的贮存环内绕行时,所受向心力的大小,所需偏转磁场多大?

解　(1)由动能表达式得

$$E_k = mc^2 - m_0c^2 = \left(\frac{1}{\sqrt{1 - \dfrac{v^2}{c^2}}} - 1 \right) m_0c^2$$

$$\frac{c^2 - v^2}{c^2} = \left(\frac{m_0c^2}{E_k + m_0c^2} \right)^2$$

由于

$$E_k \gg m_0c^2 \quad (m_0c^2 = 0.51\text{MeV})$$

所以

$$c \approx v \quad c^2 - v^2 = (c+v)(c-v) \approx 2c(c-v)$$

从而

$$c - v = \frac{c}{2}\left(\frac{m_0c^2}{E_k + m_0c^2} \right)^2 \approx \frac{c}{2}\left(\frac{m_0c^2}{E_k} \right)^2 \approx 5 \ (\text{m/s})$$

(2)由 $E^2 = p^2c^2 + (m_0c^2)^2$ 得

$$p = \sqrt{\frac{E^2 - (m_0c^2)^2}{c^2}} \approx \frac{E_k}{c} = 1.49 \times 10^{-18} (\text{kg} \cdot \text{m/s})$$

(3)由向心力公式得

$$F = m\,\frac{v^2}{R} \approx \frac{mc^2}{R} \approx \frac{E_k}{R} = 1.2 \times 10^{-11}\,(\mathrm{N})$$

$$B = \frac{F}{ev} \approx \frac{F}{ec} = 0.25\,(\mathrm{T})$$

第4、5章 统计物理学和热力学

4.1 内容概要

内容概要如图 2-4-1，图 2-4-2 所示.

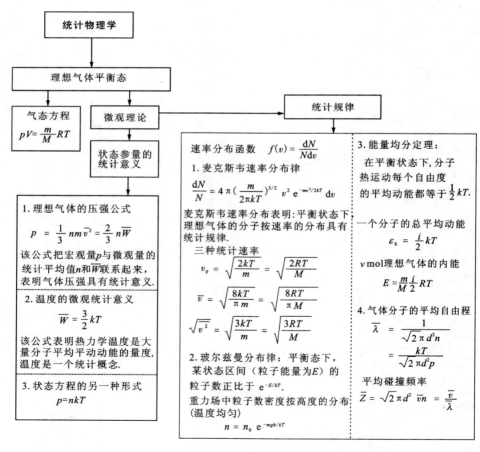

图 2-4-1 统计物理学知识框架图

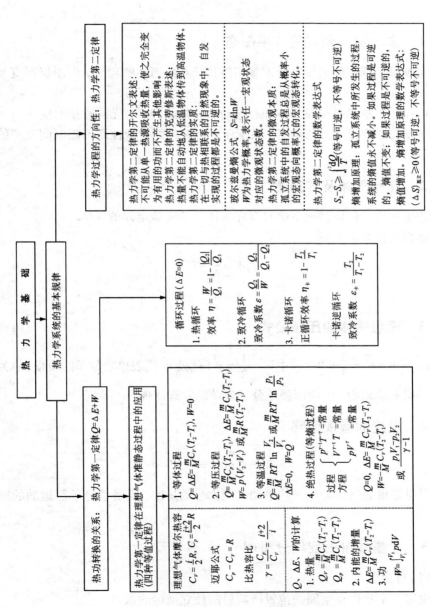

图 2 – 4 – 2　热力学知识框架图

4.2 学习指导

4.2.1 宏观量 微观量 平衡态

宏观量 描述热力学系统宏观整体特征和状态的物理量，可用仪器直接测量.

微观量 描述单个粒子特征和运动状态的物理量，无法直接测量.

平衡态 在无外界影响时，系统所有可观察的宏观性质不随时间改变的状态.

4.2.2 理想气体及其描述

理想气体 任何情况下绝对遵守气体三条实验定律的气体.

理想气体状态方程

$$pV = \frac{m}{M}RT$$

或

$$p = nkT$$

4.2.3 理想气体的压强公式

$p = \frac{1}{3}nm\overline{v^2} = \frac{2}{3}n\overline{W}$，其中 $\overline{W} = \frac{1}{2}m\overline{v^2}$（此处 m 代表单个分子的质量）称为分子的平均平动动能，说明压强是分子运动的宏观体现.

4.2.4 温度的微观解释

$$\overline{W} = \frac{1}{2}m\overline{v^2} = \frac{3}{2}kT$$

可见温度是气体分子平均平动动能大小的量度，反映了分子热运动的剧烈程度.

4.2.5 能量按自由度均分原理

（1）自由度

决定一个物体在空间的位置所需要的独立坐标的数目.

单原子分子：$i = 3$；双原子分子：$i = 5$；多原子分子：$i = 6$

（2）能量按自由度均分定理

①每一运动自由度均具有 $\dfrac{1}{2}kT$ 的动能；

②分子热运动的平均动能为：$\bar{\varepsilon} = \dfrac{i}{2}kT.$

4.2.6 理想气体的内能

$$E = \dfrac{m}{M}\dfrac{i}{2}RT$$

4.2.7 麦克斯韦速率分布律

麦克斯韦速率分布函数

$$f(v) = 4\pi \left(\dfrac{m}{2\pi kT}\right)^{3/2} \mathrm{e}^{-\frac{mv^2}{2kT}} v^2$$

$f(v)$ 的物理量意义为：速率 v 附近单位速率区间的分子数占总分子数的百分比.

4.2.8 玻耳兹曼分布律

(1)玻耳兹曼能量分布律：$n = n_0 \mathrm{e}^{-\frac{E_{\mathrm{p}}}{kT}}$（$n_0$ 为势能为 0 处的分子数密度）

(2)粒子按能级分布：$N_i = \mathrm{e}^{-\frac{E_i}{kT}}$（在正常状态下，能级越低，粒子数越多）

(3)重力场中粒子按高度分布：$n = n_0 \mathrm{e}^{-\frac{mgh}{kT}}$

等温气压公式：$p = p_0 \mathrm{e}^{-\frac{mgh}{kT}} = p_0 \mathrm{e}^{-\frac{Mgh}{RT}}$（$p_0$ 为高度 $h = 0$ 处的压强）

4.2.9* 范德瓦耳斯方程

$$\left(p + \dfrac{m^2}{M^2}\dfrac{a}{V^2}\right)\left(V - \dfrac{m}{M}b\right) = \dfrac{m}{M}RT$$

4.2.10 平均碰撞频率和平均自由程

(1)平均碰撞频率：单位时间内一个分子和其他分子碰撞的平均次数.

$$\bar{Z} = \sqrt{2}\pi d^2 \bar{v} n$$

(2)平均自由程：两次连续碰撞间一个分子自由运动的平均路程.

$$\bar{\lambda} = \dfrac{1}{\sqrt{2}\pi d^2 n} = \dfrac{kT}{\sqrt{2}\pi d^2 p}$$

4.2.11 准静态过程

系统从一个状态变化至另一状态，所经历的所有中间状态都无限接近于平衡态.

4.2.12 内能 功 热量

（1）理想气体的内能是温度的单值函数

$$E = \frac{m}{M} \frac{i}{2} RT$$

内能改变与过程无关

$$\Delta E = \frac{m}{M} \frac{i}{2} R \Delta T$$

（2）准静态过程的功

$$dW = p dV \qquad W = \int_{V_1}^{V_2} p dV$$

（3）摩尔热容   1mol 物质温度升高 1K 所吸收的热量

$$C_m = \frac{(dQ)_m}{dT}$$

①定体摩尔热容 $\qquad C_{V,m} = \frac{i}{2} R$

②定压摩尔热容 $\qquad C_{p,m} = C_{V,m} + R = \frac{i+2}{2} R$

③准静态过程吸热 $\qquad dQ = \frac{m}{M} C_m dT$

$$Q = \frac{m}{M} C_m (T_2 - T_1)$$

4.2.13 热力学第一定律

$$dQ = dE + dW$$

$$Q = \Delta E + \int_{V_1}^{V_2} p dV$$

热力学第一定律实际是包括热能在内的能量守恒定律.

将热力学第一定律应用到理想气体的等体、等压、等温和绝热过程，其过程方程、内能增量、对外做功和热量传递见表 2 – 4 – 1.

表 2 - 4 - 1　理想气体准静态过程的主要公式

过程	等体	等压	等温	绝热
过程方程	$\dfrac{p}{T} = C$	$\dfrac{V}{T} = C$	$pV = C$	$pV^{\gamma} = C_1$ $V^{\gamma-1} T = C_2$ $p^{\gamma-1} T^{-\gamma} = C_3$
内能增量 $\Delta E = \dfrac{m}{M} C_{V,m} \Delta T$	$\dfrac{m}{M} C_{V,m}(T_2 - T_1)$	$\dfrac{m}{M} C_{V,m}(T_2 - T_1)$	0	$\dfrac{m}{M} C_{V,m}(T_2 - T_1)$
对外作功 $W = \int p dV$	0	$p(V_2 - V_1)$ 或 $\dfrac{m}{M} R(T_2 - T_1)$	$\dfrac{m}{M} RT\ln \dfrac{V_2}{V_1}$	$-\dfrac{m}{M} C_{V,m}(T_2 - T_1)$ 或 $\dfrac{p_1 V_1 - p_2 V_2}{\gamma - 1}$
传递热量 $Q = \Delta E + W$	$\dfrac{m}{M} C_{V,m}(T_2 - T_1)$	$\dfrac{m}{M} C_{p,m}(T_2 - T_1)$	$\dfrac{m}{M} RT\ln \dfrac{V_2}{V_1}$	0

4.2.14　循环过程

循环过程的特点：$\Delta E = 0$，过程曲线所围成的面积等于净功.

（1）正循环　热机循环，系统对外界所做的净功大于零.

热机效率
$$\eta = \frac{W}{Q_1} = \frac{Q_1 - Q_2}{Q_1} = 1 - \frac{Q_2}{Q_1}$$

η 表示循环过程系统吸收热量转变为有用净功的百分比.

（2）逆循环　制冷循环，系统消耗外界的功.

制冷系数
$$\varepsilon = \frac{Q_2}{W} = \frac{Q_2}{Q_1 - Q_2}$$

ε 表示消耗单位数量的功从低温物体吸取的热量.

4.2.15　卡诺循环

由两个等温过程和两个绝热过程构成的循环.

卡诺热机
$$\eta = 1 - \frac{T_2}{T_1}$$

卡诺制冷机
$$\varepsilon = \frac{T_2}{T_1 - T_2}$$

4.2.16　热力学第二定律

（1）开尔文表述：不可能从单一热源吸取热量，使之完全变成有用的功而不产生其他影响. 即 η 不可能等于百分之百，表明热功转换不可逆.

（2）克劳修斯表述：不可能把热量从低温物体传到高温物体而不引起其他变化. 即 ε 不可能等于无穷大，表明热量传导不可逆.

（3）热力学第二定律的统计意义：孤立系统内部发生的过程总是由概率小的状态向概率大的状态的方向进行.

4.2.17　卡诺定理

（1）在相同的高温热源和低温热源间工作的一切可逆热机，其效率都等于卡诺热机的效率，而与工作物质无关.

（2）在相同的高温热源和低温热源之间工作的一切不可逆热机，其效率都不可能大于可逆热机的效率，即

$$\eta \leqslant 1 - \frac{T_2}{T_1}$$

卡诺定理指出了热机效率的极限及提高热机效率的两条途径：①使循环尽量接近于可逆循环；②尽量提高高温热源和低温热源的温度差.

4.2.18　熵和熵增原理

（1）玻耳兹曼熵　$S = k \ln W$，其中 W 为一个宏观态对应的微观态数目，称为热力学概率，表明熵是系统热力学概率的量度.

（2）克劳修斯熵　$S_B - S_A \geqslant \int_A^B \frac{\mathrm{d}Q}{T}$

式中等号对应于可逆过程，不等号对应于不可逆过程.

（3）熵增原理　对于绝热或孤立系统 $\Delta S \geqslant 0$，表明一切实际过程只能朝着熵增加的方向进行，直到达到最大值为止，据此可以推断，平衡态的熵最大.

4.3　典型例题

例 4-1　求 1 mol 水蒸气分解成同温度的氢气和氧气时，内能增加的百分比（不计振动自由度）.

解　1 mol 理想气体的内能为

$$E = \frac{i}{2} RT \text{（其中 } i \text{ 为分子的自由度）}$$

1 mol 水蒸气可分解成 1 mol 的氢气和 $\frac{1}{2}$ mol 的氧气,设其内能分别为 E_1、E_2、E_3,则

$$E_1 = \frac{6}{2}RT = 3RT \quad E_2 = \frac{5}{2}RT \quad E_3 = \frac{1}{2}\cdot\frac{5}{2}RT = \frac{5}{4}RT$$

故 1 mol 水蒸气分解成同温度的氢气和氧气时,内能增加的百分比为:

$$\frac{\Delta E}{E_1} = \frac{E_2 + E_3 - E_1}{E_1} = \frac{\frac{5}{2}RT + \frac{5}{4}RT - 3RT}{3RT} = 25\%$$

例 4-2   一氢分子(直径为 1.0×10^{-10} m)以方均根速率从炉中($T=4000K$)逸出后进入冷的氩气室中,室内氩气数密度为 40×10^{25} m^{-3}(氩原子直径为 3×10^{-10}m),求:

(1)氢分子的方均根速率为多大?

(2)把氩原子和氢分子都看成球体,则在相互碰撞时它们中心之间靠得最近的距离为多少?

(3)最初阶段,氢分子每秒内受到的碰撞次数为多少?

解   (1)氢分子的方均根速率

$$\sqrt{\overline{v^2}} = \sqrt{\frac{3RT}{M}} = \sqrt{\frac{3\times8.31\times4000}{2\times10^{-3}}} = 7.06\times10^3(\text{m}\cdot\text{s}^{-1})$$

(2)氩原子与氢分子相碰撞时最近距离为各自半径之和

$$d = \frac{d_1}{2} + \frac{d_2}{2} = (0.5+1.5)\times10^{-10} = 2.0\times10^{-10}(\text{m})$$

(3)氢分子平均速率为

$$\bar{v} = \sqrt{\frac{8RT}{\pi M}} = \sqrt{\frac{8\times8.31\times4000}{3.14\times2\times10^{-3}}} = 6.51\times10^3(\text{m}\cdot\text{s}^{-1})$$

所以氢气分子每秒受到的平均碰撞次数为

$$\bar{Z} = \sqrt{2}\pi d^2 \bar{v} n$$
$$= \sqrt{2}\times3.14\times(2.0\times10^{-10})^2\times6.51\times10^3\times40\times10^{25}$$
$$= 4.6\times10^{11}(\text{s}^{-1})$$

注意此处的 d 既不是氢分子直径,也不是氩原子直径,而是它们的半径之和.

例 4-3   设大气为理想气体,试根据玻耳兹曼能量分布律求:(1)气体分子在重力场中按高度分布的规律;(2)压强随高度变化的规律;(3)证明离海平面高度 z 处的压强等于该处单位面积上整个气柱的重量.

解   (1)在重力场中理想气体分子的能量为 $E = E_k + E_p$,其中 $E_k = \frac{1}{2}mv^2$,

设 z 轴竖直向上,海平面为重力势能的零点,则 $E_p = mgz$. 代入玻耳兹曼能量分布律,对三维速度坐标积分,并利用麦氏速率分布律归一化条件得

$$\mathrm{d}N = n_0 \mathrm{e}^{-mgz/kT} \mathrm{d}x\mathrm{d}y\mathrm{d}z$$

n_0 为 $z = 0$ 处单位体积内的大气分子数. 以 $\mathrm{d}V = \mathrm{d}x\mathrm{d}y\mathrm{d}z$ 除以上式得分布在高度为 z 处单位体积内的大气分子数,即分子数密度

$$n = \frac{\mathrm{d}N}{\mathrm{d}V} = n_0 \mathrm{e}^{-mgz/kT}$$

它所表示的就是大气分子在重力场中按高度分布的规律.

（2）由平衡态理想气体的压强与分子数密度的关系

$$p = nkT$$

可得

$$p = n_0 kT \mathrm{e}^{-mgz/kT} = p_0 \mathrm{e}^{-mgz/kT}$$

式中,$p_0 = n_0 kT$ 为 $z = 0$ 处的大气压强（设温度与高度无关）.

（3）在高度为 z 处取一个轴线与 z 轴平行的柱形体积元,底面积为 1,柱高为 $\mathrm{d}z$,该体积元内的大气分子数为

$$\mathrm{d}N = n\mathrm{d}V = n\mathrm{d}z \times 1$$

其重量为
$$\mathrm{d}W = mg\mathrm{d}N = mgn_0 \mathrm{e}^{-mgz/kT} \mathrm{d}z$$
将上式积分,即得高度为 z 处单位面积上整个气柱的重量

$$W = \int \mathrm{d}W = \int_z^\infty mgn_0 \mathrm{e}^{-mgz/kT} \mathrm{d}z = n_0 kT \mathrm{e}^{-mgz/kT} = p_0 \mathrm{e}^{-mgz/kT}$$

数值上与（2）中所求的大气压强相等.

讨论:$p = p_0 \mathrm{e}^{-mgz/kT}$ 称为等温气压公式,它表示大气压强随高度按指数规律减小,将上式取对数,可得

$$z = \frac{kT}{mg}\ln\frac{p_0}{p} = \frac{RT}{Mg}\ln\frac{p_0}{p}$$

在温度差不大的情况下,可以认为地球表面附近的大气是等温的,测出压强的值就可计算海拔高度. 例如某山顶在温度 $T = 300\mathrm{K}$ 时的大气压为 5×10^4 Pa,则山高为

$$H = \frac{8.31 \times 300}{0.029 \times 9.8}\ln\frac{1.013 \times 10^5}{5 \times 10^4} \approx 6200(\mathrm{m})$$

例4-4 试证明在同一 p-V 图上,一定量理想气体的一条绝热线与一条等温线不能相交于两点.

（该题可用多种方法证明）

解 方法一 设 $a(p_a, V_a)$ 点为 p-V 图上绝热线和等温线的一个交点,它同时满足

$$p_a V_a = C_1 \qquad p_a V_a^\gamma = C_2$$

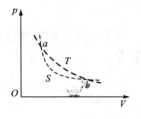

由此得
$$V_a^{\gamma-1} = \frac{C_2}{C_1}$$

若在 $p - V$ 图上两条曲线还有另外的交点 $b(p_b, V_b)$，则必有

$$p_b V_b = C_1 \qquad p_b V_b^\gamma = C_2$$

即
$$V_b^{\gamma-1} = \frac{C_2}{C_1}$$

图 2 - 4 - 3　例 4 - 4 用图

于是
$$V_b = V_a$$

这个结果表明，如果绝热线和等温线除 a 点外还有交点，则该点就是 a 点，也就是说，它们只能有一个交点.

方法二　设绝热线 S 和等温线 T 有两个交点 a 和 b，如图 2 - 4 - 3 所示. 假定气体从 a 状态出发，经绝热膨胀过程，对外做功（$W > 0$）到达 b 状态，由于 a、b 两点在同一等温线上，初态和末态的温度相同，内能相等，这就使得理想气体在该过程中既不吸热，又不减少内能，却能对外做功，违背了热力学第一定律. 所以，绝热线和等温线有两个交点的假设不能成立，它们只能有一个交点.

方法三　如图 2 - 4 - 3 所示，设 S 线和 T 线有两个交点 a 和 b，则它们可以构成一个正循环 $aTbSa$，以此循环工作的热机是从单一热源（温度 T）吸收热量，完全变成有用的功，而没有引起其他变化，这就违背了热力学第二定律的开尔文表述. 所以，绝热线和等温线有两个交点的假设不能成立.

方法四　依然采用反证法. 如图 2 - 4 - 3 所示，设绝热线 S 和等温线 T 交于 a 和 b 两点，假定气体从初态 a 出发，分别经等温过程 aTb 和绝热过程 aSb 到达同一末态 b.

对等温膨胀过程 $a \to T \to b$，吸热 $Q > 0$，则熵变 $\Delta S_{ba} > 0$

对可逆绝热过程 $a \to S \to b$，吸热 $Q = 0$，则熵变 $\Delta S_{ba} = 0$

这违背了熵是态函数，熵变与过程无关的结论，因而原假设不能成立.

例 4 - 5　一卡诺热机在温度为 T_1 的高温热源和温度为 T_2 的低温热源之间工作，提高高温热源温度 ΔT 或降低低温热源温度 ΔT 都可提高该机的效率，问在高、低温热源改变相同温度 ΔT 的条件下，哪种方法可将热机效率提得更高？并作评论.

解　当高温热源的温度升高 ΔT，即达到 $T_1 + \Delta T$，而低温热源温度 T_2 不变时的卡诺热机效率为

$$\eta_1 = 1 - \frac{T_2}{T_1 + \Delta T}$$

当低温热源的温度降低 ΔT，即达到 $T_2 - \Delta T$，而高温热源温度 T_1 不变时的效率为

$$\eta_2 = 1 - \frac{T_2 - \Delta T}{T_1}$$

$$\frac{\eta_1}{\eta_2} = \frac{1 - \dfrac{T_2}{T_1 + \Delta T}}{1 - \dfrac{T_2 - \Delta T}{T_1}} = \frac{T_1}{T_1 + \Delta T} < 1$$

所以 $\eta_1 < \eta_2$，可见，要想提高热机效率，降低低温热源的温度比升高高温热源的温度更有效. 但一般说来，放热热源只能是外界环境，要想获得比环境温度更低的温度需要使用致冷机，必然消耗更多的能量，这是得不偿失的. 因而实际上，提高高温热源温度是提高热机效率的唯一途径.

例 4-6　一电冰箱做逆时针方向卡诺循环，当室温 27℃ 时，冰箱将 1 kg 0℃ 的水结成冰. 问电源至少需做多少功及冰箱向周围空间放出多少热量(冰的溶解热为 3.34×10^5 J·kg^{-1})

解　冰箱在 273 K 和 300 K 之间运转，其致冷系数为

$$\varepsilon = \frac{Q_2}{W} = \frac{T_2}{T_1 - T_2}$$

由上式解得电源需做功

$$W = Q_2 \frac{T_1 - T_2}{T_2} = 1 \times 3.34 \times 10^5 \times \frac{300 - 273}{273} = 3.30 \times 10^4 (\text{J})$$

冰箱向周围空间放出的热量为

$$Q_1 = Q_2 + W = 1 \times 3.34 \times 10^5 + 3.30 \times 10^4 = 3.67 \times 10^5 (\text{J})$$

说明：从质量为 1 kg，温度为 0℃ 的水中要取出 $Q_2 = 3.35 \times 10^5$ J 的热量才能使其结冰，但从低温热源吸取这一热量，电源至少需做功 $W = 3.30 \times 10^4$ J，从低温热源取出的热量连同消耗的功一起，以热量的形式放出在温度为 27℃ 的周围空间.

例 4-7　一定量的单原子理想气体，经历图 2-4-4 所示的循环过程. 其中 ab、bc 和 ca 在 $p-V$ 图中均为直线，状态 b 的温度为 900K，求：(1)各过程中气体所吸收的热量、内能的变化和所做的功；(2)循环效率.

解　(1)由图可知：ca 为等压过程，ab 为等容过程. 由 $T_b = 900$K 及状态方程可得 $T_c = 900$K，$T_a = 300$K. 这两个过程中系统所吸收的热量、内能的变化和

所做的功比较容易求出.

ab 过程

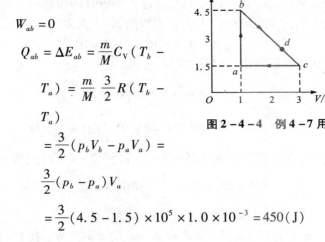

图 2 - 4 - 4　例 4 - 7 用图

$$W_{ab} = 0$$

$$Q_{ab} = \Delta E_{ab} = \frac{m}{M}C_V(T_b -$$

$$T_a) = \frac{m}{M}\frac{3}{2}R(T_b -$$

$$T_a)$$

$$= \frac{3}{2}(p_b V_b - p_a V_a) =$$

$$\frac{3}{2}(p_b - p_a)V_a$$

$$= \frac{3}{2}(4.5 - 1.5)\times 10^5 \times 1.0 \times 10^{-3} = 450(J)$$

ca 过程

$$\Delta E_{ca} = \frac{m}{M}C_V(T_a - T_c) = \frac{3}{2}(p_a V_a - p_c V_c) = \frac{3}{2}p_a(V_a - V_c)$$

$$= \frac{3}{2}\times 1.5 \times 10^5 \times (1.0 - 3.0)\times 10^{-3}$$

$$= -450(J)$$

$$W_{ca} = p_a(V_a - V_c)$$

$$= 1.5 \times 10^5 \times (1.0 - 3.0)\times 10^{-3} = -300(J)$$

$$Q_{ca} = \Delta E_{ca} + W_{ca} = -450 + (-300) = -750(J)$$

等压过程的热量也可以根据 $Q = \frac{m}{M}C_p\Delta T$ 来计算. 同学们可自己证明两种

方法计算的结果是相同的.

bc 过程

$$\Delta E_{bc} = \frac{m}{M}C_V(T_c - T_b) = 0$$

bc 过程的功可由直线 bc 下的梯形面积求出为

$$W_{bc} = \frac{(4.5 + 1.5)\times 10^5}{2}\times (3.0 - 1.0)\times 10^{-3} = 600(J)$$

$$Q_{bc} = \Delta E_{bc} + W_{bc} = 600(J)$$

（2）abca 为正循环，所以循环效率为 $\eta = 1 - \dfrac{Q_2}{Q_1} = \dfrac{W}{Q_1}$. Q_1 为整个循环过程

中的总吸热量，Q_2 为总放热量，W 为净功. 但在本题中 Q_1 并非简单等于 Q_{ab} 与

Q_{bc} 之和，Q_2 也并非等于 Q_{ca}，因为过程 bc 并不是单一吸热的过程，而是一个兼有吸热和放热的混合过程，Q_{bc} 只是此过程中吸收的净热量.

根据两点式直线方程，可得 bc 直线的 $p-V$ 关系为

$$p = -1.5 \times 10^8 (V - 4 \times 10^{-3}) \qquad (2-4-1)$$

将其代入状态方程并对两边取微分得

$$-1.5 \times 10^8 (V - 4 \times 10^{-3})V = \frac{m}{M}RT$$

$$-1.5 \times 10^8 (2V - 4 \times 10^{-3})dV = \frac{m}{M}RdT \qquad (2-4-2)$$

由热力学第一定律并利用 $(2-4-1)$ 式和 $(2-4-2)$ 式得

$$dQ = dE + dW = \frac{3}{2}\frac{m}{M}RdT + pdV$$

$$= -6.0 \times 10^8 (V - 2.5 \times 10^{-3})dV$$

可见，在 bc 直线上以 $V = 2.5 \times 10^{-3} \text{m}^3$ 的 d 点为界，在 $1 \times 10^{-3} \text{m}^3 < V < 2.5 \times 10^{-3} \text{m}^3$ 的 bd 段，$dQ > 0$，为吸热过程. 在 $2.5 \times 10^{-3} \text{m}^3 < V < 3 \times 10^{-3} \text{m}^3$ 的 dc 段，$dQ < 0$，为放热过程. 吸热量和放热量分别为

$$Q_{bd} = \int_{1 \times 10^{-3}}^{2.5 \times 10^{-3}} -6.0 \times 10^8 (V - 2.5 \times 10^{-3})dV = 675(\text{J})$$

$$Q_{dc} = \int_{2.5 \times 10^{-3}}^{3 \times 10^{-3}} -6.0 \times 10^8 (V - 2.5 \times 10^{-3})dV = -75(\text{J})$$

所以在此循环过程中，系统吸收的热量为

$$Q_1 = Q_{ab} + Q_{bd} = 450 + 675 = 1125(\text{J})$$

放出的热量为

$$Q_2 = |Q_{ca}| + |Q_{dc}| = 750 + 75 = 825(\text{J})$$

热机效率为

$$\eta = 1 - \frac{Q_2}{Q_1} = 1 - \frac{825}{1125} \approx 0.27$$

或通过面积 S_{abc} 计算出功的大小.

$$W = W_{bc} + W_{ca} = S_{abc} = 300(\text{J})$$

同样可得

$$\eta = \frac{W}{Q_1} = \frac{300}{1125} \approx 0.27$$

例 4-8　图 $2-4-5$ 所示是一定量理想气体的一个循环过程，由它的 $T-V$ 图给出. 其中 CA 为绝热过程，状态 $A(T_1, V_1)$、状态 $B(T_1, V_2)$ 为已知. 求：(1)在 AB、BC 两过程中，工作物质是吸热还是放热？(2)状态 C 的温度 T_C. (3)该循环是否为卡诺循环？(4)该循环的效率(设气体的 γ 为已知).

解 （1）AB 过程是等温膨胀过程，工质吸热. BC 过程是等容降温过程，工质放热.

（2）CA 为绝热过程，由过程方程有

$$T_1 V_1^{\gamma-1} = T_C V_2^{\gamma-1}$$

由此可得状态 C 的温度为

$$T_C = T_1 (V_1/V_2)^{\gamma-1}$$

（3）卡诺循环由两个等温过程和两个绝热过程组成，显然，该循环不是卡诺循环.

（4）AB 过程中工质吸热为

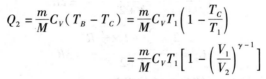

图 2-4-5　例 4-8 用图

$$Q_1 = \frac{m}{M} R T_1 \ln \frac{V_2}{V_1}$$

BC 过程中，工质放热为

$$Q_2 = \frac{m}{M} C_V (T_B - T_C) = \frac{m}{M} C_V T_1 \left(1 - \frac{T_C}{T_1}\right)$$

$$= \frac{m}{M} C_V T_1 \left[1 - \left(\frac{V_1}{V_2}\right)^{\gamma-1} \right]$$

循环过程的效率为

$$\eta = 1 - \frac{Q_2}{Q_1} = 1 - \frac{C_V [1 - (V_1/V_2)^{\gamma-1}]}{R \ln(V_2/V_1)}$$

$$= 1 - \frac{i[1 - (V_1/V_2)^{\gamma-1}]}{2 \ln(V_2/V_1)} = 1 - \frac{1}{\gamma-1} \frac{[1 - (V_1/V_2)^{\gamma-1}]}{\ln(V_2/V_1)}$$

例 4-9 一热力学系统由 2mol 单原子分子和 2mol 双原子分子（无振动）理想气体混合而成，该系统经过如图 2-4-6 所示的 $abcda$ 可逆循环过程，其中 ab, cd 为等压过程，bc, da 为绝热过程，且 $T_a = 300\text{K}$, $T_b = 900\text{K}$, $T_c = 450\text{K}$, $T_d = 150\text{K}$, $V_a = 3\text{m}^3$. 求：

（1）混合气体的定体和定压摩尔热容；

（2）ab 过程系统吸收的热量；

（3）cd 过程系统放出的热量

（4）循环的效率；

（5）ab 过程中系统的熵变；

（6）cd 过程中系统的熵变；

（7）整个循环过程系统的熵变.

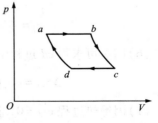

图 2-4-6　例 4-9 用图

解 （1）设 ν_1 mol 定体摩尔热容为 C_{V_1} 的理想气体与 ν_2 mol 定体摩尔热容为 C_{V_2} 的另一种理想气体混合，则在等容过程

中气体温度升高 ΔT 时吸热为
$$Q_V = Q_1 + Q_2 = \nu_1 C_{V_1} \Delta T + \nu_2 C_{V_2} \Delta T$$
由定体摩尔热容的定义得 $(\nu_1 + \nu_2)\,\mathrm{mol}$ 混合气体的定体摩尔热容为
$$C_V = \frac{Q_V}{(\nu_1 + \nu_2)\Delta T} = \frac{\nu_1 C_{V_1} + \nu_2 C_{V_2}}{\nu_1 + \nu_2} \qquad (2-4-3)$$
同理可得混合气体的定压摩尔热容为
$$C_p = \frac{\nu_1 C_{p_1} + \nu_2 C_{p_2}}{\nu_1 + \nu_2} \qquad (2-4-4)$$
已知 $\nu_1 = \nu_2 = 2\,\mathrm{mol}$；对单原子气体：$C_{V_1} = 3R/2$，$C_{p_1} = 5R/2$；对双原子气体：$C_{V_2} = 5R/2$，$C_{p_2} = 7R/2$，代入 $(2-4-3)$、$(2-4-4)$ 式得
$$C_V = \frac{2 \times \frac{3}{2}R + 2 \times \frac{5}{2}R}{2+2} = 2R$$

$$C_p = \frac{2 \times \frac{5}{2} + 2 \times \frac{7}{2}R}{2+2} = 3R$$

（2）ab 为等压过程，系统吸收的热量为
$$Q_{ab} = \nu C_p (T_b - T_a) = (\nu_1 + \nu_2) C_p (T_b - T_a)$$
$$= 4 \times 3 \times 8.31 \times (900 - 300) = 5.98 \times 10^4 (\mathrm{J})$$

（3）cd 为等压过程，同法可计算放出的热量为
$$|Q_{cd}| = 4 \times 3 \times 8.31 \times (450 - 150) = 2.99 \times 10^4 (\mathrm{J})$$

（4）
$$\eta = 1 - \frac{|Q_{cd}|}{Q_{ab}} = 1 - \frac{2.99 \times 10^4}{5.98 \times 10^4} = 50\%$$

（5）ab 过程中系统的熵变为
$$\Delta S_{ab} = \int_a^b \frac{\mathrm{d}Q}{T} = \int_a^b \frac{\nu C_p \mathrm{d}T}{T} = \nu C_p \ln \frac{T_b}{T_a}$$
$$= 4 \times 3 \times 8.31 \times \ln \frac{900}{300} = 1.10 \times 10^2 (\mathrm{J \cdot K^{-1}})$$

（6）同法可求得 cd 过程中系统的熵变为
$$\Delta S_{cd} = \nu C_p \ln \frac{150}{450} = -1.10 \times 10^2 (\mathrm{J \cdot K^{-1}})$$

（7）因绝热过程 $\mathrm{d}Q = 0$，整个循环过程中系统的熵变为
$$\Delta S = \Delta S_{ab} + \Delta S_{bc} + \Delta S_{cd} + \Delta S_{da}$$
$$= 1.10 \times 10^2 + 0 + (-1.10 \times 10^2) + 0 = 0$$
系统经历一循环过程后熵变为 0，可见熵是态函数，熵变与过程无关.

例 4 – 10 试用熵增原理证明:

(1)热量传导不可逆.

(2)0℃的冰可以融化0℃的水,而0℃的水又可凝结成0℃的冰.

解 (1)设高温物体温度为 T_1, 低温物体温度为 T_2, 两物体接触后, 热量 Q 由高温物体传至低温物体, 将高温物体和低温物体组成一个系统, 该系统与外界没有热量的交换, 因而可视为孤立系统.

高温物体放出热量 Q, 其熵变为 $\Delta S_1 = \dfrac{-Q}{T_1}$

低温物体吸收热量 Q, 其熵变为 $\Delta S_2 = \dfrac{Q}{T_2}$

系统的总熵变为 $\Delta S = \Delta S_1 + \Delta S_2 = Q\left(\dfrac{1}{T_2} - \dfrac{1}{T_1}\right)$

由于 $T_2 < T_1$, 所以 $\Delta S > 0$.

故热量由高温物体传至低温物体, 熵增加, 过程可自动进行. 同理可证: 热量由低温物体传至高温物体, 熵减少, 过程不可自动进行.

(2)0℃的冰融化成0℃的水须从外界吸收融化热 Q, 其熵变为 $\Delta S_1 = \dfrac{Q}{T}$,

设外界温度为 T', 外界放出热量 Q, 其熵变为 $\Delta S_2 = \dfrac{-Q}{T'}$, 欲用熵增原理判定上述过程是否能发生, 必须将冰和外界组成孤立系统, 此系统的熵变为

$$\Delta S = \Delta S_1 + \Delta S_2 = \frac{Q}{T} - \frac{Q}{T'}$$

$$= Q\left(\frac{1}{T} - \frac{1}{T'}\right)$$

冰融化为水时, 必有 $T' > T$, 则 $\Delta S > 0$, 故上述冰融解成水的过程可以发生.

同理,0℃的水凝成0℃的冰, 水放出热量 Q, 其熵变为 $\Delta S_1 = -\dfrac{Q}{T}$, 设外界温度为 T', 外界得到热量 Q, 其熵变为 $\Delta S_2 = \dfrac{Q}{T'}$, 将水和外界组成孤立系统, 该系统的熵变为

$$\Delta S = \Delta S_1 + \Delta S_2 = Q\left(\frac{1}{T'} - \frac{1}{T}\right)$$

水凝结成冰时, 必有 $T' < T$, 同样得 $\Delta S > 0$, 故水凝结成冰的过程也可发生.

第 6 章　机械振动

6.1　内容概要

内容概要如图 2 – 6 – 1 所示.

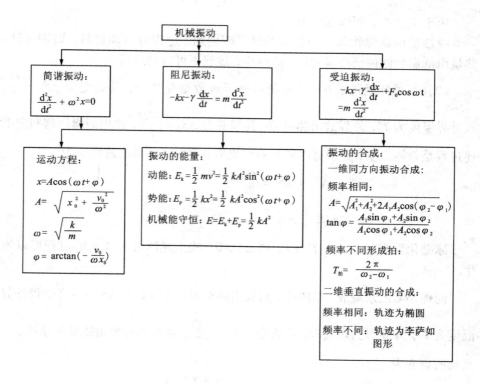

图 2 – 6 – 1　机械振动知识框架图

6.2 学习指导

6.2.1 简谐振动的判定

讨论简谐振动时,采用的理想模型是弹簧振子. 判断一个振动是否为简谐振动可采用下列方法:

(1)常用简谐振动的动力学特征 $F = -kx$ 进行判断或证明,式中 F 是振子在任一位置时所受的合外力,k 可以是几个弹簧按某种连接方式组成的系统的等效倔强系数或其他比例系数. 对于由多个弹簧组成的振动系统,宜先等效于一个弹簧的情况,分析振子在任一位置所受合外力是否为一个线性回复力,然后进行判断和证明.

(2)对于较复杂的振动系统,应对系统中的各物体进行受力分析,利用振子位移的微分方程 $\dfrac{\mathrm{d}^2 x}{\mathrm{d}t^2} + \omega^2 x = 0$ 进行判断或证明.

(3)若振动不是在一条直线上进行,而是绕某一中心轴摆动,则相应的角谐振动判据为:

$$M = -k\theta \qquad (2-6-1)$$

$$\frac{\mathrm{d}^2 \theta}{\mathrm{d}t^2} + \omega^2 \theta = 0 \qquad (2-6-2)$$

$$\theta = \theta_\mathrm{m}\cos(\omega t + \varphi) \qquad (2-6-3)$$

式(2-6-1)中 M 为振动物体在任一位置时所受的合外力矩,θ 是角位移. 式(2-6-3)中 θ_m 为角位移的幅值. 单摆、复摆的运动是否为角谐振动可用此法判定.

(4)在某些振动问题中,受力情况不明显,这时可直接由简谐振动的运动学特征 $x = A\cos(\omega t + \varphi)$ 进行判断或证明.

6.2.2 旋转矢量表示简谐振动

旋转矢量图示法只是研究简谐振动的一种辅助方法,它能较直观地反映出简谐振动中的位移和时间的关系以及简谐振动中三个特征量 A,ω,φ 的含义. 并为研究简谐振动提供了最简单的方法. 但必须注意,旋转矢量本身并不做简谐振动,而是矢量末端在 x 轴上的投影点做简谐振动. 另外,t 时刻旋转矢量的方位角并不表示通常意义下矢量的空间方向,它表示的是 t 时刻振动的位相.

旋转矢量有下列具体应用:

（1）可简便地确定初位相或位相. 在以余弦函数表示位移的情况下，若 $x_0 = \dfrac{A}{2}$，$v_0 > 0$，可先作如图 2-6-2 所示的参考圆，由 $x_0 = \dfrac{A}{2}$ 找出可能的两个旋转矢量方位 **OM** 与 **OM′**，然后由 $v_0 > 0$ 选定 **OM** 与 Ox 轴的夹角表示初位相 φ，图 2-6-2 中 φ 取 $-\pi/3$ 或 $5\pi/3$.

（2）可由两个已知时刻的振动状态求 ω（或 T），也可在已知 ω（或 T）的条件下求振子从一个振动状态到另一个振动状态所经历的时间 Δt. 如图 2-6-3(a) 所示，用旋转矢量法求 ω 时，先作出参考圆，如图 2-6-3(b) 所示，再画出 $t=0$ 及 $t=4\text{s}$ 时相应的旋转矢量方位，由 $\omega \cdot 4 = \dfrac{2}{3}\pi$ 可得 $\omega = \dfrac{\pi}{6}$.

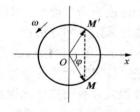

图 2-6-2　参考图

（3）可用旋转矢量法方便地决定任意初相取哪一象限的值.

（4）可用旋转矢量法简单方便地讨论位相差及振动合成等问题.

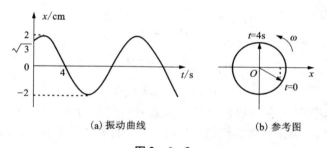

(a) 振动曲线　　　　　(b) 参考图

图 2-6-3

凡遵循简谐振动规律的物理量，均可用相应的旋转矢量表示. 比如，一个简谐振动的位移、速度及加速度等均可用相应的旋转矢量表示它们随时间变化的关系.

简谐振动的问题可分为四个基本类型：①判断一个振动是否为简谐振动，或证明一个振动系统做简谐振动；②已知振动方程，求简谐振动的运动学及动力学问题；③已知振动情况或振动曲线，求简谐振动方程；④简谐振动的合成.

6.3　典型例题

例 6 - 1　一质量为 m、半径为 r 的圆板，用三根长均为 l 的细绳悬于水平天花板上，连接点恰好三等分圆板的圆周，如图 2 - 6 - 4 所示. 若圆板绕其过中心 O 的铅直轴做微小转动，试求其振动周期.

解　将绳子的张力 T 沿圆盘切线方向和垂直于圆盘面方向分解，得

$$T_\perp = T\cos\varphi \qquad T_{/\!/} = T\sin\varphi$$

在小角振动情况下，圆盘在铅直方向的运动可不计，因而有

$$3T\cos\varphi = mg \qquad (2-6-4)$$

由对质心轴的转动定理，得

$$-3T\sin\varphi \cdot r = J_c \frac{\mathrm{d}^2\theta}{\mathrm{d}t^2} \qquad (2-6-5)$$

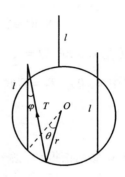

图 2 - 6 - 4　例 6 - 1 用图

由式(2 - 6 - 4)和式(2 - 6 - 5)消去 T，得

$$-rmg\tan\varphi = J_c \frac{\mathrm{d}^2\theta}{\mathrm{d}t^2}$$

利用小角条件，$\tan\varphi \approx \varphi$，于是上式可写为：

$$J_c \frac{\mathrm{d}^2\theta}{\mathrm{d}t^2} + rmg\varphi = 0 \qquad (2-6-6)$$

利用图中的几何关系有

$$l\varphi = r\theta \qquad (2-6-7)$$

由式(2 - 6 - 6)和式(2 - 6 - 7)消去 φ，得

$$\frac{\mathrm{d}^2\theta}{\mathrm{d}t^2} + \frac{2g}{l}\theta = 0$$

由上式可知，圆盘的振动周期为

$$T = \frac{2\pi}{\omega} = 2\pi\sqrt{\frac{l}{2g}}$$

例 6 - 2　如图 2 - 6 - 5 所示的力学系统中，轻质弹簧的倔强系数为 k，轻绳不伸缩，绳与滑轮无相对滑动. 半径为 R 的定滑轮，可视为质量为 M 的均匀圆盘. 质量为 m_2 的子弹以速度 v 沿悬线方向射入原来静止的质量为 m_1 的木块中，然后一起开始振动，(1)证明物体运动是谐振动，并求出圆频率；(2)以子弹射入的瞬时为计时起点，若取向上为 x 轴正方向，求振动的振幅和初位相，

并确定 φ 所在象限, 写出振动表达式.

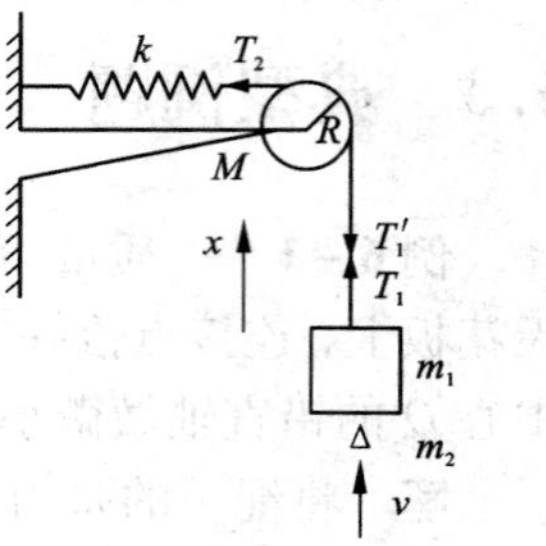

解　(1) 当 m_2 射入 m_1 后, 系统平衡时有 $(m_1 + m_2)g = k(\Delta l_1 + \Delta l_2)$, 取平衡位置 O 为坐标原点, 铅直向上为 x 轴正方向. 将物体从 O 拉下 x 时有

$$\sum f = T_1 - (m_1 + m_2)g = (m_1 + m_2)a$$
$$(2-6-8)$$

$$\sum M' = T_2 R - T_1' R = J\beta \qquad (2-6-9)$$

图 2-6-5　例 6-2 用图

按题意 $a = R\beta$, $J = \dfrac{1}{2}MR^2$, $T_2 = k(\Delta l_1 + \Delta l_2 - x)$

(式中 $x < 0$), $T_1 = T_1'$ 联立上述方程组得

$$a = -\frac{k}{m_1 + m_2 + \dfrac{1}{2}M}x = -\omega^2 x$$

故系统做简谐振动, 振动频率为

$$\omega = \sqrt{\frac{k}{m_1 + m_2 + \dfrac{1}{2}M}}$$

(2) 据题意 $t = 0$ 时, $x_0 = \dfrac{m_2 g}{k}$, $v_0 > 0$, 在子弹与力学系统发生完全非弹性碰撞过程中, 取弹簧、滑轮、m_1, m_2 为一系统, 它们对滑轮中心的角动量守恒. 即

$$m_2 v R = \left(m_1 R^2 + m_2 R^2 + \frac{1}{2}MR^2\right)\omega$$

又

$$v_0 = R\omega$$

故

$$v_0 = \frac{m_2 v}{m_1 + m_2 + \dfrac{1}{2}M}$$

从而谐振动的振幅为

$$A = \sqrt{x_0^2 + \frac{v_0^2}{\omega^2}} = \sqrt{\frac{m_2^2 g^2}{k^2} + \frac{m_2^2 v^2}{k\left(m_1 + m_2 + \dfrac{1}{2}M\right)}}$$

$$= \frac{m_2 g}{k}\sqrt{1 + \frac{kv^2}{\left(m_1 + m_2 + \dfrac{1}{2}M\right)g^2}}$$

初位相 $\qquad \varphi = \arctan(\dfrac{-v_0}{\omega x_0}) = \arctan\left[\dfrac{-kv}{g\sqrt{k(m_1 + m_2 + \dfrac{M}{2})}}\right]$

根据题意, 因 $x_0 > 0$, $v_0 > 0$, 故 φ 在第四象限.

(3) 由 A, ω, φ 可得到振动表达式为

$$x = \sqrt{\dfrac{m_2^2 g^2}{k^2} + \dfrac{m_2^2 v^2}{k(m_1 + m_2 + \dfrac{M}{2})}} \cdot$$

$$\cos\left[\sqrt{\dfrac{k}{m_1 + m_2 + \dfrac{M}{2}}}\, t + \arctan\left(\dfrac{-kv}{g\sqrt{k(m_1 + m_2 + \dfrac{M}{2})}}\right)\right]$$

例 6 - 3　如图 2 - 6 - 6 所示, 一水平放置的板 B 在光滑导轨间沿竖直方向做振幅为 A 的简谐振动, 圆频率为 ω, 当板运动至最低点时, 轻轻放上一小物体 C 于平板 B 上, 设振动频率仍保持不变, 不计空气阻力. 求: (1) 在距平衡位置何处小物体 C 离开平板 B? (2) 小物体离开平板时, 其速度为多大? 设 $a_m > g$ (a_m 为加速度的幅值).

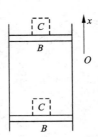

图 2 - 6 - 6　例 6 - 3 用图

解　(1) C 离开平板 B 的条件是 B 给 C 的作用力 $N = 0$, 只可能在平衡位置上方. 设 C 的质量为 m, 离开 B 时其位移为 x, 则有

$$-mg = -m\omega^2 x \quad (a = -\omega^2 x)$$

$$x = \dfrac{g}{\omega^2}$$

(2) C 离开平板 B 后做竖直上抛运动, 设 C 离开平板 B 时速度为 v, 则由

$$x = A\cos(\omega t + \varphi) = \dfrac{g}{\omega^2} \qquad\qquad (2 - 6 - 10)$$

得 $\qquad\qquad v = -\omega A\sin(\omega t + \varphi) \qquad\qquad (2 - 6 - 11)$

由式 (2 - 6 - 10) (2 - 6 - 11) 解得

$$v = \omega A \sqrt{1 - \left(\dfrac{g}{\omega^2 A}\right)^2}$$

例 6 - 4　如图 2 - 6 - 7 所示, 一质量为 M 的物体与两个倔强系数分别为 k_1 和 k_2 的轻弹簧相连, 在光滑水平面上做振幅为 A_0 的简谐振动, 当 M 经过平衡位置向右运动的瞬时, 有一质量为 m 的油泥正好自由下落至 M 上, 并随 M

一起振动. 取此时刻为计时起点, 水平向右为位移正方向. 试求 M 和 m 一起振动的新振幅、新频率和初位相.

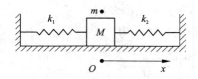

图 2-6-7 例 6-4 用图

解 先求等效倔强系数 k. 当 M 有位移 x 时, M 所受合外力为

$$F = -(k_1 x + k_2 x) = -kx$$

所以

$$k = k_1 + k_2$$

得

$$\omega_0 = \sqrt{\frac{k_1 + k_2}{M}} \quad (\omega_0 \text{ 是原圆频率})$$

而

$$\omega = \sqrt{\frac{k_1 + k_2}{M + m}} \quad (\omega \text{ 是新圆频率})$$

所以

$$\nu = \frac{\omega}{2\pi} = \frac{1}{2\pi}\sqrt{\frac{k_1 + k_2}{M + m}}$$

又 $M v_{m_0} = (M + m) v_m$; v_{m_0}, v_m 分别为 m 和 M 碰撞前、后物体的振动速度. 再由机械能守恒

$$\frac{1}{2}kA^2 = \frac{1}{2}(M + m)v_m^2$$

又

$$\omega_0 A_0 = v_{m_0}$$

得

$$A = \sqrt{\frac{M}{M + m}} A_0$$

因为

$$t = 0, \ x_0 = 0, \ v_0 > 0$$

所以

$$\varphi = \arctan \frac{-v_0}{\omega x_0} = \frac{3}{2}\pi$$

或由旋转矢量法易得知 $\varphi = 3\pi/2$.

例 6-5 已知谐振动的振动曲线如图 2-6-8 所示, 求: (1) 振动方程; (2) 图中 a 点所对应的振动速度; (3) 从初始状态到状态 b 所需要的时间.

解 方法一 用解析法

(1) 由振动曲线可知, 振幅为 A, $t = 0$ 时, $x_0 = \frac{A}{2}$, $v_0 > 0$, 故 $\varphi = \arccos \frac{x_0}{A} = $

$\pm\dfrac{\pi}{3}$. 由于 $v_0>0$, 故 $\varphi=-\dfrac{\pi}{3}$; 当 $t=1\mathrm{s}$

时, $x_1=0$, $v_1<0$, 故 $0=A\cos(\omega\times1-$

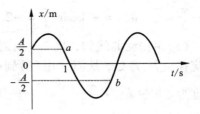

$\dfrac{\pi}{3})$, 得 $\omega-\dfrac{\pi}{3}=\pm\dfrac{\pi}{2}$, 由于 $v_1<0$, 故 ω

$-\dfrac{\pi}{3}=\dfrac{\pi}{2}$, $\omega=\dfrac{5}{6}\pi/\mathrm{s}$, 于是得谐振动方

程

图 2-6-8　例 6-5 用图(1)

$$x=A\cos(\dfrac{5}{6}\pi t-\dfrac{\pi}{3})(\mathrm{m})$$

(2)由 a 对应时刻 t 的状态为

$$x=\dfrac{A}{2},\ v<0$$

故

$$\omega t-\dfrac{\pi}{3}=\arccos\dfrac{\dfrac{A}{2}}{A}=\pm\dfrac{\pi}{3}$$

因 $v<0$, 故 $\omega t-\dfrac{\pi}{3}=\dfrac{\pi}{3}$, 代入速度公式得

$$v=-A\omega\sin(\omega t-\dfrac{\pi}{3})=-A\omega\sin\dfrac{\pi}{3}=-2.27A(\mathrm{m/s})$$

(3)设与状态 b 对应的时刻为 t_b, 此时, $x_b=-\dfrac{A}{2}$, $v_b>0$. 将它们代入振动

方程得 $-\dfrac{A}{2}=A\cos(\omega t_b-\dfrac{\pi}{3})$, 故 $\omega t_b-\dfrac{\pi}{3}=\pm\dfrac{2\pi}{3}$, 因 $v_b>0$, 取 $\omega t_b-\dfrac{\pi}{3}=-\dfrac{2\pi}{3}$

或 $\dfrac{4\pi}{3}$. 由于位相随时间增加而增加, 故 $\omega t_b-\dfrac{\pi}{3}=\dfrac{4\pi}{3}$, 从而得 $t_b=\dfrac{1}{\omega}\times\dfrac{5}{3}\pi=$

$2\mathrm{s}$. t_b 即为从初状态到 b 状态所需时间.

方法二　采用旋转矢量法

(1)由振动曲线知振幅为 A, 从 $t=0$ 位移和速度方向知旋转矢量应在位置

(c), 如图 2-6-9 所示, 对应的初相 $\varphi=-\dfrac{\pi}{3}$. 同理可知, $t=1\mathrm{s}$ 时, 旋转矢量

应在位置 (d) 处, 说明在 1s 内旋转矢量转过的角度为 $\dfrac{\pi}{3}+\dfrac{\pi}{2}=\dfrac{5\pi}{6}$, 这一角度在

数值上等于圆频率 ω, 故谐振动方程为

$$x=A\cos(\dfrac{5}{6}\pi t-\dfrac{\pi}{3})(\mathrm{m})$$

(2)由振动曲线知, 状态 a 所对应的旋转矢量应在位置 (e) 处, 对应的位相为

$\omega t - \dfrac{\pi}{3} = \dfrac{\pi}{3}$，故 $v = -A\omega\sin\dfrac{\pi}{3} = -2.27A(\text{m/s})$.

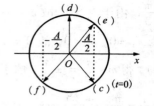

（3）由振动曲线知，状态 b 所对应的旋转矢
量应在位置 (f) 处，从而 A 由 (c) 到 (f) 处转过的
角度为 $\theta = \dfrac{\pi}{3} + \pi + \dfrac{\pi}{3} = \dfrac{5}{3}\pi$，所经历时间为 $t_b =$

图 2-6-9　例 6-5 用图（2）

$\dfrac{\theta}{\omega} = \dfrac{5}{3}\pi \Big/ \dfrac{5}{6}\pi = 2\text{s}$.

比较以上两种方法，可见用旋转矢量法比解析法更简便.

例 6-6　若物体的坐标 x，速度 v 和时间 t 分别具有下列关系，试判断哪些
情况下物体的运动是谐振动，并确定它的周期 T.

（1）$x = A\sin^2 Bt$　　　　（2）$v = A - Bx^2$　　　（3）$x = 5\sin\left(\pi t + \dfrac{\pi}{2}\right)$

（4）$x = \mathrm{e}^{-At}\cos\pi t$（各式中 A，B 皆为正常数）

解　（1）因 $x = A\sin^2 Bt = \dfrac{A}{2}(1 - \cos 2Bt) = \dfrac{A}{2} - \dfrac{A}{2}\cos 2Bt$

令
$$x' = x - \dfrac{A}{2}$$

则得
$$x' = -\dfrac{A}{2}\cos 2Bt = \dfrac{A}{2}\cos(2Bt + \pi)$$

可见物体做谐振动，平衡位置在 $\dfrac{A}{2}$ 处，振幅为 $\dfrac{A}{2}$，振动周期 $T = \dfrac{2\pi}{\omega} = \dfrac{\pi}{B}$.

（2）由于 $v = A - Bx^2$，$\dfrac{\mathrm{d}^2 x}{\mathrm{d}t^2} = -2Bx$，满足运动学判据，故物体做谐振动，周

期 $T = \dfrac{2\pi}{\omega} = \dfrac{2\pi}{\sqrt{2B}}$.

（3）明显是谐振动表达式，周期 $T = \dfrac{2\pi}{\omega} = 2\text{s}$.

（4）从（4）式可知，振幅为 e^{-At}，随时间 t 按指数衰减，因此不是谐振动.

第 7 章　机械波

7.1　内容概要

内容概要如图 2－7－1 所示.

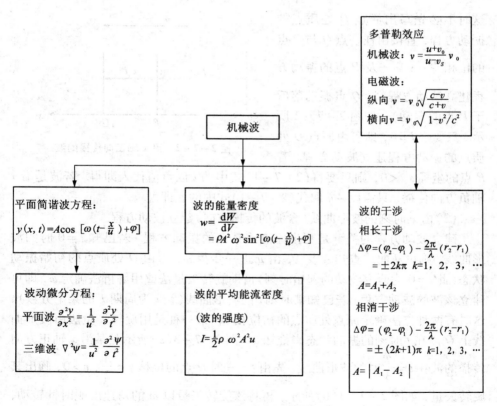

图 2－7－1　机械波知识框架图

7.2　学习指导

7.2.1　怎样建立波动方程

（1）由波形上某质点的振动方程、波速及传播方向建立该波的波动方程.

设距原点 O 为 $x_P = l$ 处质点 P 的振动方程为

$$y_P = A\cos(\omega t + \varphi_P)$$

则以波速 u 沿 x 轴正向传播的波的波动方程为

$$y = A\cos\left[\omega\left(t - \frac{x-l}{u}\right) + \varphi_P\right] \qquad (2-7-1)$$

这时不必先写出原点 O 处质点的振动方程，直接由任一点 Q 与 P 点的位相差 $-\omega\dfrac{x-l}{u}$ 及 P 点的振动方程建立波动方程（设 Q 点振动落后于 P 点的振动），如图 $2-7-2$ 所示. 只要令 $l=0$，即可由原点 O 处质点的振动方程建立波动方程. 若

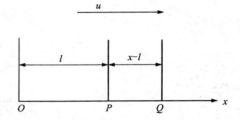

图 $2-7-2$　沿 x 轴正向传播的波

P 点的坐标 $x_P < 0$，则只要将（$2-7-1$）式中的 l 以负值代入即得. 若波是沿 x 轴负方向传播，只需以 $-u$ 取代（$2-7-1$）式中的 u 即可.

（2）由某时刻的波形曲线（含波的传播方向）建立波动方程.

建立波动方程的关键是写出原点或某点的振动方程. 若已知 $t=0$ 时的波形曲线，则可从曲线查知 A 及 λ，由 u 进一步得 ω，再由 O 处质点的初始振动状态（此 $t=0$ 为研究波动的起始时刻）借助旋转矢量法或用解析法确定 φ，即可建立该波的波动方程. 若已知某时刻 t 的波形曲线（设 t 为周期 T 的某个分数），这时有两种方法确定原点处质点的初位相 φ. 第一种是用旋转矢量法由波形曲线上 O 点在 t 时刻的振动状态来推知 φ. 图 $2-7-3$（a）所示是某沿 x 轴正方向传播的波在 $t=\dfrac{T}{3}$ 时的波形曲线. 先由 $t=\dfrac{T}{3}$ 时 O 点的位移 $y=\dfrac{A}{2}$，$v>0$，画出其旋转矢量，如图 $2-7-3$（b）所示，再将该旋转矢量以 ω 的角速度顺时针转动，$\omega t = \dfrac{2\pi}{T}\cdot\dfrac{T}{3}$ 即 $2\pi/3$ 的角度即得 O 点在 $t=0$ 时的旋转矢量，从而可得 $\varphi=\pi$. 第二种方法是将 t 时刻的波形曲线往波传来的方向推移 $\Delta x = ut$（Δx 取小于 λ 的值），则可得 $t=0$ 时的波形曲线，再由 O 点的初始振动状态得 φ.

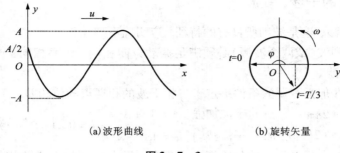

(a)波形曲线　　　　　　(b)旋转矢量

图 2 - 7 - 3

(3)已知传播方向、振幅、圆频率(或周期)以及波线上两质点在 t 时刻的振动状态,建立波动方程.

只须求出 u(或 λ)及坐标原点处初位相 φ 即可得解. 由已知两质点 a, b 在 t 时刻的振动状态可得它们的位相差 $\Delta\Phi_{ab}$,然后由 $|\Delta\Phi_{ab}| = 2\pi\dfrac{|x_b - x_a|}{\lambda}$ 可求得 λ,进一步由 λ 及 ω 可得出 u. 求 φ 可用解析法或旋转矢量法. 对于特例,宜用旋转矢量法,由 a 点在 t 时刻的振动状态(位相)以及 λ 可知 a 点与坐标原点的位相差,从而可画出此时 O 点的旋转矢量,再由 ω 可进一步知 φ. 若非特殊振动状态,则须用解析法确定 φ.

7.2.2　波的能量

(1)注意波动过程中能量的传递和变化情况. 波动能量是指波动传到媒质中某处,该处原来静止的质点开始振动,因而具有动能及因该处媒质体积元产生形变而具有弹性势能的总和. 在波动过程中,任一体积元的总能量是随时间作周期性变化的.

(2)注意波动能量与振动能量的区别. 波动中任一体积元的动能 W_k 和势能 W_p 的位相相同且量值相等,而谐振系统振子的动能 E_k 和势能 E_p 位相差为 $\dfrac{\pi}{2}$,动能最大时,势能最小(为零);动能最小(为零)时,势能最大. 波动过程中,在一体积元的总能量 $W = W_p + W_k = \rho A^2 \omega^2 \Delta V \sin^2\left[\omega\left(t - \dfrac{x}{u}\right) + \varphi\right]$,随时间作周期性变化. 这反映了体积元不断从外界吸收能量,又不断向外界放出能量,而谐振动系统的总能量 $E = E_p + E_k = \dfrac{1}{2}kA^2$ 是恒量,并不随时间变化.

7.2.3 波的干涉、驻波

波的干涉，这是波动所具有的特征. 应明确下列几点：

(1)两列波（或两个波源）必须满足振动方向相同、频率相同、位相差恒定才能产生干涉.

(2)干涉加强减弱的条件决定于二相干波的相遇点的位相差.

$$\Delta\varphi = \begin{cases} \pm 2k\pi, & \text{干涉加强：} A = A_1 + A_2 \\ \pm(2k+1)\pi, & \text{干涉减弱：} A = |A_1 - A_2| \end{cases} (k = 0, 1, 2, \cdots)$$

(3)驻波实际上是一种分段振动的现象，没有振动状态或位相的传播，同时也没有振动能量的传播.

(4)波反射时有无半波损失的条件. 当波从波疏媒质垂直入射至波密媒质，在波密媒质界面上反射时，反射波有半波损失，反之则无半波损失.

7.3 典型例题

例 7 – 1 图 2 – 7 – 4(a)所示为一沿 x 轴正向传播的平面余弦横波在 $t = 0$ 时的波形，波速 $u = 4.0\text{m} \cdot \text{s}^{-1}$，$a$，$b$ 两点间距离为 0.2m. 求：(1)原点处质点的振动方程；(2)该波的波动方程；(3)a 点的振动方程.

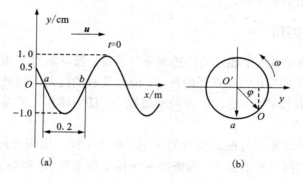

图 2 – 7 – 4 例 7 – 1 用图

解 (1)设原点处质点的振动方程为

$$y = A\cos(\omega t + \varphi)$$

$$\omega = \frac{2\pi}{T} = \frac{2\pi}{\lambda/u} = \frac{2\pi}{0.4/4} = 20\pi \ (\text{s}^{-1})$$

由 $y_0 = \dfrac{A}{2}$ 及 $v_0 > 0$ 可知，为特殊初始振动状态，可直接用旋转矢量法求 φ. 如图 2 − 7 − 5(b)所示，得 $\varphi = -\pi/3$. 又 $A = 0.01\text{m}$，故原点处质点的振动方程为

$$y = 0.01\cos(20\pi t - \frac{\pi}{3})\,(\text{m})$$

（2）由波动方程标准形式得波动方程为

$$y = 0.01\cos\left[20\pi(t - \frac{x}{4}) - \frac{\pi}{3}\right](\text{m})$$

（3）由图 2 − 7 − 5(a)可知，$t = 0$ 时，$y_a = 0$，$v_a > 0$. 由旋转矢量法得 $\varphi_a = -\dfrac{\pi}{2}$ [见图 2 − 7 − 5(b)]，故得 a 点振动方程为

$$y = 0.01\cos(20\pi t - \frac{\pi}{2})\,(\text{m})$$

例 7 − 2   一平面简谐振动沿 x 轴正向传播，振幅 $A = 10\text{cm}$，圆频率 $\omega = 7\pi\text{s}^{-1}$，当 $t = 1.0\text{s}$ 时，位于 $x = 10\text{cm}$ 处的质点 a 正经过平衡位置向 y 轴负方向运动，此时，位于 $x = 20\text{cm}$ 处的质点 b 的位移为 5.0cm，且向 y 轴正方向运动. 设该波波长 $\lambda > 10\text{cm}$，试求该波的波动方程.

解   设该波的波动方程为

$$y = A\cos\left[\omega(t - \frac{x}{u}) + \varphi\right]$$

因此，求解的关键是求出波速 u 及原点初相 φ.

方法一   用解析法求解. 因波动方程为

$$y = 0.1\cos\left[7\pi(t - \frac{x}{u}) + \varphi\right] = 0.1\cos\left[7\pi t - 7\pi\frac{x}{u} + \varphi\right]$$

$$v = \frac{\mathrm{d}y}{\mathrm{d}t} = -0.7\pi\sin\left[7\pi t - 7\pi\frac{x}{u} + \varphi\right]$$

由题意知 $t = 1.0\text{s}$ 时

$$y_a = 0.1\cos\left[7\pi - \frac{7\pi \cdot 0.1}{u} + \varphi\right] = 0$$

故

$$7\pi - \frac{0.7\pi}{u} + \varphi = \begin{cases} \pi/2 \\ -\pi/2 \end{cases}$$

因

$$v_a < 0$$

所以取

$$7\pi - \frac{0.7\pi}{u} + \varphi = \frac{\pi}{2} \qquad\qquad (2-7-2)$$

同理由

$$y_b = 0.1\cos(7\pi - \frac{1.4\pi}{u} + \varphi) = 0.05$$

$$v_b > 0$$

得
$$7\pi - \frac{1.4\pi}{u} + \varphi = -\pi/3 \qquad (2-7-3)$$

注意 b 点振动落后于 a，故同一时刻（$t=1.0$s）a 点位相取 $\pi/2$ 时，b 点位相只能取 $-\pi/3$（还考虑了 $\lambda > 10$cm 以及 $x_b - x_a = 10$cm 的条件）.

由式（2-7-2）、式（2-7-3）联立可得
$$u = 0.84\text{m} \cdot \text{s}^{-1}$$
$$\varphi = -\frac{17}{3}\pi$$

取
$$\varphi = \frac{\pi}{3}$$

故得波动方程为 $y = 0.1\cos\left[7\pi(t - \frac{x}{0.84}) + \frac{\pi}{3}\right]$（m）.

方法二　用旋转矢量法辅助求解.

先由题给条件画出 $t=1.0$s 时 a 点与 b 点的旋转矢量，如图 2-7-5 所示，所以有

$$\lambda = 2\pi \frac{x_b - x_a}{\varphi_b - \varphi_a} = 2\pi \times \frac{0.1}{5\pi/6} = 0.24 \ (\text{m})，u$$

$$= \frac{\lambda}{T} = \frac{\lambda}{2\pi/7\pi} = \frac{7}{2} \times 0.24 = 0.84 \ (\text{m} \cdot$$

s^{-1}），又由 $x_a - 0 = 0.1$ m 及两点位相差公式得 O 点与 a 点的位相差为

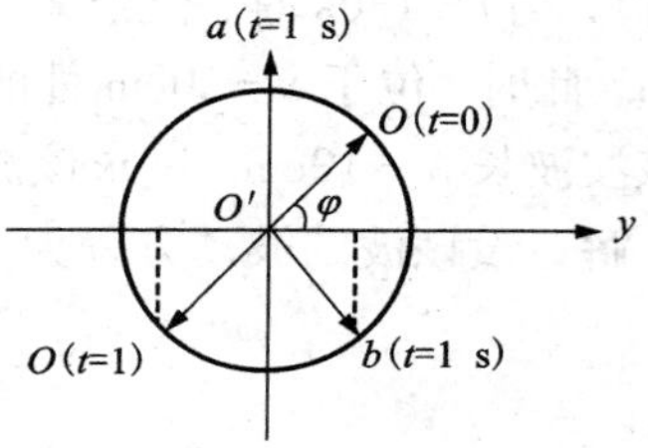

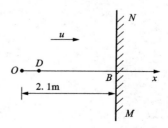

图 2-7-5　例 7-2 用图

$$\Delta\varphi_{Oa} = 2\pi \frac{x_a - 0}{\lambda} = 2\pi \times \frac{0.1}{0.24} = \frac{5}{6}\pi$$

因此根据 O 点超前于 a 点 $5\pi/6$ 可画出 $t=1.0$s 时 O 点的旋转矢量（如图 2-7-5）. 再将此旋转矢量顺时针转过 $\omega t = 7\pi$ 的角度得 $t=0$ 时刻坐标原点 O 处质点振动状态相应的旋转矢量，从而得 $\varphi = \pi/3$. 所得结论同方法一.

例 7-3　如图 2-7-6 所示，一平面余弦横波沿 x 轴正方向传播，在两种媒质的界面 MN 的 B 点发生反射，并在该处形成波节. 已知波长为 1.4m，$\overline{OB} = 2.1$m $= l$，设入射波在坐标原点 O 处的振动方程为

$$y = 5 \times 10^{-3}\cos(500\pi t + \frac{\pi}{4}) \ (\text{m})$$

试求：（1）反射波的波动方程；（2）OB 之间形

图 2-7-6　例 7-3 用图

成驻波的波节位置;(3)离原点 0.175m 处质点 D 的振幅.

解 (1)由 O 点的振动方程及波长得入射波波动方程为

$$y_入 = 5 \times 10^{-3} \cos\left[500\pi t + \frac{\pi}{4} - 2\pi \frac{x}{1.4}\right] (\text{m})$$

该波在 B 点的振动方程为

$$y_{入B} = 5 \times 10^{-3} \cos\left[500\pi t + \frac{\pi}{4} - 2\pi \frac{2.1}{1.4}\right]$$

$$= 5 \times 10^{-3} \cos\left[500\pi t + \frac{\pi}{4} - 3\pi\right] (\text{m})$$

由 B 点为波节知,反射波在 B 点的振动方程为

$$y_{反B} = 5 \times 10^{-3} \cos\left[500\pi t + \frac{\pi}{4} - 3\pi + \pi\right]$$

$$= 5 \times 10^{-3} \cos\left[500\pi t - \frac{7}{4}\pi\right] (\text{m})$$

由反射波在 B 点的振动方程以及任一点 P 与 B 的位相差 $-2\pi\dfrac{l-x}{\lambda}$ 可得反射波波动方程为

$$y_反 = 5 \times 10^{-3} \cos\left[500\pi t - \frac{7}{4}\pi - 2\pi \frac{2.1-x}{1.4}\right]$$

$$= 5 \times 10^{-3} \cos\left[\left(500\pi t - \frac{3}{4}\pi\right) + 2\pi \frac{x}{1.4}\right] (\text{m})$$

式中原点初相最后取小于 2π 的值.

(2)由 $l = 3\dfrac{\lambda}{2}$ 及 B 点为波节,而相邻波节间距为 $\lambda/2$,可知 OB 之间波节位置为

$$x = 0, 0.7\ \text{m}, 1.4\ \text{m}, 2.1\ \text{m}$$

(3)入射波及反射波在 $x = 0.175\ \text{m}$ 处引起分振动的位相差为

$$\Delta\varphi = \left[-\frac{3}{4}\pi + 2\pi \frac{0.175}{1.4}\right] - \left[\frac{\pi}{4} - 2\pi \frac{0.175}{1.4}\right] = -\frac{\pi}{2}$$

故 D 点的振幅为

$$A = \sqrt{A_1^2 + A_2^2 + 2A_1A_2\cos\Delta\varphi} = \sqrt{2}A_1 = 7.1 \times 10^{-3}\ \text{m}$$

例 7-4 已知入射波的波动方程为 $y_1 = A\cos 2\pi\left(\dfrac{t}{T} + \dfrac{x}{\lambda}\right)$,在 $x = 0$ 处全部被反射,反射点为固定端,求:(1)反射波的波动方程;(2)驻波波动方程;(3)波节的 x 坐标值,波腹的 x 坐标值.

分析 首先应明确 y_1 是朝哪个方向传播,是沿 x 正方向还是负方向,波形

状如何,在 $x=0$ 处有无半波损失,其次反射波波动方程应为何种形式,与 y_1 同向还是反向,波节所在处应满足什么条件.

解　将坐标原点取在 O 点,如图 $2-7-7$.

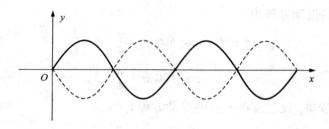

图 $2-7-7$　例 $7-4$ 用图

(1)因 $y_1 = y_\lambda = A\cos 2\pi(\dfrac{t}{T} + \dfrac{x}{\lambda})$

在 O 点处全部被反射后的反射波的波动方程为

$$y_反 = A\cos\left[2\pi(\dfrac{t}{T} - \dfrac{x}{\lambda}) + \pi\right]$$

(2)故 $y = y_\lambda + y_反$

$$= A\cos 2\pi(\dfrac{t}{T} + \dfrac{x}{\lambda}) + A\cos\left[2\pi(\dfrac{t}{T} - \dfrac{x}{\lambda}) + \pi\right]$$

$$= 2A\cos(\dfrac{2\pi x}{\lambda} - \dfrac{\pi}{2})\cos(\dfrac{2\pi}{T}t + \dfrac{\pi}{2})$$

$$= -2A\sin\dfrac{2\pi x}{\lambda}\sin\dfrac{2\pi}{T}t$$

(3) $\sin\dfrac{2\pi x}{\lambda} = 0$ 为波节,即 $\dfrac{2\pi x}{\lambda} = k\pi$,故 $x = \dfrac{1}{2}k\lambda$($k = 0,1,2,\cdots$)

$\sin\dfrac{2\pi x}{\lambda} = 1$ 为波腹,即 $\dfrac{2\pi x}{\lambda} = (2k+1)\dfrac{\pi}{2}$,故 $x = \dfrac{(2k+1)}{4}\lambda$($k = 0,1,2,\cdots$)

例 $7-5$　一静止在海水中的潜艇 A 在海水中发射频率为 ν 的超声波,射在一艘运动的潜艇 B 上反射回来,在静止的 A 潜艇中测出发射波和反射波的频率差为 $\Delta\nu$,设运动潜艇 B 的速度 v 远小于海水中的声速 u.试证明运动潜艇 B 的速度 v 满足

$$v = \dfrac{u\Delta\nu}{2\nu}$$

证 设 B 以 v 接近 A，则 B 接收到 A 所发出的波之频率为

$$\nu' = \frac{u+v}{u}\nu$$

若将 B 作为相对于媒质运动的声源，它将发出频率为 ν' 的波（即反射波），则相对媒质静止的 A 接收到的频率为

$$\nu'' = \frac{u}{u-v}\nu' = \frac{u}{u-v}\frac{u+v}{u}\nu = \frac{u+v}{u-v}\nu$$

ν'' 即 A 接收到的反射波频率（且 $\nu'' > \nu$）

故
$$\Delta\nu = \nu'' - \nu = \left(\frac{u+v}{u-v} - 1\right)\nu = \frac{2v}{u-v}\nu$$

又
$$v \ll u$$

所以
$$v = \frac{(u-v)\Delta\nu}{2\nu} \approx \frac{u\Delta\nu}{2\nu}$$

同理，若 B 以 v 离开 A，则 B 接收到的频率为

$$\nu' = \frac{u-v}{u}\nu$$

B 作为相对于媒质运动的声源，发出反射波的频率为 ν'，而 A 收到此反射波的频率为

$$\nu'' = \frac{u}{u+v}\nu' = \frac{u}{u+v}\frac{u-v}{u}\nu = \frac{u-v}{u+v}\nu < \nu$$

$$\Delta\nu = \nu - \nu'' = \nu\left(1 - \frac{u-v}{u+v}\right) = \frac{2v}{u+v}\nu$$

因
$$v \ll u$$

所以
$$v = \frac{(u+v)\Delta\nu}{2\nu} \approx \frac{u\Delta\nu}{2\nu}$$

第 8 章　波动光学

8.1　内容概要

内容概要如图 2 - 8 - 1 所示.

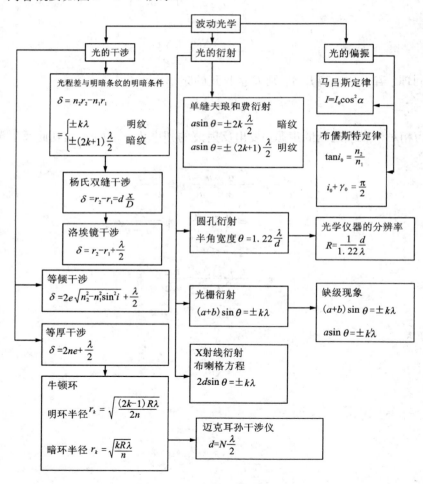

图 2 - 8 - 1　波动光学知识框架图

8.2　学习指导

8.2.1　光的相干性

（1）相干光的条件：振动方向相同，频率相同，相位差恒定.

（2）相干光的获得：①分波阵面法；②分振幅法.

（3）半波损失：当光由光疏介质入射到光密介质在界面上发生反射时，反射光的相位发生 π 的相位突变，相当于反射光多走或少走了半个波长，这种现象称为半波损失.

（4）光程与光程差

光程：光在介质中传播的几何路程与介质折射率的乘积.

光程差：若两束光沿不同方向传播，所经历的几何路程 r_1 和 r_2 上的介质折射率分别为 n_1 和 n_2，则光程差 $\Delta = n_2 r_2 - n_1 r_1$.

（5）杨氏双缝干涉实验

光强在屏幕上不同位置的变化规律为

$$x = \begin{cases} \pm k \dfrac{D}{d}\lambda & \text{明纹中心} \\[3mm] \pm (2k+1)\dfrac{D}{d}\dfrac{\lambda}{2} & \text{暗纹中心} \end{cases} \quad (k = 0,1,2,\cdots)$$

相邻两明纹或暗纹的间距

$$\Delta x = x_{k+1} - x_k = \frac{D}{d}\lambda$$

（6）等倾干涉

$$\delta = 2e\sqrt{n_2^2 - n_1^2 \sin^2 i} + \lambda/2 = \begin{cases} k\lambda\,(k=1,2,3,\cdots) & （加强） \\[2mm] (2k+1)\lambda/2 \quad (k=0,1,2,\cdots) & （减弱） \end{cases}$$

（7）等厚干涉

①劈尖干涉

当光垂直入射时

$$\Delta = 2ne + \frac{\lambda}{2} = \begin{cases} k\lambda & \text{明纹}(k=1,2,3,\cdots) \\[2mm] (2k+1)\dfrac{\lambda}{2} & \text{暗纹}(k=0,1,2,\cdots) \end{cases}$$

注意：

a.棱边处为暗纹.

    b. 相邻明纹(或暗纹)中心对应的介质膜厚度差为 $\Delta e = \dfrac{\lambda}{2n}$.

    c. 相邻明纹(或暗纹)中心的间距为 $L = \dfrac{\Delta e}{\sin\theta} = \dfrac{\lambda}{2n\sin\theta} \approx \dfrac{\lambda}{2n\theta}$.

②牛顿环

光程差

$$\Delta = 2ne + \frac{\lambda}{2} = \begin{cases} k\lambda & \text{明纹}(k = 1, 2, 3, \cdots) \\ (2k+1)\dfrac{\lambda}{2} & \text{暗纹}(k = 0, 1, 2, \cdots) \end{cases}$$

明暗纹半径公式

$$r_k = \begin{cases} \sqrt{\dfrac{(2k-1)R\lambda}{2n}} & k = 1, 2, 3, \cdots \quad \text{明纹} \\ \sqrt{\dfrac{kR\lambda}{n}} & k = 0, 1, 2, \cdots \quad \text{暗纹} \end{cases}$$

8.2.2 　光的衍射

（1）单缝衍射

单缝衍射条纹为中央宽、两边窄的左右对称的明暗相间的条纹. 中央明纹的角宽度 $\Delta\theta = \dfrac{2\lambda}{a}$，线宽度 $\Delta x = 2f \cdot \dfrac{\lambda}{a}$；其他明纹角宽度 $\Delta\theta = \dfrac{\lambda}{a}$，线宽度 $\Delta x = f \cdot \dfrac{\lambda}{a}$.

（2）圆孔衍射

爱里斑的半角宽度 $\Delta\theta = 0.61\dfrac{\lambda}{r} = 1.22\dfrac{\lambda}{d}$

爱里斑的半径 $R = f\tan\Delta\theta \approx f\Delta\theta = 1.22\dfrac{\lambda}{d}f$

（3）光栅衍射

光栅方程 $(a+b)\sin\theta = d\sin\theta = \pm k\lambda \ (k = 0, 1, 2, \cdots)$

缺级 $k = \pm\dfrac{a+b}{a}k'$

（4）X 射线衍射

布喇格方程 $2d\sin\theta = \pm k\lambda \ (k = 1, 2, 3, \cdots)$

8.2.3 　光的偏振

（1）马吕斯定律

$$I = I_0 \cos^2 \alpha$$

（2）布儒斯特定律

$$\tan i_0 = \frac{n_2}{n_1}$$

$$i_0 + \gamma_0 = \frac{\pi}{2}$$

8.3　典型例题

例 8-1　为什么我们观察不到窗玻璃在日光照射下的干涉条纹？

答　窗玻璃厚度较大，上下面反射光的光程差超过了光的相干长度.

例 8-2　在杨氏双缝干涉实验中，双缝间距 $d = 0.20$mm，缝屏间距 $D = 1.0$m.

（1）若第 2 级明条纹离屏中心的距离为 6mm，计算此单色光的波长；

（2）若用一很薄的云母片（$n = 1.58$）覆盖其中的一条缝，结果使屏幕上的第 7 级明条纹恰好移到屏原来零级明纹的位置，求此云母片的厚度.

解　（1）根据杨氏双缝干涉公式　　$d\dfrac{x}{D} = k\lambda$

$$\lambda = \frac{d}{k}\frac{x}{D} = \frac{0.2 \times 10^{-3} \times 6 \times 10^{-3}}{2 \times 1} = 6 \times 10^{-7}(\text{m}) = 600(\text{nm})$$

（2）根据公式　　$\delta = (n-1)e = k\lambda$

$$e = \frac{k\lambda}{n-1} = \frac{7 \times 600}{0.58} = 7.24 \times 10^3(\text{nm}) = 7.24(\mu\text{m})$$

例 8-3　双缝干涉装置如图 2-8-2 所示，双缝与屏之间的距离 $D = 1.2$m，两缝之间的距离 $d = 0.5$mm，用波长 $\lambda = 500$nm 的单色光垂直照射双缝. 求：

（1）求原点 O（零级明纹所在处）上方的第 5 级明纹的坐标 x.

（2）如果用厚度 $l = 1.0 \times 10^{-2}$mm，折射率 $n = 1.58$ 的透明薄膜覆盖在图中的 S_1 缝后，求上述第 5 级明纹的坐标 x'.

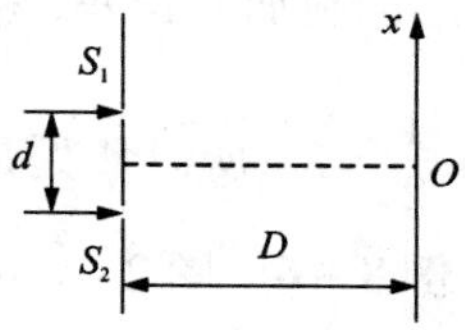

图 2-8-2　例 8-3 用图

解　（1）$d\dfrac{x}{D} = k\lambda$

$$x = k\frac{D}{d}\lambda = 5 \times \frac{1.2 \times 500 \times 10^{-9}}{0.5 \times 10^{-3}} = 6 \times 10^{-3}(\text{m}) = 6(\text{mm})$$

$(2)\delta = r_2 - [r_1 + (n-1)l] = r_2 - r_1 - (n-1)l = d\dfrac{x'}{D} - (n-1)l = k\lambda$

$$x' = k\dfrac{D}{d}\lambda + \dfrac{D}{d}(n-1)l = 6 + \dfrac{1.2}{0.5\times 10^{-3}}\times 0.58\times 10^{-2} = 19.92(\text{mm})$$

例 8－4　白光垂直照射在厚度为 4×10^{-5}cm，折射率为 1.5 的薄膜表面上，在可见光范围内，求反射光中因干涉而加强的光波的波长.

解　当垂直照射时，薄膜上下表面反射光的光程差为

$$2ne + \dfrac{\lambda}{2} = k\lambda$$

$$\lambda = \dfrac{4ne}{2k-1} = \dfrac{2.4\times 10^3}{2k-1}(\text{nm})$$

因为可见光波长在 400～760nm，所以当 $k=3$ 时，$\lambda = 480$nm.

例 8－5　用波长为 500nm 的单色光垂直照射到由两块光学平板玻璃构成的空气劈尖上，在观察反射光的干涉现象中，距劈尖棱边 $L = 1.56$cm 的 A 处是从棱边算起的第四条暗条纹中心.

（1）求此空气劈尖的劈尖角 θ；

（2）改用 600nm 的单色光垂直照射到此劈尖上，仍观察反射光的干涉条纹，A 处是明纹还是暗纹？

解　（1）棱边处是第一条暗纹中心，在膜厚度为 $e_2 = \dfrac{\lambda}{2}$ 处是第二条暗纹中心，依此可知第四条暗纹中心处，即 A 处膜厚度 $e_4 = \dfrac{3\lambda}{2}$.

$$\theta = \dfrac{e_4}{L} = \dfrac{3\lambda}{2L} = 4.8\times 10^{-5}(\text{rad})$$

（2）由上问可知 A 处膜厚为 $e_4 = 3\times\dfrac{500}{2} = 750(\text{nm})$，对于 $\lambda' = 600(\text{nm})$ 的光，连同附加光程差，在 A 处两反射光的光程差为 $2e_4 + \dfrac{\lambda'}{2}$，它与波长 λ' 之比为 $\dfrac{2e_4}{\lambda'} + \dfrac{1}{2} = 3$，所以 A 处是明纹.

例 8－6　图 2－8－3 所示为一牛顿环装置，设平凸透镜中心恰好和平板玻璃在 O 点接触，透镜凸表面的曲率半径 $R = 400$cm. 用一束单色平行光垂直入射，观察反射光形成的牛顿环，测得第 5 个明环的半径是 0.30cm.（1）求入射光的波长；（2）设图中 $OA = 10$cm，

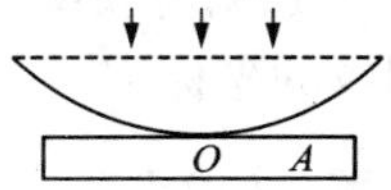

图 2－8－3　例 8－6 用图

求在半径为 OA 的范围内可观察到的明环数目.

解 （1）由明暗环半径公式

$$r_k = \begin{cases} \sqrt{\dfrac{(2k-1)R\lambda}{2n}} & k=1,2,3,\cdots \quad 明纹 \\ \sqrt{\dfrac{kR\lambda}{n}} & k=0,1,2,\cdots \quad 暗纹 \end{cases}$$

得

$$\lambda = \frac{nr_k^2}{R(k-\dfrac{1}{2})}$$

把已知数据代入得

$$\lambda = \frac{nr_k^2}{R(k-1/2)} = 500(\text{nm})$$

（2）由明环半径公式变形代入数据得

$$k = \frac{r_k^2}{R\lambda} + \frac{1}{2} = 50.5,共 50 个明环数目$$

例 8-7 以波长 $\lambda=600\text{nm}$ 的单色平行光束垂直入射到牛顿环装置上，观察到某一暗环 n 的半径为 1.56mm，在它外面第 5 个暗环 m 的半径为 2.34mm，试求在暗环 m 处的干涉条纹间距.

解 由暗环条件得 $\quad r_n^2 = nR\lambda \quad\quad\quad\quad\quad\quad (1)$

$$r_m^2 = (n+5)R\lambda \quad\quad\quad\quad\quad (2)$$

联立（1）、（2）得 $\dfrac{n+5}{n} = \dfrac{9}{4}$，解之得 $n=4$，则

$$R = \frac{r_n^2}{n\lambda} = \frac{(1.56\times10^{-3})^2}{4\times600\times10^{-9}} = 1.014(\text{m})$$

$$\Delta r = r_m - r_{m-1} = (\sqrt{9}-\sqrt{8})\times\sqrt{R\lambda} = 0.13(\text{mm})$$

例 8-8 在迈克耳孙干涉仪的一臂中放置一个长为 2.00cm 的真空玻璃管. 当把某气体缓缓通入管内时，视场中心的光强发生了 210 次周期性变化，求该气体的折射率.（已知光波波长为 579nm）

解 由题意知 $N=210$，$\lambda=579\text{nm}$，又

$$d = N\lambda/2, d = (n-1)l$$

得

$$n = 1 + \frac{d}{l} = 1 + \frac{210\times5790\times10^{-10}/2}{2\times10^{-2}} = 1.00304$$

例 8-9 迈克耳孙干涉仪一臂中的反射镜以匀速率 v 平行移动，用透镜将

干涉条纹传于电子元件的取样窗上,条纹移动时,进入取样窗的光强变化将转换成电信号的变化.(1)若光源波长 $\lambda = 600$nm,测得电信号的频率 $\nu = 50$Hz,试求反射镜移动的速度;(2)若以平均波长为 589.3nm 的钠黄光作光源,反射镜平行移动的速度不变,测得电信号的拍频为 5.2×10^{-2}Hz,试求钠黄光两谱线的波长差.

解　(1)设一臂的反射镜在 Δt 的时间内移动了 Δh,干涉条纹相应地移动了 ΔN 条,则

$$\Delta h = \Delta N \frac{\lambda}{2}$$

故移动的速度为

$$v = \frac{\Delta h}{\Delta t} = \frac{\Delta N}{\Delta t} \frac{\lambda}{2}$$

$$= \nu \frac{\lambda}{2} = 1.5 \times 10^{-5} (\text{m/s})$$

(2)设钠黄光两谱线的波长分别为 λ_1 和 λ_2,当反射镜以速度 v 匀速平移时,两套干涉条纹分别移动,它们的频率分别为

$$\nu_1 = \frac{2v}{\lambda_1} \qquad \nu_2 = \frac{2v}{\lambda_2}$$

因 λ_1 与 λ_2 相近,合成后产生的拍频为

$$\Delta \nu = \nu_1 - \nu_2 = 2v \left(\frac{1}{\lambda_1} - \frac{1}{\lambda_2} \right) \approx 2v \frac{\Delta \lambda}{\lambda^2}$$

故钠黄光两谱线的波长差为

$$\Delta \lambda = \frac{\Delta \nu}{2v} \lambda^2 = 0.6 (\text{nm})$$

例 8 - 10　一束波长为 $\lambda = 500$nm 的平行光垂直照射在一个单缝上.如果所用的单缝的宽度 $a = 0.5$mm,缝后紧挨着的薄透镜焦距 $f = 1$m,求:(1)第一级暗纹离中央明纹中心的距离;(2)中央明条纹的半角宽度;(3)中央亮纹的线宽度;(4)如果在屏幕上离中央明纹中心为 $x = 3.5$mm 的 P 处为一明纹,则它为第几级明纹?从 P 处看,对该光波而言,狭缝处的波阵面可分割成几个半波带?

解　(1)第一级暗纹离中央明纹中心的距离

$$a\sin\theta = \pm k\lambda$$

$$a \frac{x_1}{f} = \lambda$$

$$x_1 = f \frac{\lambda}{a} = \frac{1 \times 500 \times 10^{-9}}{0.5 \times 10^{-3}} = 1 \times 10^{-3} (\text{m}) = 1 (\text{mm})$$

（2）中央亮纹的半角宽度

$$\Delta\theta = \frac{\lambda}{a} = 10^{-3}$$

（3）中央亮纹的线宽度

$$\Delta x = 2x_1 = 2(\text{mm})$$

（4）已知 $x = 3.5\text{mm}$ 是明纹，由公式

$$a\sin\theta = \pm(2k+1)\frac{\lambda}{2}$$

$$a\frac{x}{f} = (2k+1)\frac{\lambda}{2}$$

$$k = \frac{ax}{f\lambda} - \frac{1}{2}$$

解得 $k = 3$，为第 3 级明纹，可分成 $2k+1$ 个半波带，即 7 个半波带.

例 8-11　用橙黄色的平行光垂直照射一宽为 $a = 0.60\ \text{mm}$ 的单缝，缝后凸透镜的焦距 $f = 40.0\ \text{cm}$，观察屏幕上形成的衍射条纹. 若离中央明条纹中心 1.40 mm 处的 P 点为一明条纹. 求：

（1）入射光的波长；

（2）P 点处条纹的级数；

（3）从 P 点看，对该光波而言，狭缝处的波面可分为几个半波带？

解　（1）由明纹条件 $a\sin\theta = \pm(2k+1)\dfrac{\lambda}{2}(k=1,2,3,\cdots)$

$$a\frac{x}{f} = (2k+1)\frac{\lambda}{2} \qquad \lambda = \frac{2ax}{(2k+1)f} = \frac{4200}{2k+1}(\text{nm})$$

因为是橙黄色的可见光，所以 $k = 3$，$\lambda = 600(\text{nm})$

（2）P 点处条纹的级数为 3.

（3）从 P 点看，对该光波而言，狭缝处的波面可分为 7 个半波带.

例 8-12　以波长分别为 $\lambda_1 = 400\text{nm}$ 和 $\lambda_2 = 600\text{nm}$ 的两种单色光同时垂直照射某光栅，发现除零级以外，它们的谱线第二次重叠在 $\theta = 30°$ 的方向上，已知光栅的透光缝宽度为 $a = 9.6 \times 10^{-7}\text{m}$.

（1）求这光栅的光栅常数 $a+b$.

（2）有没有缺级现象？

（3）若入射光波长为 400nm，求实际呈现的明条纹的全部级数及总条纹.

解　（1）以波长为 λ_1 和 λ_2 的两种单色光垂直照射光栅时，谱线重叠的衍射角 θ 满足 $(a+b)\sin\theta = k_1\lambda_1 = k_2\lambda_2$

由题意

$$\frac{k_1}{k_2} = \frac{3}{2}$$

为了保证 k_1 与 k_2 的取值都是整数. 除零级外, 它们的谱线各次重叠时 k 的取值分别为

第一次　　$k_1 = 3$, $k_2 = 2$;　　　　　　　　第二次　　$k_1 = 6$, $k_2 = 4$;

第三次　　$k_1 = 9$, $k_2 = 6$;　　　　　　　　……

由题意, 第二次重叠时衍射角 $\theta = 30°$, 即 $k_1 = 6, k_2 = 4$

$$a + b = \frac{k_1 \lambda_1}{\sin\theta} = 4.8 \times 10^{-6} (\text{m})$$

(2) 由于 $\dfrac{a+b}{a} = 5$, 故第 5, 10, 15, 20, …等级次的明条纹缺级.

(3) 令 $\theta = \pi/2$, 求得呈现的最高级次满足 $(a+b)\sin\dfrac{\pi}{2} = k_{max}\lambda_1$, 即

$$k_{max} = \frac{a+b}{\lambda_1} = 12$$

考虑到第 12 级呈现在 $\theta = \dfrac{\pi}{2}$ 的方向上, 且第 5 级和第 10 级为缺级, 所以在 $-\dfrac{\pi}{2} < \theta < \dfrac{\pi}{2}$ 范围内实际呈现的全部级数为

$$k = 0, \pm 1, \pm 2, \pm 3, \pm 4, \pm 6, \pm 7, \pm 8, \pm 9, \pm 11$$

共计 19 条明纹.

例 8-13　波长范围在 450~650nm 之间的复色平行光垂直照射在每厘米有 5000 条刻痕的光栅上, 屏幕放在透镜的焦平面上, 若第 2 级光谱在屏幕上的宽度为 35.1cm. 求此透镜的焦距.

解　光栅常数　　$d = 1 \times 10^{-2}/5000 = 2 \times 10^{-6} (\text{m})$

设 $\lambda_1 = 450$nm, $\lambda_2 = 650$nm, 据光栅方程, λ_1 和 λ_2 的第 2 级明纹分别满足

$$d\sin\theta_1 = 2\lambda_1; \qquad d\sin\theta_2 = 2\lambda_2$$

解得

$$\theta_2 = \sin^{-1} 2\lambda_1/d = 26.74° \qquad \theta_2 = \sin^{-1} 2\lambda_2/d = 40.54°$$

第 2 级光谱的宽度

$$x_2 - x_1 = f(\tan\theta_2 - \tan\theta_1)$$

透镜的焦距

$$f = (x_2 - x_1)/(\tan\theta_2 - \tan\theta_1) = 100 (\text{cm}) = 1 (\text{m})$$

例 8-14　已知天空中两颗星相对于一望远镜的角距离为 4.84×10^{-6}rad, 它们都发出波长为 550nm 的光, 试问望远镜的口径至少要多大, 才能分辨出这两颗星?

解　由最小分辨角公式

$$\theta = 1.22 \frac{\lambda}{d}$$

$$d = 1.22 \frac{\lambda}{\theta} = 1.22 \times \frac{5.5 \times 10^{-7}}{4.84 \times 10^{-6}} = 0.1386(\text{m})$$

例 8－15 两块偏振片的偏振化方向互成 $90°$ 角,在它们之间插入另一偏振片,使它的偏振化方向与第一块偏振化方向成 θ 角. 设射向第一块偏振片的自然光强度为 I_0,求下列两种情况下通过三块偏振片后的光强:(1) $\theta = 45°$;(2) $\theta = 30°$.

解 由马吕斯定律 $I = I_0 \cos^2 \alpha$,自然光透过第一块偏振片后光强为 $I_1 = \frac{I_0}{2}$,

透过第二块偏振片后光强为 $I_2 = I_1 \cos^2 \theta = \frac{I_0}{2} \cos^2 \theta$,透过第三块偏振片后光强为

$I_3 = I_2 \cos^2(90° - \theta) = \frac{I_0}{2} \cos^2 \theta \cos^2(90° - \theta)$ 得

(1)将 $\theta = 45°$ 代入 $I_3 = \frac{I_0}{2} \cos^2 \theta \cos^2(90° - \theta)$

$$I_3 = \frac{I_0}{8}$$

(2)将 $\theta = 30°$ 代入得

$$I_3 = \frac{3I_0}{32}$$

例 8－16 一束自然光与线偏振光混合的光束通过偏振片时,透射光的强度可随偏振片的取向而变化,最大光强度是最小光强度的 5 倍,求入射光中自然光与偏振光的光强比.

解 设入射光中自然光和偏振光的光强分别为 I_1 和 I_2,则透射光有

$$I_{\max} = \frac{1}{2} I_1 + I_2$$

$$I_{\min} = \frac{1}{2} I_1$$

因 $\qquad\qquad I_{\max}/I_{\min} = 5$

所以 $\qquad\qquad I_1 : I_2 = 1 : 2$

第9章　静电场

9.1　内容概要

内容概要如图 2 - 9 - 1 所示.

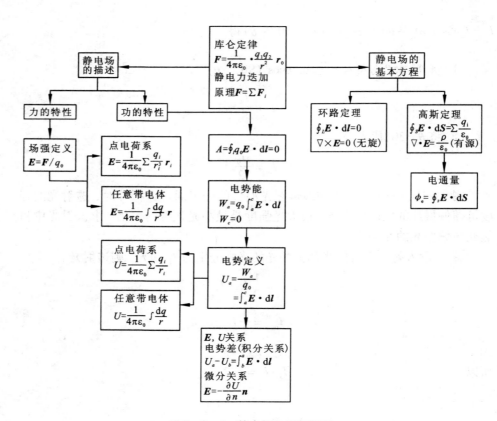

图 2 - 9 - 1　静电场知识框架图

9.2　学习指导

9.2.1　电场强度

电场强度定义式：$E = F/q$. 即单位正电荷在电场中某点所受的电场力. 应注意：

（1）在给定电荷分布的电场中，任一点的电场强度 E 与试验电荷所带的电量无关. 但试验电荷必须满足几何线度和所带电量要足够小，这样才能看成是点电荷且不影响原有的电场，才能用以研究电场中各点的性质.

（2）电场强度是矢量. 它描述电场的力性质，遵循矢量合成和矢量微积分的法则，满足叠加原理.

（3）由库仑定律可得点电荷的场强分布：$E = \dfrac{1}{4\pi\varepsilon_0} \cdot \dfrac{q}{r^2} r_0$.

9.2.2　电势

电场力做功只与始末位置有关，而与路径无关，是保守力，可引入相应的势能，即电势能，并满足静电力做功等于电势能的减少的规律.

$$A_{a \to b} = \int_a^b q_0 E \cdot \mathrm{d}l = W_a - W_b$$

电势能与 q_0 有关，不能描述电场. 但比值 W/q_0 与 q_0 无关，因此将这一比值定义为电势，用来描述电场的性质

$$U_a = \frac{W_a}{q_0} = \int_a^{\text{电势零点}} E \cdot \mathrm{d}l$$

电场中某点的电势等于将单位正电荷从这一点移到电势零点，电场力所做的功. 应注意：

（1）电势零点可以任意选取，但选取后，要求电场中各点的电势取值有限（即积分 $\int_a^{\text{电势零点}} E \cdot \mathrm{d}l$ 收敛），另外尽量使电势表达式简单. 对于有限空间分布的电荷，电势零点常取在无限远处. 当电荷分布在无限空间时，如无限长带电直线，无限大带电平面等，则电势零点不能取在无限远处，否则会导致电势值为无限大，此时只能根据具体情况，选取合适的电势零点. 显然，电势零点不同，电势取值不同，因此，电势是相对量，只有电势差 $U_a - U_b = \int_a^b E \cdot \mathrm{d}l$ 才是绝对量.

(2)电势是标量,它是从能量的角度来描述电场性质的. 电势也满足叠加原理.

9.2.3   电势和电场强度的关系

(1)积分关系:$U_a - U_b = \int_a^b \boldsymbol{E} \cdot \mathrm{d}\boldsymbol{l}$

(2)微分关系:$\boldsymbol{E} = -\dfrac{\partial U}{\partial n}\boldsymbol{n} = -\nabla U$

或:$E_x = -\dfrac{\partial U}{\partial x}$,$E_y = -\dfrac{\partial U}{\partial y}$,$E_z = -\dfrac{\partial U}{\partial z}$

(3)几何关系:电力线与等势面处处正交,场强的方向与等势面法线方向相反.

注意:电场强度与电势不存在点点对应的关系,而是电场强度与电势梯度有对应关系.

9.2.4   静电场中的高斯定理

电通量:$\phi_e = \displaystyle\int_S \boldsymbol{E} \cdot \mathrm{d}\boldsymbol{S} = \int_S E\cos\theta\mathrm{d}S$

高斯定理:$\displaystyle\oint_S \boldsymbol{E} \cdot \mathrm{d}\boldsymbol{S} = \dfrac{\sum q_i}{\varepsilon_0}$;

9.2.5   静电场的环路定理

$$\oint_l \boldsymbol{E} \cdot \mathrm{d}\boldsymbol{l} = 0$$

它是静电力做功与路径无关的数学表达. 它表明静电场是保守场,无旋场.

9.2.6   电场强度的计算

1. 用场强叠加原理计算电场强度

(1)场源为点电荷系的情况.

由叠加原理,电场强度:$\boldsymbol{E} = \displaystyle\sum \boldsymbol{E}_i$;

其中$\boldsymbol{E}_i = \dfrac{1}{4\pi\varepsilon_0} \cdot \dfrac{q_i}{r_i^3} \cdot \boldsymbol{r}_i$为第$i$个点电荷单独存在时的场强.

(2)场源为连续带电体的情况.

计算场强的步骤为:

①将电荷连续分布的带电体分割为无数的电荷元 dq，电荷元的取法有两种：

方法一　电荷元 dq 取得足够小，可当作是点电荷. 如电荷线密度为 λ 的带电直棒，在棒上取一小段 dl，则 $dq = \lambda dl$，电荷元 dq 可认为是点电荷.

方法二　电荷元 dq 取常见的典型带电体. 如带电圆盘，电荷元 dq 可取为带电圆环. 这是常用的简便方法.

②写出电荷元 dq 在空间 P 点产生的场强 $d\boldsymbol{E}$：

③建立适当的坐标系，将 $d\boldsymbol{E}$ 在各个坐标轴上分解，设建立的坐标系为直角坐标系，则各个坐标轴上的分量为 dE_x，dE_y，dE_z，用叠加原理求出各个分量的积分，即：$E_x = \int dE_x$，$E_y = \int dE_y$，$E_z = \int dE_z$.

④求合场强

$$\boldsymbol{E} = \int d\boldsymbol{E} \qquad \boldsymbol{E} = E_x \boldsymbol{i} + E_y \boldsymbol{j} + E_z \boldsymbol{k}$$

（3）场源为多个带电体的情况.

由叠加原理，电场强度为 $\boldsymbol{E} = \sum_i \boldsymbol{E}_i$，其中，$\boldsymbol{E}_i$ 为第 i 个带电体单独存在时的场强.

当多个带电体为几个常见均匀带电体的组合时，如两块无限大带电平面，同心带电球壳等，可直接利用已知的各个带电体单独存在时的场强分布进行矢量叠加，求出带电体系的总场强.

若给定的均匀带电体有空缺，可补上一块常见均匀带电体，使带电体变成两个或多个带电体的组合，且组合变成具有对称性的常见均匀带电体，由此可直接根据常见均匀带电体的场强公式，利用叠加法计算出带电体的场强，这种方法叫补偿法.

2. 用高斯定理计算电场强度

当电荷分布具有高度对称性时，可用高斯定理求场强.

3. 用场强与电势的微分关系计算电场强度

电势是标量，计算相对容易. 可先求出电势分布 $U = U_{(x, y, z)}$，再用场强与电势的微分关系：$\boldsymbol{E} = -\dfrac{\partial U}{\partial n} \boldsymbol{n} = \left(\dfrac{\partial U}{\partial x} \boldsymbol{i} + \dfrac{\partial U}{\partial y} \boldsymbol{j} + \dfrac{\partial U}{\partial z} \boldsymbol{k} \right)$ 求电场强度.

9.2.7　电势的计算

1. 用电势叠加原理计算电势

（1）场源为点电荷系的情况.

由叠加原理，电势 $U = \Sigma U_i$，其中 $U_i = \dfrac{1}{4\pi\varepsilon_0} \cdot \dfrac{q_i}{r_i}$ 为第 i 个点电荷单独存在时的电势.

（2）场源为连续带电体的情况.

计算电势的步骤为：①将带电体分割为无数个电荷元 dq，电荷元的取法有两种：方法同电场强度的计算.

②根据点电荷电势或常见典型带电体电势公式，写出电荷元 dq 在空间 P 点产生的电势 dU.

③用叠加原理求出电势，即 $U = \int dU$.

（3）场源为多个带电体的情况.

由叠加原理求电势：$U = \displaystyle\sum_i U_i$，其中，$U_i$ 为第 i 个带电体单独存在时的电势.

当多个带电体为几个常见均匀带电体的组合时，可直接利用已知的各个带电体单独存在时的电势分布进行叠加，求出带电体系的总电势分布.

注意：此时，各个带电体的电势必须取同一点为零电势点.

2. 用电势的定义计算电势

电势定义为：$U_P = \displaystyle\int_P^{\text{电势零点}} \boldsymbol{E} \cdot d\boldsymbol{l}$

用此式时，必须已知场强分布，并选取适当的电势零点. 若从场点 P 到电势零点场强不连续时，则需分段积分求电势.

9.3　典型例题

例 9-1　如图 2-9-2 所示的绝缘细线，其上均匀分布着正电荷，已知电荷线密度为 $+\lambda$，两段直线长均为 a，半圆环的半径为 a，求环心 O 处的场强和电势.

解　O 点的场强和电势分别为带电线 AB、BCD、DE 在 O 点的场强和电势的叠加.

取坐标系 xOy，如图 2-9-3 所示.

（1）求 O 点的场强.

设细线 AB、DE、BCD 在 O 点产生的场强分别为 $\boldsymbol{E}_1$，$\boldsymbol{E}_2$，$\boldsymbol{E}_3$.

由于对称性，有 $\boldsymbol{E}_1 + \boldsymbol{E}_2 = 0$，圆环 BCD 上任一电荷元 $dq = \lambda dl$ 在 O 处产生的场强为 $d\boldsymbol{E}_3$，由对称性可知：$E_{3x} = \displaystyle\int dE_{3x} = 0$

$$dE_{3y} = dE_3 \cdot \sin\phi = \frac{\lambda dl}{4\pi\varepsilon_0 a^2}\sin\phi = \frac{\lambda a d\phi}{4\pi\varepsilon_0 a^2}\sin\phi = \frac{\lambda d\phi}{4\pi\varepsilon_0 a} \cdot \sin\phi$$

$$E_3 = E_{3y} = \int dE_{3y} = \int_0^\pi \frac{\lambda\sin\phi d\phi}{4\pi\varepsilon_0 a} = \frac{\lambda}{2\pi\varepsilon_0 a}$$

$$\boldsymbol{E} = E_1 + E_2 + E_3 = E_3 = \frac{-\lambda}{2\pi\varepsilon_0 a}\boldsymbol{j}$$

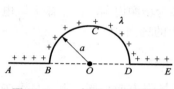

图 2 - 9 - 2　例 9 - 1 用图(1)

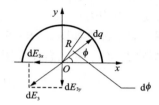

图 2 - 9 - 3　例 9 - 2 用图(2)

(2)求 O 点的电势.

设带电细线 AB，DE，BCD 在 O 点产生的电势分别为 U_1，U_2，U_3，DE 段带电细线上电荷元 $dq = \lambda dx$ 在 O 点的电势

$$dU_2 = \frac{dq}{4\pi\varepsilon_0 x} = \frac{\lambda dx}{4\pi\varepsilon_0 x}$$

$$U_2 = \int dU_2 = \int_a^{2a} \frac{\lambda dx}{4\pi\varepsilon_0 x} = \frac{\lambda}{4\pi\varepsilon_0}\ln2$$

同理，可得

$$U_1 = \frac{\lambda}{4\pi\varepsilon_0}\ln2$$

在圆弧 BCD 上任取电荷元 $dq = \lambda dl$，它在 O 点产生的电势为

$$dU_3 = \frac{dq}{4\pi\varepsilon_0 a} = \frac{\lambda dl}{4\pi\varepsilon_0 a}$$

$$U_3 = \int dU_3 = \int_0^{\pi a} \frac{\lambda dl}{4\pi\varepsilon_0 a} = \frac{\lambda}{4\varepsilon_0}$$

所以，O 点的电势为

$$U = U_1 + U_2 + U_3 = \frac{\lambda}{2\pi\varepsilon_0}\ln2 + \frac{\lambda}{4\varepsilon_0}$$

例 9 - 2　如图 2 - 9 - 4 所示，长为 l 的两根相同的细棒，均匀带电，电荷线密度为 $+\lambda$，沿同一直线放置，相距也为 l. 求两根棒间的静电相互作用力.

分析　两棒间的静电相互作用力是由于其中一棒处于另一棒的静电场中产生的. 因此可以考虑其中一棒为场源电荷，它在另一棒各点处产生的场强是不

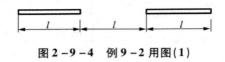

图 2 - 9 - 4　例 9 - 2 用图(1)

均匀的, 先考虑一电荷元在该处电场作用下受到的电场力, 再用叠加法计算整根棒所受的作用力.

解　取坐标系如图 2 - 9 - 5 所示. 取左棒为场源电荷. 在左棒上取电荷元 $\lambda \mathrm{d}x$, 距原点为 x, 它在右棒上距原点 x' 处产生的场强 $\mathrm{d}E$

$$\mathrm{d}E = \frac{\lambda \mathrm{d}x}{4\pi\varepsilon_0 (x' - x)^2}$$

方向沿 x 轴正向, 左棒上各电荷元产生的场强方向相同, 所以左棒在 x' 处的场强

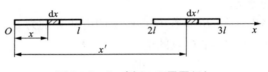

图 2 - 9 - 5　例 9 - 2 用图(2)

$$E = \int \mathrm{d}E = \int_0^l \frac{\lambda \mathrm{d}x}{4\pi\varepsilon_0 (x' - x)^2} = \frac{\lambda}{4\pi\varepsilon_0}\left(\frac{1}{x' - l} - \frac{1}{x'}\right)$$

右棒离原点 x' 处的电荷元 $\lambda \mathrm{d}x'$ 受到的静电力

$$\mathrm{d}F' = \lambda \mathrm{d}x' E = \frac{\lambda^2}{4\pi\varepsilon_0}\left(\frac{1}{x' - l} - \frac{1}{x'}\right)\mathrm{d}x'$$

右棒上各电荷元所受的静电力方向相同, 所以整根右棒受到的静电力为

$$F' = \int \mathrm{d}F' = \int_{2l}^{3l} \frac{\lambda^2}{4\pi\varepsilon_0}\left(\frac{1}{x' - l} - \frac{1}{x'}\right)\mathrm{d}x'$$

$$= \frac{\lambda^2}{4\pi\varepsilon_0}\left(\ln\frac{3l - l}{2l - l} - \ln\frac{3l}{2l}\right)$$

$$= \frac{\lambda^2}{4\pi\varepsilon_0}\ln\frac{4}{3}$$

例 9 - 3　一底面半径为 R, 高为 h 的圆锥体, 锥面上均匀带电, 电荷面密度为 σ, 求锥顶 O 点的电势.

解　将圆锥分成无数同心的圆环, 利用圆环的电势公式通过积分可求得圆锥的电势.

以顶点 O 为坐标原点，取 y 轴向下为正，如图 $2-9-6$ 所示，在任意位置 y 处取宽为 dy 的小圆环，其面积

$$dS = 2\pi r \frac{dy}{\cos\theta} = 2\pi y\tan\theta \cdot \frac{dy}{\cos\theta}$$

其上电量

$$dq = \sigma dS = 2\pi\sigma \frac{\tan\theta}{\cos\theta} \cdot ydy$$

它在 O 点产生的电势

$$dU = \frac{1}{4\pi\varepsilon_0} \cdot \frac{dq}{y/\cos\theta} = \frac{\sigma}{2\varepsilon_0}\tan\theta dy$$

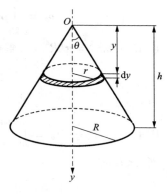

图 $2-9-6$ 例 $9-3$ 用图

总电势

$$U = \int dU = \int_0^h \frac{\sigma}{2\varepsilon_0}\tan\theta dy = \frac{\sigma}{2\varepsilon_0}h\tan\theta = \frac{\sigma R}{2\varepsilon_0}$$

例 $9-4$　半径为 R 的带电球体，其体电荷密度与半径成正比，即 $\rho = kr(k > 0)$，求球内外各点的场强和电势分布.

解　方法一　先用高斯定理求场强分布，再用电势定义式求电势分布.

（1）求场强.

由于电荷分布有球对称性，作球形高斯面 S_1、S_2，如图 $2-9-7$ 所示.

根据高斯定理

$$\oint_S \boldsymbol{E} \cdot d\boldsymbol{S} = \sum q_i/\varepsilon_0$$

当 $r < R$ 时

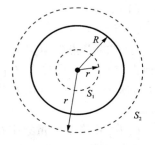

图 $2-9-7$ 例 $9-4$ 用图(1)

$$\oint_{S_1} \boldsymbol{E} \cdot d\boldsymbol{S} = \oint_{S_1} E_1 dS = E_1 \cdot 4\pi r^2$$

$$\sum q_i = \int_{S_1\text{所围体积}}\rho dV = \int_0^r \rho \cdot 4\pi r^2 dr = \int_0^r kr \cdot 4\pi r^2 dr = \pi kr^4$$

由 $E_1 \cdot 4\pi r^2 = \pi kr^4/\varepsilon_0$，解得

$$E_1 = \frac{kr^2}{4\varepsilon_0}$$

当 $r > R$ 时

$$\oint_{S_2} \boldsymbol{E}_2 \cdot d\boldsymbol{S} = E_2 \cdot 4\pi r^2$$

$$\Sigma q_i = \int_{球体} \rho dV = \int_0^R kr \cdot 4\pi r^2 dr = \pi kR^4$$

由 $E_2 \cdot 4\pi r^2 = \pi kR^4/\varepsilon_0$，解得

$$E_2 = \frac{kR^4}{4\varepsilon_0 r^2}$$

（2）求电势.

用电势定义式：$U_P = \int_P^{电势零点} \boldsymbol{E} \cdot d\boldsymbol{l}$

当 $r < R$ 时

$$U_1 = \int_r^\infty \boldsymbol{E} \cdot d\boldsymbol{l} = \int_r^\infty E \cdot dr = \int_r^R E_1 dr + \int_R^\infty E_2 dr$$

$$= \int_r^R \frac{kr^2}{4\varepsilon_0} dr + \int_R^\infty \frac{kR^4}{4\varepsilon_0 r^2} dr = \frac{k}{4\varepsilon_0} \cdot \frac{4R^3 - r^3}{3}$$

当 $r > R$ 时

$$U_1 = \int_r^\infty \boldsymbol{E} \cdot d\boldsymbol{l} = \int_r^\infty E_2 dr = \int_r^\infty \frac{kR^4}{4\varepsilon_0 r^2} dr = \frac{kR^4}{4\varepsilon_0 r}$$

方法二　先用电势叠加原理求电势，再用场强和电势的微分关系求场强.

（1）求电势.

①当 $r < R$ 时

$r < R$ 的 P 点的电势为以 r 为半径的球体内电荷在 P 处产生的电势 U_I 和内外半径分别为 r、R 的球壳内的电荷在 P 处产生的电势 U_{II} 的叠加.

而 U_I 相当于电量集中在球心的点电荷在 P 处产生的电势,其电量为

$$\Sigma q = \int_0^r \rho \cdot 4\pi r^2 dr = \int_0^r kr \cdot 4\pi r^2 dr = \pi kr^4$$

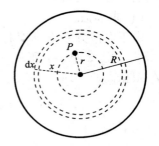

图 2-9-8　例 9-4 用图（2）

则 $U_I = \frac{\Sigma q}{4\pi\varepsilon_0 r} = \frac{\pi kr^4}{4\pi\varepsilon_0 r} = \frac{kr^3}{4\varepsilon_0}$

而 U_{II} 则为无数带电球壳在 P 处产生的电势的叠加

如图 2-9-8 中，半径为 x，厚度为 dx 的带电球壳在 P 处产生的电势为

$$dU_{II} = \frac{dq}{4\pi\varepsilon_0 x} = \frac{\rho dV}{4\pi\varepsilon_0 x} = \frac{kx \cdot 4\pi x^2 dx}{4\pi\varepsilon_0 x} = \frac{kx^2}{\varepsilon_0} dx$$

则有

$$U_{II} = \int dU_{II} = \int_r^R \frac{kx^2}{\varepsilon_0} dx = \frac{k}{3\varepsilon_0}(R^3 - r^3)$$

所以
$$U_1 = U_{\text{I}} + U_{\text{II}} = \frac{kr^3}{4\varepsilon_0} + \frac{k}{3\varepsilon_0}(R^3 - r^3) = \frac{k}{4\varepsilon_0}\left(\frac{4R^3 - r^3}{3}\right)$$

②当 $r > R$ 时

$r > R$ 的 P 点的电势相当于整个球体的电量集中在球心的点电荷在该点的电势

$$U_2 = \frac{\sum q}{4\pi\varepsilon_0 r} = \frac{\int_0^R kr \cdot 4\pi r^2 \mathrm{d}r}{4\pi\varepsilon_0 r} = \frac{kR^4}{4\varepsilon_0 r}$$

（2）用场强和电势的微分关系求场强.

①当 $r < R$ 时

$$\boldsymbol{E}_1 = -\frac{\partial U_1}{\partial r} \cdot \boldsymbol{r}_0 = \frac{kr^2}{4\varepsilon_0}\boldsymbol{r}_0$$

②当 $r > R$ 时

$$\boldsymbol{E}_2 = -\frac{\partial U_2}{\partial r} \cdot \boldsymbol{r}_0 = \frac{kR^4}{4\varepsilon_0 r^2}\boldsymbol{r}_0$$

例 9 – 5　证明在静电平衡时，带电导体表面某面元 ΔS 所受的静电力为 $\boldsymbol{F} = \frac{\sigma^2}{2\varepsilon_0} \cdot \Delta S \cdot \boldsymbol{n}$（$\sigma$ 为面元上的电荷面密度，$\boldsymbol{n}$ 为面元法向单位矢量）.

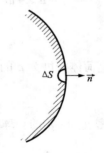

证明　如图 2 – 9 – 9 所示，在导体表面取面元 ΔS，电荷面密度为 σ，其两侧（离 ΔS 极近处）的场强分别为 $\boldsymbol{E}_1$ 和 $\boldsymbol{E}'_1$，由高斯定理有 $E_1 = E'_1 = \frac{\sigma}{2\varepsilon_0}$，方向分别指向 ΔS 两侧.

图 2 – 9 – 9　例 9 – 5 用图

导体上除 ΔS 处其他电荷在 ΔS 处激发的场强为 $\boldsymbol{E}_2$，静电平衡时，导体内部场强为零，则有

$$\boldsymbol{E}_{\text{内}} = \boldsymbol{E}'_1 + \boldsymbol{E}_2 = 0$$

所以

$$\boldsymbol{E}_2 = -\boldsymbol{E}'_1 = \boldsymbol{E}_1 = \frac{\sigma}{2\varepsilon_0}\boldsymbol{n}$$

可得 ΔS 所受静电力为

$$\boldsymbol{F} = q\boldsymbol{E}_2 = \sigma\Delta S\,\boldsymbol{E}_2 = \frac{\sigma^2}{2\varepsilon_0}\Delta S\,\boldsymbol{n}$$

例 9 - 6　如图 2 - 9 - 10 所示, 在半径为 R、
电荷体密度为 ρ 的均匀带正电荷球体内, 有一个
半径为 r 的球形空腔, 两球心 O_1 和 O_2 间的距离为
a, 求空腔内任一点的场强.

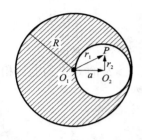

解　可以设想不带电的空腔内同时存在电荷
体密度为 $\pm\rho$ 的两种电荷. 这样, 原来的问题就用
一个半径为 R、电荷体密度为 ρ 的均匀带电球体和
一个半径为 a、电荷体密度为 $-\rho$ 的均匀带电球体

图 2 - 9 - 10　例 9 - 6 用图

作等效替代处理, 则空腔内任一点的场强可由两个均匀带电球体产生的场强的
叠加求得.

设空腔中的任一点 P, 距大球中心 O_1 的位矢为 $\boldsymbol{r}_1$, 距小球中心 O_2 的位矢
为 $\boldsymbol{r}_2$.

根据高斯定理, 可求得均匀带电球体内任一点的场强

$$E \times 4\pi r^2 = \frac{\rho \times \frac{4}{3}\pi r^3}{\varepsilon_0}, \ E = \frac{\rho r}{3\varepsilon_0} \quad \text{方向沿 } \boldsymbol{r} \text{ 方向}$$

$$\boldsymbol{E} = \frac{\rho \boldsymbol{r}}{3\varepsilon_0}$$

所以, 电荷体密度为 ρ 的大球在 P 点的场强为

$$\boldsymbol{E}_1 = \frac{\rho}{3\varepsilon_0}\boldsymbol{r}_1$$

电荷体密度为 $-\rho$ 的小球在 P 点的场强为

$$\boldsymbol{E}_2 = \frac{-\rho}{3\varepsilon_0}\boldsymbol{r}_2$$

则空腔内任一点 P 的场强为

$$\boldsymbol{E} = \boldsymbol{E}_1 + \boldsymbol{E}_2 = \frac{\rho}{3\varepsilon_0}(\boldsymbol{r}_1 - \boldsymbol{r}_2) = \frac{\rho}{3\varepsilon_0}\boldsymbol{a}$$

式中 $\boldsymbol{a}$ 为 O_1 指向 O_2 的矢量, 上式说明在空腔内的场强处处相同, 大小为 $\frac{\rho a}{3\varepsilon_0}$,
方向沿矢量 $\boldsymbol{a}$ 方向, 是匀强电场.

例 9 - 7　电荷以相同的面密度 σ 分布在半径为 $r_1 = 10 \ \text{cm}$ 和 $r_2 = 20 \ \text{cm}$ 的
两个同心球面上, 设无限远处电势为零, 球心处的电势为 $U_0 = 300 \ \text{V}$.

(1)求电荷面密度 σ.

(2)若要使球心处的电势也为零, 外球面上应放掉多少电荷?

解　(1)球心处的电势为两个同心带电球面各自在球心处产生的电势的叠

加，即

$$U_0 = \frac{1}{4\pi\varepsilon_0}\left(\frac{q_1}{r_1} + \frac{q_2}{r_2}\right) = \frac{1}{4\pi\varepsilon_0}\left(\frac{4\pi r_1^2 \sigma}{r_1} + \frac{4\pi r_2^2 \sigma}{r_2}\right) = \frac{\sigma}{\varepsilon_0}(r_1 + r_2)$$

则电荷面密度为

$$\sigma = \frac{U_0 \varepsilon_0}{r_1 + r_2} = 8.85 \times 10^{-9}(\,C/m^2\,)$$

（2）设外球面上放电后电荷面密度为 σ'，则应有

$$U'_0 = \frac{1}{\varepsilon_0}(\sigma r_1 + \sigma' r_2) = 0$$

即

$$\sigma' = -\frac{r_1}{r_2}\sigma$$

外球面上应变成带负电，共应放掉电荷

$$q' = 4\pi r_2^2(\sigma - \sigma') = 4\pi r_2^2 \sigma\left(1 + \frac{r_1}{r_2}\right)$$

$$= 4\pi\sigma r_2(r_1 + r_2) = 4\pi\varepsilon_0 U_0 r_2 = 6.67 \times 10^{-9}(\,C\,)$$

第 10 章　静电场中的导体和电介质

10.1　内容概要

内容概要如图 2 – 10 – 1 所示.

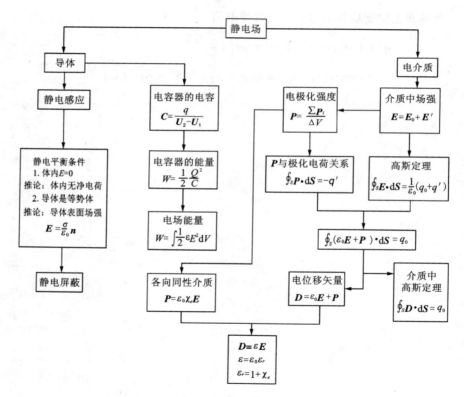

图 2 – 10 – 1　静电场中的导体和电介质知识框架图

10.2 学习指导

10.2.1 静电场中的导体

1.导体的静电平衡条件

(1)导体内部场强处处为零.

(2)导体表面上任一点的场强方向垂直于该处导体表面.

2.导体的静电平衡性质

(1)导体是个等势体,导体表面是个等势面.

(2)电荷只分布在导体表面上,导体内部没有净电荷.

(3)在导体外,靠近其表面附近的任一点的场强为:$E = \dfrac{\sigma}{\varepsilon_0} n$. 其中:$\sigma$ 为该点处导体表面的电荷面密度,n 为该点处导体表面的法线方向单位矢量.

10.2.2 静电场中的电介质

1.电极化强度

(1)电极化强度的定义

$$P = \frac{\sum P_i}{\Delta V}$$

单位体积内分子电偶极矩的矢量和定义为电极化强度,它是量度电介质极化程度的物理量.

(2)极化电荷面密度与电极化强度的关系

$$\sigma' = P \cdot n$$

(3)电极化强度与场强的关系

在各向同性电介质中: $P = \chi_e \varepsilon_0 E$

其中χ_e为电介质的电极化率.

2.电位移矢量

$$D = \varepsilon_0 E + P$$

在各向同性电介质中: $D = \varepsilon_0(1 + \chi_e)E = \varepsilon_0 \varepsilon_r E = \varepsilon E$

其中,ε_r 为电介质相对介电常数,ε 为电介质的介电常数.

3.电介质中的环路定理

$$\oint_L E \cdot \mathrm{d}l = 0$$

其中

$$E = E_0 + E'$$

4. 电介质中的高斯定理

$$\oint_S E \cdot \mathrm{d}S = \frac{1}{\varepsilon} \sum q_i$$

其中

$$E = E_0 + E' \ , \ q_i \ \text{为高斯面内自由电荷.}$$

$$\oint_S D \cdot \mathrm{d}S = \sum q_i$$

10.2.3　电容

1. 孤立导体的电容

$$C = \frac{Q}{U}$$

2. 电容器的电容

$$C = \frac{Q}{U_A - U_B}$$

10.2.4　电场能量的计算

1. 电容器中储存的电能的计算

当电场仅分布在电容器所在的空间时,先求出电容 C 和电量 Q 或电容电压 U_{AB},然后代入电容器储能公式 $W_e = \frac{1}{2} C U_{AB}^2 = \frac{1}{2} \cdot \frac{Q^2}{C} = \frac{1}{2} Q U_{AB}$,求出电场能.

2. 给定电荷分布,通过电场能量密度的积分计算电场能量

(1)根据电荷分布求出场强分布,写出能量密度公式

$$w_e = \frac{1}{2} \varepsilon E^2$$

(2)根据场强分布特点,建立合适的坐标系,选择体元 $\mathrm{d}V$,写出电场能量的积分表达式.

(3)在指定区域对电能密度积分,求出电场能量.

$$W_e = \int_V w_e \mathrm{d}V = \int_V \frac{1}{2} \varepsilon E^2 \mathrm{d}V$$

10.3　典型例题

例 10 - 1　一半径为 R 的金属球原来不带电,将它放在点电荷 $+q$ 的电场

中，球心与点电荷的距离为 r，求金属球上感应电荷在球心处的电场强度及金属球的电势；若将金属球接地，求其上的感应电荷.

解 金属球放在点电荷的电场中，金属球上将感应正、负电荷，其电量为 q'（如图 2-10-2），根据静电平衡条件，感应电荷分布在球的表面上. 球心 O 处的场强 $\boldsymbol{E}_0$ 为正负感应电荷的场强 $\boldsymbol{E}'$ 及点电荷 q 的场强 $\boldsymbol{E}$ 的叠加，即：$\boldsymbol{E}_0 = \boldsymbol{E}' + \boldsymbol{E}$，又根据静电平衡条件，金属球内的场强处处为零，即 $E_0 = 0$，所以，感应电荷在球心处的场强为

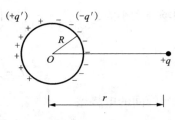

图 2-10-2 例 10-1 用图

$$E' = -E = -\frac{q}{4\pi\varepsilon_0 r^3}(-r) = \frac{q}{4\pi\varepsilon_0 r^3} \cdot r$$

根据静电平衡条件，金属球是一个等势体，所以要求金属球的电势，只要计算球内任一点的电势，而球心处的电势最易计算. 由于感应正、负电荷在球心的总电势为零，所以球心处的电势等于点电荷在该点的电势，即 $U_0 = \dfrac{q}{4\pi\varepsilon_0 r}$. 这就是金属球的电势.

若将金属球接地，则金属球上的总电量不再为零，由于接地，金属球的电势为零，球心处的电势除了点电荷的电势外，还要考虑金属球上电荷的电势. 设接地后金属球上的电荷为 Q，则金属球的电势为

$$U = \frac{q}{4\pi\varepsilon_0 r} + \frac{Q}{4\pi\varepsilon_0 R} = 0$$

得

$$Q = -\frac{R}{r}q$$

因 $R < r$，所 $|Q| < q$，即金属球上带有负电荷，电量为 $\dfrac{R}{r}q$.

例 10-2 设有两根半径为 a 的平行长直导线，它们轴线之间的距离为 d，且 $d \gg a$. 求单位长度平行直导线间的电容.

解 设两导线所带电荷的线密度分别为 $+\lambda$ 和 $-\lambda$，如图 2-10-3 所示，由高斯定理可求出带电导线 A

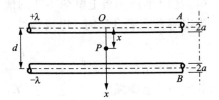

图 2-10-3 例 10-2 用图

在两线间任一点 P 的场强大小为 $\dfrac{\lambda}{2\pi\varepsilon_0 x}$，方向沿 x 轴正方向；带电导线 B 在 P 点的场强大小为 $\dfrac{\lambda}{2\pi\varepsilon_0(d-x)}$，方向沿 x 轴正方向. 所以两导线间任一点的场强为

$$E = \frac{\lambda}{2\pi\varepsilon_0}\left(\frac{1}{x} + \frac{1}{d-x}\right)$$

则两导线间的电势差

$$U_{AB} = \int_A^B \boldsymbol{E} \cdot \mathrm{d}\boldsymbol{l} = \int_a^{d-a} E\mathrm{d}x = \frac{\lambda}{2\pi\varepsilon_0}\int_a^{d-a}\left(\frac{1}{x} + \frac{1}{d-x}\right)\mathrm{d}x$$

$$= \frac{\lambda}{\pi\varepsilon_0}\ln\frac{d-a}{a}$$

考虑到 $d\gg a$，所以 $U_{AB} = \dfrac{\lambda}{\pi\varepsilon_0}\ln\dfrac{d}{a}$

根据电容的定义，得两长直导线单位长度的电容为

$$C = \frac{\lambda}{U_{AB}} = \frac{\pi\varepsilon_0}{\ln d/a}$$

例 10-3 平行板电容器的极板面积为 S，两块板间距为 d，板上电荷面密度为 σ，电容器充满相对介电常数为 ε_r 的均匀介质，试求下列两种情况下把介质取出外力所做的功：

（1）维持两板上的电荷不变；（2）维持两板间的电压不变.

分析 当维持两块板上的电荷不变时，取出介质后，两块板间的场强大于取出前的场强，这表明电容器的能量增加了，电容器能量的增加等于外力所做的功.

当维持两块板间的电压不变时，取出介质后，两块板间的场强不变，但电容减少了，板上的电荷也减少了，因而外力做的功，一方面使电场能量改变，另一方面还要反抗电源做功.

解 （1）维持两板上电荷不变的情况

当电容器充满介质时，电场强度

$$E_1 = \frac{\sigma}{\varepsilon_0\varepsilon_r}$$

介质取出时，电场强度 $E_2 = \dfrac{\sigma}{\varepsilon_0}$

电容器电场能的变化

$$\Delta W = W_2 - W_1 = \frac{1}{2}\varepsilon_0 E_2^2 Sd - \frac{1}{2}\varepsilon_0\varepsilon_r E_1^2 Sd$$

$$= \frac{1}{2\varepsilon_0}\left(\frac{\varepsilon_r - 1}{\varepsilon_r}\right)\sigma^2 Sd$$

外力做的功　　　　　　　　$A = \Delta W = \frac{1}{2\varepsilon_0}\left(\frac{\varepsilon_r - 1}{\varepsilon_r}\right)\sigma^2 Sd$

（2）维持电压不变的情况

当电容器充满介质时，电场能

$$W_1 = \frac{1}{2}\varepsilon_0\varepsilon_r E_1^2 Sd = \frac{1}{2}\varepsilon_0\varepsilon_r\left(\frac{U}{d}\right)^2 Sd = \frac{1}{2}\varepsilon_0\varepsilon_r\frac{U^2}{d}S$$

若取走介质时，电场能

$$W_2 = \frac{1}{2}\varepsilon_0 E_2^2 Sd = \frac{1}{2}\varepsilon_0\left(\frac{U}{d}\right)^2 Sd = \frac{1}{2}\varepsilon_0\frac{U^2}{d}S$$

电场能的改变　　$\Delta W = W_2 - W_1 = -\frac{1}{2}\varepsilon_0(\varepsilon_r - 1)\frac{U^2}{d}S$

式中，负号表示取走介质后，电容器的电场能减少.

取走介质后，板上的电荷量减少为

$$\Delta q = q - q_0 = U\Delta C = (\varepsilon_r - 1)\frac{\varepsilon_0 S}{d}U$$

反抗电源做的功　　　　　$A_{源} = U\Delta q = (\varepsilon_r - 1)\frac{\varepsilon_0 S}{d}U^2,$

所以外力做的功

$$A = \Delta W + A_{源} = -\frac{1}{2}\varepsilon_0(\varepsilon_r - 1)\frac{U^2}{d}S + (\varepsilon_r - 1)\frac{\varepsilon_0 S}{d}U^2$$

$$= \frac{1}{2}(\varepsilon_r - 1)\frac{\varepsilon_0 S}{d}U^2$$

例 10 - 4　一平板电容器，两板相距尺寸为 d，板间充以介电常数分别为 ε_1 和 ε_2 的两种均匀各向同性电介质，其面积各占 S_1 和 S_2，如图 2 - 10 - 4 所示.（1）求此电容器的电容；（2）如电容器板上的电量为 Q，计算板上面电荷密度的分布以及电介质表面上的极化电荷面密度的分布.

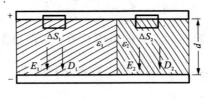

图 2 - 10 - 4　例 10 - 4 图

分析　在静电平衡状态时，导体是一个等势体，当电容器极板间有一定的电压时，由于两种电介质的介电常数不同，所以两种电介质中的电场强度不同，相邻极板上的面电荷也不同．因此，计算电容时，先要求出电荷分布．

解　(1)设在极板 S_1 和 S_2 两部分上的自由电荷面密度为 $\pm\sigma_1$ 和 $\pm\sigma_2$，在与极板相邻的电介质表面上的极化电荷面密度为 $\mp\sigma'_1$ 和 $\mp\sigma'_2$．在介质和极板处作一柱状封闭，应用有介质的高斯定理可得电介质内的 $\boldsymbol{D}$ 和 $\boldsymbol{E}$

$$\oint_S \boldsymbol{D}\cdot\mathrm{d}\boldsymbol{S} = D_1\Delta S_1 = \sigma_1\Delta S_1,\ D_1 = \sigma_1,\ E_1 = \frac{\sigma_1}{\varepsilon_1}$$

$$\oint_S \boldsymbol{D}\cdot\mathrm{d}\boldsymbol{S} = D_2\Delta S_2 = \sigma_2\Delta S_2,\ D_2 = \sigma_2,\ E_2 = \frac{\sigma_2}{\varepsilon_2}$$

$\boldsymbol{D}_1$，$\boldsymbol{E}_1$ 和 $\boldsymbol{D}_2$，$\boldsymbol{E}_2$ 的方向都与板面垂直．

由于带电导体板是等势体，所以正负极板间的电势差应相等，即

$$E_1 d = E_2 d$$

得

$$E_1 = E_2 = \frac{\sigma_1}{\varepsilon_1} = \frac{\sigma_2}{\varepsilon_2}$$

根据电荷守恒定律

$$Q = \sigma_1 S_1 + \sigma_2 S_2$$

联立解得

$$\sigma_1 = \frac{\varepsilon_1 Q}{\varepsilon_1 S_1 + \varepsilon_2 S_2};\ \sigma_2 = \frac{\varepsilon_2 Q}{\varepsilon_1 S_1 + \varepsilon_2 S_2}$$

于是

$$E_1 = E_2 = \frac{Q}{\varepsilon_1 S_1 + \varepsilon_2 S_2}$$

$$U_{AB} = U_A - U_B = E_1 d = E_2 d = \frac{Qd}{\varepsilon_1 S_1 + \varepsilon_2 S_2}$$

根据电容器电容的定义，得

$$C = \frac{Q}{U_{AB}} = \frac{\varepsilon_1 S_1 + \varepsilon_2 S_2}{d}$$

可见，由于整个电容器两部分的电压相等，所以整个电容器可看作两个电容分别为 $C_1 = \dfrac{\varepsilon_1 S_1}{d}$ 和 $C_2 = \dfrac{\varepsilon_2 S_2}{d}$ 的平板电容器并联而成．

(2)极化电荷面密度

$$\sigma'_1 = P_1 = (\varepsilon_{r1} - 1)\varepsilon_0 E_1 = (\varepsilon_1 - \varepsilon_0)E_1$$

$$= \frac{(\varepsilon_1 - \varepsilon_0)Q}{\varepsilon_1 S_1 + \varepsilon_2 S_2} = \frac{\varepsilon_1 - \varepsilon_0}{\varepsilon_1}\sigma_1$$

$$\sigma'_2 = P_2 = (\varepsilon_{r2} - 1)\varepsilon_0 E_2 = (\varepsilon_2 - \varepsilon_0)E_2$$

$$= \frac{(\varepsilon_2 - \varepsilon_0)Q}{\varepsilon_1 S_1 + \varepsilon_2 S_2} = \frac{\varepsilon_2 - \varepsilon_0}{\varepsilon_2}\sigma_2$$

第 11 章 稳恒磁场

11.1 内容概要

内容概要如图 2－11－1 所示.

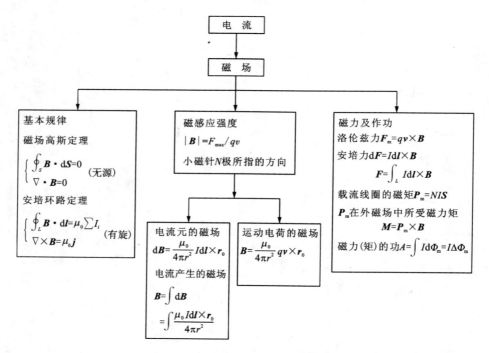

图 2－11－1 稳恒磁场知识框架图

11.2　学习指导

11.2.1　磁感应强度的计算

（1）对于电流（如直电流，圆电流等）产生的磁场，可直接用毕—萨定律求解 $\boldsymbol{B}$，其主要步骤为：取电流元 $I d\boldsymbol{l}$，作源点（$I d\boldsymbol{l}$）到场点的矢径 $\boldsymbol{r}$，写出 $\mathrm{d}\boldsymbol{B}$ 的大小的表达式 $|\mathrm{d}\boldsymbol{B}| = \dfrac{\mu_0 I}{4\pi r^2} d l \sin(I d\boldsymbol{l},\ \boldsymbol{r})$，用叉积的方法判断 $\mathrm{d}\boldsymbol{B}$ 的方向，再将 $\mathrm{d}\boldsymbol{B}$ 作正交分解后求出各分量的积分，最后再将分量合成为 $\boldsymbol{B}$．必须注意"先分解，后积分"．

（2）运动电荷的磁场 $\boldsymbol{B} = \dfrac{\mu_0}{4\pi r^2} q\boldsymbol{v} \times \boldsymbol{r}_0$，计算中必须注意矢量积．另一方面，在物理意义上，此公式是毕—萨定律的微观分解．

11.2.2　高斯定理和安培环路定理

（1）因为磁力线是无头无尾的回线，所以磁场中 $\oint_S \boldsymbol{B} \cdot \mathrm{d}\boldsymbol{S} = 0$．磁力线没有起点和终点，磁场是无源场，也必无"磁势"可言．这是与电场的本质差别．

（2）应对照电场中的高斯定理来理解磁场的安培环路定理和掌握安培环路定理的应用，对于 $\oint_L \boldsymbol{B} \cdot \mathrm{d}\boldsymbol{l} = \mu_0 \sum I$ 应该强调的几点是：①$\boldsymbol{B}$ 是环路上各点的磁感应强度，是包括环路环绕的电流以及不被环路环绕的电流共同激发的磁场．② $\sum I$ 只是被环路环绕的电流的代数和．③不被环路环绕的电流在环路上激发的磁场在环路的线积分中抵消掉了．④环路上各点 $B \equiv 0$ 时，必有 $\sum I = 0$，但 $\sum I = 0$ 时，未必环路上各点的 B 一定都为零．⑤只有在磁场具有较好的对称性时才能用安培环路定理求解 B，但安培环路定理是普遍成立的，不具有较好对称性的磁场不能用该定理求解 B，但定理仍然成立．

（3）利用安培环路定理分析求解 B 的方法和步骤可以完全依照用电场中的高斯定理求 E 的方法来做．所不同的是，一个是面积分（通量），另一个是线积分（环流）．

11.2.3　磁力及磁力矩

（1）洛伦兹力 $F_m = qv \times B$

洛伦兹力体现了运动电荷之间通过磁场相互作用

$$\boxed{运动电荷\ q_1v_1} \xleftarrow[\text{力}]{\text{激发}} \boxed{磁场\ B} \xrightarrow[\text{激发}]{\text{力}} \boxed{运动电荷\ q_2v_2}$$

①运动电荷在均匀磁场中的运动. 如果初始速度 v_0 与磁场正交时，应掌握其圆运动的分析计算；如果初速度 v_0 与磁场 B 有一夹角 $\theta(\theta \neq \dfrac{\pi}{2})$ 时，应掌握其螺旋线运动的分析计算.

②霍耳效应的理解及理论计算.

③质谱仪中速度选择器的理解及计算.

④了解回旋加速器的基本原理.

（2）安培力 $\mathrm{d}F = I\mathrm{d}l \times B$

①安培定律也是用矢量积表示，应注意其矢量性.

②式中的 B 应是除受力电流之外的所有电流在电流元 $I\mathrm{d}l$ 处所产生的合磁场，亦即外磁场. 切不可把受力电流 I 之磁场计入"B"内.

③若外磁场为非均匀磁场，则应将载流导线分割成一系列电流元. 整个载流导线所受的安培力应是各电流元所受的力的矢量和. $F = \displaystyle\int_L \mathrm{d}F = \int_L (I\mathrm{d}l \times B)$，应特别注意"先分解，后积分".

（3）磁矩与磁力矩

载流线圈在外磁场中要受到磁力矩的作用，它与线圈本身的特征物理量磁矩 P_m 有关. 平面载流线圈的磁矩定义为 $P_m = NIS = NISn$，其中 S 的方向为平面线圈法线方向 n，且 n 必须与电流 I 的绕行方向构成右旋关系.

载流线圈（P_m）在外磁场 B 中所受的磁力矩为

$$M = P_m \times B$$

（4）磁力的功

①洛伦兹力不做功.

②安培力做功 $A = I\Delta\Phi_m$.

③磁力矩做功 $A = I\Delta\Phi_m$.

安培做功与磁力矩做功公式的表达形式一样，只是式中 $\Delta\Phi_m$ 的意义有点差别，前者 $\Delta\Phi_m$ 表示移动的载流导线所扫过的面积的磁通量，后者 $\Delta\Phi_m$ 表示载流线圈在转动过程中磁通量的增量.

如果电流随时间改变，磁力或磁力矩所做的功要用积分计算

$$A = \int_{\varPhi_{m1}}^{\varPhi_{m2}} I d\varPhi_m$$

11.2.4 学好本章的有效方法——类比法

静电场和稳恒磁场所讨论的内容具有很好的类比性,可从类比的角度对静电场和稳恒磁场作一次对比总结,这对拓展我们的分析思路和掌握研究方法是很有好处的.

表 2-11-1 对静电场和稳恒磁场做了类比总结.

表 2-11-1   静电场和稳恒磁场的类比

静电场	稳恒磁场
点电荷: q	电流元: $Id\boldsymbol{l}$, 或运动电荷 $q\boldsymbol{v}$
电场强度 $\boldsymbol{E} = \boldsymbol{F}/q$	磁感应强度的大小 $B = F_{max}/qv$
点电荷的电场 $\boldsymbol{E} = \dfrac{q\boldsymbol{r}}{4\pi\varepsilon_0 r^3}$	电流元的磁场 $d\boldsymbol{B} = \dfrac{\mu_0}{4\pi} \dfrac{Id\boldsymbol{l} \times \boldsymbol{r}}{r^3}$ 运动电荷的磁场 $\boldsymbol{B} = \dfrac{\mu_0}{4\pi} \dfrac{q\boldsymbol{v} \times \boldsymbol{r}}{r^3}$
电通量 $\varPhi_e = \int_S \boldsymbol{E} \cdot d\boldsymbol{S}$	磁通量 $\varPhi_m = \int_S \boldsymbol{B} \cdot d\boldsymbol{S}$
静电场高斯定理 $\oint_S \boldsymbol{E} \cdot d\boldsymbol{S} = \dfrac{1}{\varepsilon_0} \sum q_0$ ——有源场,力线有头有尾	磁场高斯定理 $\oint_S \boldsymbol{B} \cdot d\boldsymbol{S} = 0$ ——无源场,力线为闭合曲线
环路定理 $\oint_L \boldsymbol{E} \cdot d\boldsymbol{l} = 0$ ——无旋场,即保守力场,可定义"势"	安培环路定理 $\oint_L \boldsymbol{B} \cdot d\boldsymbol{l} = \mu_0 \sum I_i$ ——有旋场,非保守力场,无"势"的概念
电势 U,电势能 W	无对应内容
电场力 $\boldsymbol{F}_e = q\boldsymbol{E}$	$\begin{cases} 洛伦兹力 \boldsymbol{F}_m = q\boldsymbol{v} \times \boldsymbol{B} \\ 安培力 \boldsymbol{F} = \int Id\boldsymbol{l} \times \boldsymbol{B} \end{cases}$
电场力做功 $A_{ab} = \int_a^b q\boldsymbol{E} \cdot d\boldsymbol{l} = qU_{ab}$	磁力或磁力矩的功,$A = I\Delta\varPhi_m$
电场的能量	磁场能量(后面章节讨论)

11.3　典型例题

例 11－1　一无限长载有电流 I 的导线折成如图 2－11－2 所示的形状，其中 bc 为 $\dfrac{1}{4}$ 圆周，$\overline{Ob}=\overline{Oc}=\overline{Od}=R$，求原点 O 处的磁感应强度 $\boldsymbol{B}$．

解　将通电导线分割成 ab，bc，cd 及 de 四个部分，分别计算各部分在 O 点的磁感应强度，然后再进行迭加．

ab 部分：由于 O 点在其延长线上，所以 ab 部分在 O 点的磁感应强度为零．

bc 部分：$B_{bc}=\dfrac{1}{4}\dfrac{\mu_0 I}{2R}=\dfrac{\mu_0 I}{8R}$　方向沿 z 轴正向．

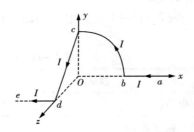

图 2－11－2　例 11－1 用图

cd 部分：$B_{cd}=\dfrac{\mu_0 I}{4\pi a}(\sin\beta_2-\sin\beta_1)$

$$=\dfrac{\mu_0 I}{4\pi\dfrac{\sqrt{2}}{2}R}[\sin45°-\sin(-45°)]$$

$$=\dfrac{\mu_0 I}{2\pi R}\quad\text{方向沿 }x\text{ 轴正向．}$$

de 部分：$B_{de}=\dfrac{\mu_0 I}{4\pi a}(\sin\beta_2-\sin\beta_1)$

$$=\dfrac{\mu_0 I}{4\pi R}(\sin90°-\sin0°)$$

$$=\dfrac{\mu_0 I}{4\pi R}\quad\text{方向沿 }y\text{ 轴负向．}$$

所以 O 点的磁感应强度为

$$\boldsymbol{B}=\dfrac{\mu_0 I}{2\pi R}\boldsymbol{i}-\dfrac{\mu_0 I}{4\pi R}\boldsymbol{j}+\dfrac{\mu_0 I}{8R}\boldsymbol{k}$$

例 11－2　在半径为 R 的木质半球上单层均匀密绕细导线共 N 匝，线圈平面彼此平行，如图 2－11－3(a) 所示，通过线圈的电流为 I，求球心 O 处的磁感应强度．

解　由于导线很细，因此可将沿球面的螺旋线电流视为许多半径不同的圆电流的集合．如图 2－11－3(b)，在圆弧上任取 $\mathrm{d}l$，则 $\mathrm{d}l$ 所含匝数

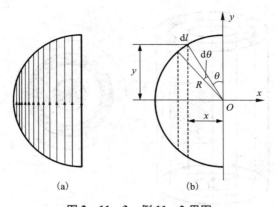

图 2 – 11 – 3　例 11 – 2 用图

$$dN = \frac{N}{\frac{\pi R}{2}}dl = \frac{2N}{\pi R}Rd\theta = \frac{2N}{\pi}d\theta$$

将这 dN 匝圆电流作为整体积分元,根据圆电流轴线上的磁场公式,dN 匝圆电流在球心 O 的磁感应强度为

$$dB = \frac{\mu_0}{2}\frac{Iy^2}{(x^2+y^2)^{3/2}}\frac{2N}{\pi}d\theta$$

方向沿 x 轴负向.

由于各整体积分元在 O 点的磁感应强度的方向相同,所以可直接积分. 由图知 $x^2 + y^2 = R^2$,$y = R\cos\theta$,则

$$B = \int dB = \int_0^{\frac{\pi}{2}}\frac{\mu_0 NI}{\pi}\frac{R^2\cos^2\theta}{R^3}d\theta$$

$$= \frac{\mu_0 NI}{\pi R}\int_0^{\frac{\pi}{2}}\cos^2\theta d\theta = \frac{\mu_0 NI}{4R}$$

方向沿 x 轴负向.

例 11 – 3　一段长直电缆由导体圆柱体和同轴导体圆筒构成. 使用时,电流从导体圆柱体流出,再从导体圆筒流回. 设电流都是均匀地分布在横截面上. 已知圆柱体的半径为 r_1,圆筒的内外半径分别为 r_2 和 r_3(如图 2 – 11 – 4),r 为到轴的垂直距离,求:(1)r 从 0 到 ∞ 的范围内各处的磁感应强度分布;(2)通过长为 L 的一段截面(图中阴影部分)的磁通量.

解　(1)根据电流分布的特点知,磁场的分布必有轴对称性,所以用安培环路定律求解为宜. 以截面与轴的交点为圆心,r 为半径在截面内作一圆,取此

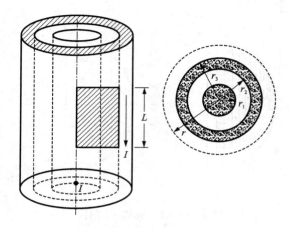

图 2 – 11 – 4   例 11 – 3 用图

圆为闭合回路 L，由于对称性，L 回路上任一点磁感应强度大小相等，方向与回路相切. 根据安培环路定理

$$\oint_L \boldsymbol{B} \cdot \mathrm{d}\boldsymbol{l} = 2\pi r B = \mu_0 \sum I_i$$

所以

$$B = \frac{\mu_0}{2\pi r} \sum I_i$$

当 $0 < r < r_1$ 时

$$\sum I_i = \frac{I}{\pi r_1^2} \pi r^2 = \frac{r^2}{r_1^2} I, \ B_1 = \frac{\mu_0 I r}{2\pi r_1^2}$$

当 $r_1 < r < r_2$ 时

$$\sum I_i = I, \ B_2 = \frac{\mu_0 I}{2\pi r}$$

当 $r_2 < r < r_3$ 时

$$\sum I_i = I - \frac{r^2 - r_2^2}{r_3^2 - r_2^2} I, \ B_3 = \frac{\mu_0 I}{2\pi r}\left(1 - \frac{r^2 - r_2^2}{r_3^2 - r_2^2}\right)$$

当 $r_3 < r$ 时

$$\sum I_i = 0, \ B_4 = 0$$

（2）由于阴影部分内各点磁感应强度 $\boldsymbol{B}$ 都与该面正交，所以该部分的磁通量为

$$\Phi_m = \int_0^{r_1} \boldsymbol{B}_1 \cdot \mathrm{d}\boldsymbol{S} + \int_{r_1}^{r_2} \boldsymbol{B}_2 \cdot \mathrm{d}\boldsymbol{S}$$

$$= \int_0^{r_1} \frac{\mu_0 I}{2\pi r_1^2} rL\mathrm{d}r + \int_{r_1}^{r_2} \frac{\mu_0 I}{2\pi r} L\mathrm{d}r$$

$$= \frac{\mu_0 IL}{4\pi} + \frac{\mu_0 IL}{2\pi}\ln\frac{r_2}{r_1} = \frac{\mu_0 IL}{4\pi}\left(1 + 2\ln\frac{r_2}{r_1}\right)$$

例 11-4　在长直圆柱形导体内，开一个圆柱形空洞，洞的轴线与导体的轴相互平行，且 $d + r < R$，其截面图如图 2-11-5(a)所示. 在导体内沿轴线方向通有均匀分布的电流，电流密度为 δ. 求：(1) O 和 O' 处的磁感应强度；(2)证明空洞内磁场为均匀磁场.

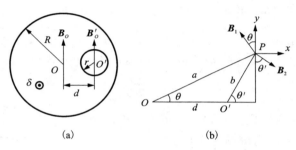

图 2-11-5　例 11-4 用图

解　本题若试图对导体作无穷分割，即将它视为由许多细导线组成，然后用迭加的方法求磁场，显然数学上难度较大；若用安培环路定理求解，似乎场分布又没有对称性. 这一类似问题其实在静电场中遇到过，用填补法处理.

从电流的角度看，圆柱形空洞中的电流为零，电流强度为零可理解为同时存在着两等值反向的电流. 因此，可以设想空洞内同时存在着电流密度为 $\pm\delta$ 的电流. 这样，空间各点的磁场就可看成由半径为 R，电流密度为 δ 的长圆柱电流和半径为 r，电流密度为 $-\delta$ 的长圆柱电流所产生的磁场的叠加.

(1) O 处的磁感应强度. 由安培环路定理知，大圆柱电流在自身轴上 O 处的磁感应强度为零，因此 O 处的磁感应强度为小圆柱电流所产生，其大小为

$$B_O = \frac{\mu_0 I'}{2\pi d} = \frac{\mu_0}{2\pi d}\delta\pi r^2 = \frac{\mu_0 \delta r^2}{2d}, \text{方向如图.}$$

同理小圆柱电流在自身轴上 O' 的磁感应强度为零. 而 O' 处的磁感应强度为大圆柱电流所产生，由安培环路定理知

$$B_{O'} = \frac{\mu_0 \delta\pi d^2}{2\pi d} = \frac{\mu_0 \delta d}{2}, \text{方向如图.}$$

（2）在空洞内任取一点 P，令 $\overline{OP} = a$，$\overline{O'P} = b$，如图 2 - 11 - 5(b) 所示. 由安培环路定律可分别求得两圆柱电流在 P 点的磁感应强度为

$$B_1 = \frac{\mu_0}{2\pi a}\delta\pi a^2 = \frac{\mu_0\delta a}{2}，方向与 \overline{OP} 垂直（由大圆柱产生）.$$

$$B_2 = \frac{\mu_0}{2\pi b}\delta\pi b^2 = \frac{\mu_0\delta b}{2}，方向与 \overline{O'P} 垂直（由小圆柱产生）.$$

由于 $\boldsymbol{B}_1$ 和 $\boldsymbol{B}_2$ 方向不同，建立直角坐标系，其 x 轴与 d 平行，将 $\boldsymbol{B}_1$，$\boldsymbol{B}_2$ 作正交分解，则 P 点的磁感应强度为

$$\boldsymbol{B} = \boldsymbol{B}_1 + \boldsymbol{B}_2 = \frac{\mu_0\delta a}{2}(-\sin\theta\boldsymbol{i} + \cos\theta\boldsymbol{j}) + \frac{\mu_0\delta b}{2}(\sin\theta'\boldsymbol{i} - \cos\theta'\boldsymbol{j})$$

$$= \frac{\mu_0\delta}{2}[(b\sin\theta' - a\sin\theta)\boldsymbol{i} + (a\cos\theta - b\cos\theta')\boldsymbol{j}]$$

由图 2 - 11 - 5(b) 知

$$b\sin\theta' = a\sin\theta \qquad a\cos\theta - b\cos\theta' = d$$

所以
$$\boldsymbol{B} = \frac{\mu_0\delta d}{2}\boldsymbol{j}$$

由于 P 点是空洞内任意一点，而其磁感应强度 $\boldsymbol{B}$ 为恒矢量，所以空洞内磁场为均匀磁场.

例 11 - 5 塑料薄圆盘，半径为 R，电荷 q 均匀分布于表面，圆盘绕通过盘心且垂直盘面的轴匀速转动，角速度为 ω，如图 2 - 11 - 6. 求：（1）圆盘中心处的磁感应强度；（2）圆盘的磁矩；（3）若此圆盘处在水平向右的匀强磁场 B 中，求该圆盘所受的磁力矩.

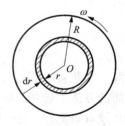

图 2 - 11 - 6 例 11 - 5 用图

解 （1）圆盘中心的磁感应强度可用两种方法求解.

方法一 根据运动电荷的磁场公式 $\boldsymbol{B} = \frac{\mu_0}{4\pi} \cdot \frac{q\boldsymbol{v} \times \boldsymbol{r}}{r^3}$ 求解，在圆盘上任取一半径为 r，宽为 $\mathrm{d}r$ 的细环，其带电量为 $\mathrm{d}q = \sigma \cdot 2\pi r\mathrm{d}r$，式中 $\sigma = \frac{q}{\pi R^2}$，所取细环上的电荷运动速度相同，均为 $v = r\omega$，其方向与半径垂直，所以旋转的细环在盘心 O 的磁感应强度为

$$\mathrm{d}B = \frac{\mu_0}{4\pi}\frac{r\omega\mathrm{d}q}{r^2} = \frac{\mu_0\omega}{4\pi r}\sigma \cdot 2\pi r\mathrm{d}r = \frac{\mu_0\sigma\omega}{2}\mathrm{d}r$$

方向垂直盘面向外. 由于各细环在 O 处的磁感应强度 $\mathrm{d}\boldsymbol{B}$ 方向相同. 所以

$$B = \int dB = \frac{\mu_0 \sigma \omega}{2} \int_0^R dr = \frac{\mu_0 \omega \sigma R}{2} = \frac{\mu_0 \omega q}{2\pi R}$$

方向垂直盘面向外.

方法二　用圆电流公式计算. 圆盘旋转时相当于不同半径的圆电流的集合. 如上述所取细环对应的电流 $dI = \frac{\omega}{2\pi} dq$，其在 O 处的磁感应强度

$$dB = \frac{\mu_0 dI}{2r} = \frac{\mu_0 \omega dq}{4\pi r} = \frac{\mu_0 \sigma \omega}{2} dr$$

方向垂直盘面向外. 可见从运动电荷角度考虑，积分结果也一样.

（2）根据线圈磁矩的定义，与细环电流对应的磁矩应为

$$dP_m = SdI = \pi r^2 \frac{\omega}{2\pi} dq = \pi \sigma \omega r^3 dr$$

由于各细环的磁矩方向相同，因此总磁矩为

$$P_m = \int dP_m = \int_0^R \pi \sigma \omega r^3 dr = \frac{1}{4} \pi \sigma \omega R^4 = \frac{1}{4} \omega q R^2$$

方向垂直纸面向外.

（3）根据任意闭合回路在外磁场 $\boldsymbol{B}$ 中所受的磁力矩计算公式得

$$M = |\boldsymbol{P}_m \times \boldsymbol{B}| = \frac{1}{4} \omega q R^2 B，方向向上.$$

例 11 - 6　一长直导线通有电流 $I_1 = 20$ A，其旁有一载流直导线 ab，两线共面，ab 长为 9.0×10^{-2} m，通以电流 $I_2 = 10$ A，线段 ab 垂直于长直导线，a 端到长直导线的距离为 1.0×10^{-2} m（如图 2 - 11 - 7），求：（1）导线 ab 所受的磁力；（2）导线 ab 所受作用力对 O 点的力矩.

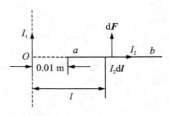

图 2 - 11 - 7　例 11 - 6 用图

解　（1）在导线 ab 上距长直导线为 l 处取电流元 $I_2 dl$，该处磁感应强度仅由 I_1 所产生，其大小为 $B = \frac{\mu_0 I_1}{2\pi l}$，方向垂直纸面向里，则 $I_2 dl$ 所受磁力的大小为

$$dF = BI_2 dl \sin 90° = \frac{\mu_0 I_1 I_2}{2\pi l} dl$$

方向垂直导线 ab 向上.

由于各电流元所受磁力 $d\boldsymbol{F}$ 方向相同，所以整个导线 ab 受力大小为

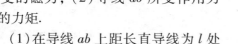

$$F = \int dF = \frac{\mu_0 I_1 I_2}{2\pi} \int_{0.01}^{0.1} \frac{dl}{l} = \frac{\mu_0 I_1 I_2}{2\pi} \ln 10$$

$$= 2 \times 10^{-7} \times 20 \times 10 \times \ln 10$$

$$= 9.2 \times 10^{-5} (\text{N})$$

方向垂直 ab 向上.

（2）电流元 $I_2 dl$ 所受磁力对 O 点的力矩大小为

$$dM = l dF = \frac{\mu_0 I_1 I_2}{2\pi} dl$$

方向为垂直纸面向外.

由于各电流元所受磁力对 O 点的力矩方向相同，所以整个导线 ab 所受磁力对 O 点的力矩大小为

$$M = \int dM = \frac{\mu_0 I_1 I_2}{2\pi} \int_{0.01}^{0.1} dl = \frac{\mu_0 I_1 I_2}{2\pi} \times 0.09$$

$$= 2 \times 10^{-7} \times 20 \times 10 \times 0.09$$

$$= 3.6 \times 10^{-6} (\text{N·m})$$

方向垂直纸面向外.

第 12 章　磁场中的磁介质

12.1　内容概要

内容概要如图 2 – 12 – 1 所示.

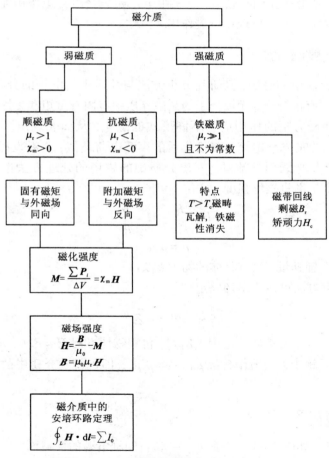

图 2 – 12 – 1　磁场中的磁介质知识框架图

12.2 学习指导

12.2.1 关于磁介质的分类

磁介质是根据其在外场中的表现来分类的. 当然, 在外场中不同的表现源于不同的内在因素, 起主要作用的内在因素是物质的原子、分子的电结构.

(1) 物质的分子电流能集合形成磁畴, 则可显示出铁磁质性质.

(2) 顺磁质分子具有固有磁矩 P, 在外磁场中受磁力矩作用而趋于规则排列产生顺磁效应.

(3) 抗磁质分子无固有磁矩, 分子中电子磁矩受磁力矩作用而进动产生与外场反向的附加磁场, 体现出抗磁作用.

12.2.2 一般磁介质

对于磁介质中的磁场, 其研究分析方法与介质中的电场的分析方法类似. 取代电介质中有极分子、无极分子的是磁介质中有固有磁矩和无固有磁矩的分子, 它们都受磁力矩的作用而有不同形式的磁化, 从而表现出顺磁性和抗磁性. 磁化后产生的磁化电流也与极化后的束缚电荷类似, 它激发磁场, 受磁力作用, 但不能用导线引导流动. 对磁介质中的磁场的处理方法也和电介质一样, 引入一个辅助量磁场强度 H.

$$H = \frac{B}{\mu_0} - M = \frac{B}{\mu}$$

其中

$$\mu = \mu_r \mu_0$$

H 也只是一个辅助量, 没有具体的物理意义.

B 的求解方法可用安培环路定理.

$$\oint_L H \cdot \mathrm{d}l = \sum I_i$$

具体方法是用安培环路定理求出 H, 再用物性方程 $H = B/\mu$, 求解 B. 同样在多数典型问题中, 只须作替换 $\mu_0 \to \mu = \mu_r \mu_0$, 即可得到介质中的磁感应强度 B.

12.3 典型例题

例 12 - 1 如图 2 - 12 - 2 所示, 一长直同轴电缆的横截面, 内外导体之半径分别为 a 和 b, 假定内导体的相对磁导率为 μ_{r1}, 电缆中绝缘材料的相对磁导

率为 μ_{r2}，而导体外都是空气. 如果电流 I 由内导体流入而由外导体流出（外导体厚度不计）. 试求磁场强度和磁感应强度的分布.

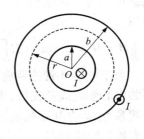

解 根据电流方向与磁场方向的关系，可知磁力线为圆心在轴线上的一系列同心圆，而且均与轴线垂直，因此该磁场具有轴对称性. 选以 O 为中心，半径为 r 的圆作为积分回路，应用安培环路定理有

图 2 - 12 - 2　例 12 - 1 用图

$$\oint \boldsymbol{H} \cdot \mathrm{d}\boldsymbol{l} = H2\pi r = \sum I_c$$

即

$$H = \sum I_c / 2\pi r$$

$$B = \mu_r \mu_0 H = \mu_r \mu_0 \sum I_c / 2\pi r$$

（1）在内导体中（$r < a$），积分环路所包围的传导电流为

$$\sum I_c = \frac{I}{\pi a^2} \pi r^2 = \frac{r^2}{a^2} I$$

所以

$$H_1 = rI / 2\pi a^2 \qquad B_1 = \mu_{r1} \mu_0 rI / 2\pi a^2$$

方向与半径垂直且沿顺时针方向.

（2）在两导体间的绝缘材料中（$a < r < b$），积分回路所包围之传导电流为内导体中流过的全部电流，即 $\sum I_c = I$，所以

$$H_2 = I / 2\pi r$$

$$B_2 = \mu_0 \mu_{r2} I / 2\pi r$$

方向与半径垂直并沿顺时针方向.

（3）在电缆外（$r > b$），积分回路包围之传导电流为内外导体中流过的所有电流，即 $\sum I_c = I - I = 0$，所以 $B_3 = 0$，$H_3 = 0$.

例 12 - 2 细螺绕环中心轴线周长 $l = 10$ cm，环上线圈总匝数 $N = 200$ 匝，线圈中通有电流 $I = 100$ mA. 试计算：（1）螺绕环为空心时环内的磁感应强度 $\boldsymbol{B}_0$ 和磁场强度 $\boldsymbol{H}_0$；（2）当螺绕环内充满相对磁导率为 $\mu_r = 4200$ 的磁介质时，磁介质内的 $\boldsymbol{B}$ 和 $\boldsymbol{H}$ 的大小；（3）磁介质内由导线中传导电流产生的 $\boldsymbol{B}_0$ 和磁化电流产生的 $\boldsymbol{B}'$ 的大小.

解 由于螺绕环上的线圈通常绕得很紧密，管外的磁场是微弱的，磁场几乎全部集中在螺绕环管内，且磁力线都是同心圆，如图 2 - 12 - 3 所示. 在同一条磁力线上，磁场强度的量值相等.

取通过 P 点、半径为 r 的圆作为线积分的回路，由于闭合线上任一点的磁

场强度都与闭合线相切，且 H 大小相等，所以

$$\oint_L \boldsymbol{H} \cdot \mathrm{d}\boldsymbol{l} = \oint_L H \mathrm{d}l = H \int_0^{2\pi r} \mathrm{d}l = H2\pi r$$

　　由于螺绕环管的截面很小，$2\pi r$ 可由环的中心轴线周长代替，即 $2\pi r \approx l$. 而闭合线所包围的电流强度之代数和为 NI，由安培环路定理得

$$\oint \boldsymbol{H} \cdot \mathrm{d}\boldsymbol{l} = Hl = NI$$

所以

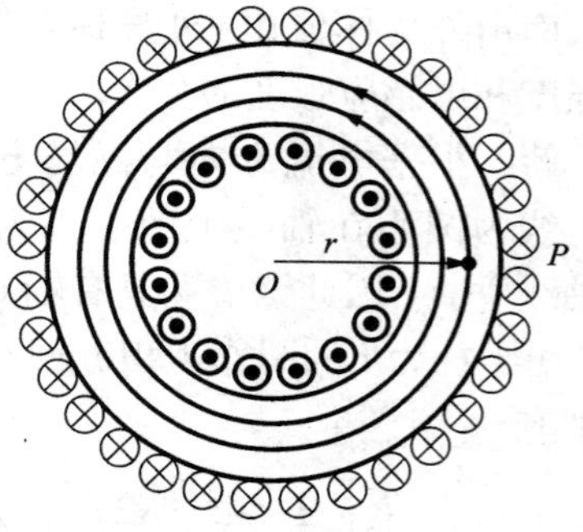

$$H = NI/l$$

图 2 - 12 - 3 　例 12 - 2 用图

此式不管环内有无介质，都是成立的.

　　（1）当环为空心时，上面已求出 H，即

$$H_0 = NI/l = 200 \times 0.1/0.1 = 2.0 \times 10^2 (\text{A} \cdot \text{m}^{-1})$$

$$B_0 = \mu_0 H_0 = 2.5 \times 10^{-4} (\text{T})$$

$\boldsymbol{B}_0$ 和 $\boldsymbol{H}_0$ 的方向如图中箭头所示.

　　（2）当环内充满磁介质时，H 不变化，即

$$H = H_0 = 2.0 \times 10^2 (\text{A} \cdot \text{m}^{-1})$$

$$B = \mu_0 \mu_r H_0 = 4\pi \times 10^{-7} \times 4200 \times 2.0 \times 10^2 = 1.06 \ (\text{T})$$

　　（3）磁介质中传导电流产生的 $\boldsymbol{B}$ 即是螺绕环为空心时的 $\boldsymbol{B}_0$，所以 $\boldsymbol{B}_0$ 的大小仍为

$$B_0 = 2.5 \times 10^{-4} (\text{T})$$

　　对于磁化电流产生的 $\boldsymbol{B}'$，可根据场的叠加原理来求. 磁介质内的磁感应强度应由传导电流产生的磁感应强度 $\boldsymbol{B}_0$ 与磁化电流产生的磁感应强度 $\boldsymbol{B}'$ 叠加而成. 由于所给 μ_r 值很大，可见所加磁介质应是铁磁质. 由

$$\boldsymbol{B} = \boldsymbol{B}_0 + \boldsymbol{B}'$$

得

$$B = B_0 + B'$$

所以

$$B' = B - B_0 = 1.06 - 0.0025 \approx 1.06 \ (\text{T})$$

第 13 章　变化的电磁场

13.1　内容概要

内容概要如图 2 − 13 − 1 所示.

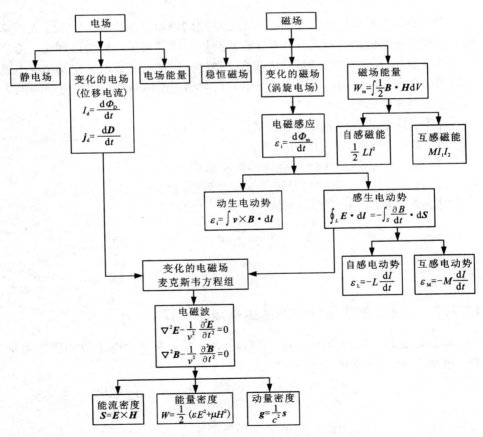

图 2 − 13 − 1　变化的电磁场知识框架图

13.2　学习指导

　　第 9 章至第 12 章中我们分别独立地研究了静电场和稳恒磁场以及它们与物质相互作用的基本规律. 当电场和磁场随时间变化时，它们就不再是相互独立的，而是可以相互激发，由近及远在空间传播形成电磁波.

　　本章从电磁感应现象入手，研究电和磁的相互激发，根据麦克斯韦提出的两个重要假设(涡旋电场和位移电流)，构建了完整的电磁统一体——电磁场，并预言了电磁波的存在.

13.2.1　感应电动势的计算

　　产生感应电动势的条件是穿过一闭合回路的磁通量发生改变，不管该回路是真实回路还是假想的回路，也不管该回路是导体回路还是绝缘体回路，无论什么原因使穿过回路的磁通量发生改变，都会在回路内激起感应电动势. 不过只有在闭合导体回路的情况下，回路中才会有感应电流流过. 感应电动势的大小决定于磁通量的变化率.

　　计算感应电动势大小的一般步骤为

　　(1)求出磁感应强度的分布函数；

　　(2)求出磁通量随时间 t 变化的函数关系 $\Phi_m(t)$；

　　(3)将 $\Phi_m(t)$ 对时间求导数即得感应电动势的大小.

　　对于 N 匝回路，则应求磁通链

$$\Psi = \sum_{i=1}^{N} \Phi_{m_i}$$

而

$$\varepsilon_i = -\frac{d\Psi}{dt} = -N\frac{d\Phi_m}{dt}$$

13.2.2　动生、感生电动势及感生电场的计算

　　根据磁通量变化的原因不同，感应电动势可分为动生电动势和感生电动势，由 $\Phi_m = \boldsymbol{B} \cdot \boldsymbol{S} = BS\cos\theta$ 得

$$\varepsilon_i = -N\frac{d\Phi_m}{dt} = -N\left(B\cos\theta\frac{\partial S}{\partial t} + BS\frac{\partial\cos\theta}{\partial t} + S\cos\theta\frac{\partial B}{\partial t}\right)$$

若第一项 $\dfrac{\partial S}{\partial t} \neq 0$，表示闭合回路中至少一条边在磁场中平动或转动，导致回路面积发生改变；第二项 $\dfrac{\partial\cos\theta}{\partial t} \neq 0$，表示整个回路在磁场中转动，导致回路取向

发生变化，因此前两项对应于动生电动势. 最后一项磁通量的改变则是由磁场的变化引起的，称为感生电动势.

动生电动势是感应电动势的一种，因此除了可用 $\varepsilon = \int (\boldsymbol{v} \times \boldsymbol{B}) \cdot \mathrm{d}\boldsymbol{l}$ 计算 ε 外，还可由法拉第电磁感应定律来计算. 感生电场(或涡旋电场)是一个很重要的概念，它表明"磁生电". 一般情况下，感生电场 $\boldsymbol{E}_{涡}$ 不易求得. 只有对于圆形区域均匀磁场变化所激发的感生电场，可利用 $\oint_{l} \boldsymbol{E}_{涡} \cdot \mathrm{d}\boldsymbol{l} = -\int_{S} \dfrac{\partial \boldsymbol{B}}{\partial t} \cdot \mathrm{d}\boldsymbol{S}$ 求得 $\boldsymbol{E}_{涡}$ 表达式

$$E_{涡} = \begin{cases} \dfrac{r}{2} \dfrac{\mathrm{d}B}{\mathrm{d}t} & r < R \\[3mm] \dfrac{R^2}{2r} \dfrac{\mathrm{d}B}{\mathrm{d}t} & r > R \end{cases}$$

要特别注意：在回路面积或取向变化的同时，如果磁感应强度也在变化，则回路中既有动生电动势，又有感生电动势，不能只计算其中的一种而忽略另一种.

13.2.3　磁场能量的计算

磁能密度 $w_{\mathrm{m}} = \dfrac{1}{2} BH$ 是由无限长直螺线管这一特例导出的，在普遍情况下，磁场中磁能密度的表达式为

$$w_{\mathrm{m}} = \frac{1}{2} \boldsymbol{B} \cdot \boldsymbol{H}$$

总磁能 $$W_{\mathrm{m}} = \frac{1}{2} \int \boldsymbol{B} \cdot \boldsymbol{H} \mathrm{d}V$$

对于一个载流线圈的情况，只存在自感磁能

$$\frac{1}{2} LI^2 = \frac{1}{2} \int \boldsymbol{B} \cdot \boldsymbol{H} \mathrm{d}V$$

对于两个载流线圈同时存在的情况，不仅要考虑自感磁能，而且还要考虑互感磁能.

13.2.4　位移电流

位移电流的引入，扩充了电流连续性的概念，单纯的传导电流或位移电流在电路中不一定连续，但全电流总是连续的.

位移电流实际上是一种能激发磁场的变化电场，之所以将其称为电流，是因为它和传导电流一样，都能激发磁场，且服从同样的规律(如安培环路定

理），但两者也仅在这一点上等效，本质上是完全不同的物理量，传导电流是导体内自由电子定向运动形成的，流过导体会产生焦耳热；位移电流和变化的电场相联系，且不产生焦耳热.

13.2.5　麦克斯韦方程组　电磁波和电磁场

麦克斯韦方程组加上描述介质性质的方程组，是电磁场普遍规律的高度概括和总结，如图 2 – 13 – 2 所示.

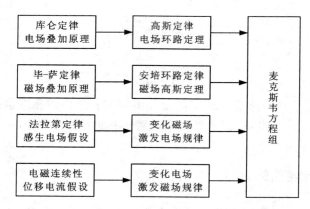

图 2 – 13 – 2　电磁场普遍规律概图

已知电荷和电流分布，由该方程组可以给出电场和磁场的唯一分布，麦克斯韦方程组还说明，电场既可由电荷激发，也可由变化的磁场激发，磁场既可由传导电流激发，又可由变化的电场激发，在 ρ 和 j 为零的区域，电场和磁场通过本身的相互激发而运动传播，形成电磁波，麦克斯韦据此预言了电磁波的存在并阐明了光的电磁本质. 电磁场可以独立于电荷和电流之外单独存在，而且具有能量和动量，甚至电磁波还具有不连续的微观结构——光子，这充分说明电磁场和实物粒子一样，也是客观存在的物质.

13.3　典型例题

例 13 – 1　一单匝圆形线圈位于 xy 平面内，其中心位于原点，半径为 a，电阻为 R，平行于 z 轴有一匀强磁场，假设 R 很大，求当磁场依照 $B = B_0 e^{-\alpha t}$ 的关系降为零时，通过该线圈某一截面的感应电流与电量.

解　回路中维持电流的条件是必须有电动势，求感应电流应首先求出感应电动势. 题中线圈不动亦不变形，故线圈内只存在感生电动势. 可用法拉第电磁感应定律求解.

另一方面,当 B 按非线性关系变化时,线圈中出现的感应电流也是变化的,这必伴有自感应现象,使问题变得很复杂. 本题中已假设 R 很大,所以自感应电流就很小,它所产生的磁场变化可以忽略,这样就使计算简化.

根据法拉第电磁感应定律,线圈中的感应电动势为

$$\varepsilon_i = -\frac{d\Phi_m}{dt} = -\frac{d}{dt}(BS) = -S\frac{d}{dt}(B_0 e^{-\alpha t})$$

$$= -SB_0(-\alpha)e^{-\alpha t} = \pi a^2 \alpha B_0 e^{-\alpha t}$$

电动势为正,说明它的方向与 B 构成右手螺旋关系. 当然,在应用法拉第电磁感应定律计算 ε_i 时,也可以省略"–"号,只计算它的绝对值,然后用楞次定律判定其方向. 根据欧姆定律,线圈中的感应电流为

$$i = \frac{\varepsilon_i}{R} = \frac{\pi a^2 \alpha B_0}{R} e^{-\alpha t}$$

感应电流的方向亦与 B 构成右手螺旋关系,如图 2–13–3 所示.

在 $0 \sim t$ 时间内,通过线圈某一截面的电量为

$$q = \int_0^t i\,dt = \frac{\pi a^2 \alpha B_0}{R} \int_0^t e^{-\alpha t}\,dt$$

$$= \frac{\pi a^2 B_0}{R}(1 - e^{-\alpha t})$$

$$= \frac{1}{R}[\Phi_{m0} - \Phi_m(t)] = \frac{1}{R}\Delta\Phi_m$$

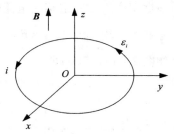

图 2–13–3 例 13–1 用图

当 B 降为零时,$t \to \infty$,通过线圈截面的总电量为

$$Q = \int_0^\infty i\,dt = \frac{\pi a^2 B_0}{R} = \frac{\Phi_{m0}}{R}$$

可见,q 仅与磁通量的变化值 $\Delta\Phi_m$ 有关,而与变化过程快慢无关.

例 13–2 一单匝等腰直角三角形刚性线圈与通有电流 I 的无限长直导线共面并以匀速率 v 水平向右运动,求该线圈在图 2–13–4(a) 所示位置时的动生电动势,并指出感应电流的方向.

解 方法一 应用 $\varepsilon_i = -\dfrac{d\Phi_m}{dt}$ 求解.

设线圈在任一时刻 t,ac 边距长直载流导线的距离为 r. 取 xOy 坐标如图[2–13–4(a)]所示,穿过面积 abc 的磁通量为 Φ_m,则

$$\Phi_{\mathrm{m}}(r) = \int \boldsymbol{B} \cdot \mathrm{d}\boldsymbol{S} = \int_r^{L+r} \frac{\mu_0 I}{2\pi x} y\mathrm{d}x$$

由图可知 $y = (L+r) - x$，因此

$$\Phi_{\mathrm{m}}(r) = \frac{\mu_0 I}{2\pi} \int_r^{L+r} \frac{(L+r) - x}{x}\mathrm{d}x$$

$$= \frac{\mu_0 I}{2\pi}\Big[(L+r)\ln\frac{L+r}{r} - L\Big]$$

所以

$$\varepsilon_{\mathrm{i}}(r) = -\frac{\mathrm{d}\Phi_{\mathrm{m}}}{\mathrm{d}t} = -\frac{\mathrm{d}\Phi_{\mathrm{m}}}{\mathrm{d}r}\frac{\mathrm{d}r}{\mathrm{d}t} = -\frac{\mathrm{d}\Phi_{\mathrm{m}}}{\mathrm{d}r}v$$

$$= \frac{\mu_0 I}{2\pi}v\Big[\frac{L}{r} - \ln\frac{L+r}{r}\Big]$$

当 $r = d$ 时

$$\varepsilon_{\mathrm{i}} = \frac{\mu_0 I v}{2\pi}\Big[\frac{L}{d} - \ln\frac{L+d}{d}\Big]$$

根据楞次定律判定感应电流的方向为 $a \to b \to c \to a$，即顺时针方向.

方法二 用 $\varepsilon_{\mathrm{i}} = \oint (\boldsymbol{v} \times \boldsymbol{B}) \cdot \mathrm{d}\boldsymbol{l}$

如图 2 – 13 – 4(b)所示

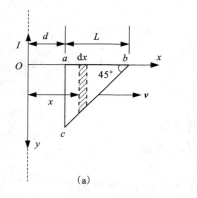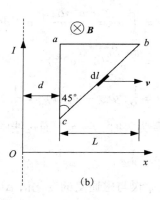

(a)　　　　　　　　　　　　(b)

图 2 – 13 – 4　例 13 – 2 用图

$$\varepsilon_{\mathrm{i}} = \int_a^b (\boldsymbol{v} \times \boldsymbol{B}) \cdot \mathrm{d}\boldsymbol{l} + \int_b^c (\boldsymbol{v} \times \boldsymbol{B}) \cdot \mathrm{d}\boldsymbol{l} + \int_c^a (\boldsymbol{v} \times \boldsymbol{B}) \cdot \mathrm{d}\boldsymbol{l}$$

$$= \varepsilon_{\mathrm{i}ab} + \varepsilon_{\mathrm{i}bc} + \varepsilon_{\mathrm{i}ca}$$

$$\varepsilon_{\mathrm{i}ab} = \int_a^b (\boldsymbol{v} \times \boldsymbol{B}) \cdot \mathrm{d}\boldsymbol{l} = \int_a^b vB\cos\frac{\pi}{2}\mathrm{d}l = 0$$

$$\varepsilon_{ibc} = \int_b^c (\boldsymbol{v} \times \boldsymbol{B}) \cdot \mathrm{d}\boldsymbol{l} = -\int_b^c v \frac{\mu_0 I}{2\pi x} \mathrm{d}l \cos\frac{\pi}{4}$$

$$= -\frac{\mu_0 I v}{2\pi} \int_d^{d+L} \frac{\mathrm{d}x}{x} = -\frac{\mu_0 I v}{2\pi} \ln\frac{d+L}{d}$$

方向为 $c \to b$.

$$\varepsilon_{ica} = \int_c^a (\boldsymbol{v} \times \boldsymbol{B}) \cdot \mathrm{d}\boldsymbol{l} = \frac{\mu_0 I v}{2\pi d} \int_0^L \cos 0° \mathrm{d}l = \frac{\mu_0 I v}{2\pi d} L$$

方向为 $c \to a$.

    所以 $$\varepsilon = \varepsilon_{iab} + \varepsilon_{ibc} + \varepsilon_{ica} = \frac{\mu_0 I v}{2\pi} \left[\frac{L}{d} - \ln\frac{L+d}{d} \right]$$

方向为 $a \to b \to c \to a$.

比较两种解法，对于在稳恒磁场中平动的线框，用方法二比较简便.

例 13 – 3 在截面半径为 R 的圆柱形空间充满磁感应强度为 B 的均匀磁场，B 的方向沿圆柱形轴线，如图 2 – 13 – 5(a) 所示，B 的大小随时间按 $\dfrac{\mathrm{d}B}{\mathrm{d}t} = k$ 的规律均匀增加，有一长 $L = 2R$ 的金属棒 abc 位于图 2 – 13 – 5(a) 所示位置，求金属棒中的感生电动势.

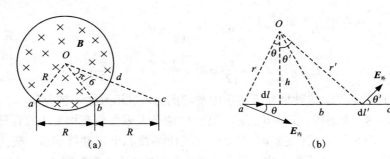

图 2 – 13 – 5   例 13 – 3 用图

    解 方法一   补充回路法. 作辅助线 Oa、Oc 构成闭合回路 $OabcO$，由于涡旋电场的电力线是以 O 为圆心的半径不等的同心圆，$E_{涡}$ 的方向沿圆切线方向，因而与半径垂直，因此 Oa，Oc 段上感生电动势为零，则闭合回路的感生电动势就等于金属棒 ac 上的感生电动势.

    穿过 $\triangle Oac$ 的磁通量实际上只是穿过 $OabdO$ 面积部分的磁通量. 所以

$$\Phi_m = S_{OabdO} B = (S_{OabO} + S_{ObdO}) B = \left(\frac{\sqrt{3}}{4} + \frac{\pi}{12} \right) R^2 B$$

$$\varepsilon_i = -\frac{\mathrm{d}\Phi_m}{\mathrm{d}t} = -\frac{1}{4}R^2\left(\sqrt{3}+\frac{\pi}{3}\right)\frac{\mathrm{d}B}{\mathrm{d}t} = -\frac{k}{4}R^2\left(\sqrt{3}+\frac{\pi}{3}\right)$$

由楞次定律可判断感生电动势的指向为 $a\to b\to c$.

方法二　用电动势定义求解. 根据圆域的涡旋电场公式

$$E_内 = \frac{r}{2}\frac{\mathrm{d}B}{\mathrm{d}t} \quad (r<R)$$

$$E_外 = \frac{R^2}{2r}\frac{\mathrm{d}B}{\mathrm{d}t} \quad (r\geqslant R)$$

直接应用电动势的定义有

$$\varepsilon_{iabc} = \int_a^b \boldsymbol{E}_内 \cdot \mathrm{d}\boldsymbol{l} + \int_b^c \boldsymbol{E}_外 \cdot \mathrm{d}\boldsymbol{l}$$

由图 2 – 13 – 5(b) 的几何关系得

$$\int_a^b \boldsymbol{E}_内 \cdot \mathrm{d}\boldsymbol{l} = \int_a^b \frac{r}{2}\frac{\mathrm{d}B}{\mathrm{d}t}\cos\theta\mathrm{d}l = \frac{1}{2}\frac{\mathrm{d}B}{\mathrm{d}t}\int_a^b h\mathrm{d}l$$

$$= \frac{1}{2}hR\frac{\mathrm{d}B}{\mathrm{d}t} = \frac{\sqrt{3}}{4}R^2 k$$

$$\int_b^c \boldsymbol{E}_外 \cdot \mathrm{d}\boldsymbol{l}' = \int_b^c \frac{R^2}{2r'}\frac{\mathrm{d}B}{\mathrm{d}t}\cos\theta'\mathrm{d}l'$$

$$= \frac{1}{2}R^2\frac{\mathrm{d}B}{\mathrm{d}t}\int_{\frac{\pi}{6}}^{\frac{\pi}{3}}\frac{1}{r'}(r'\mathrm{d}\theta') = \frac{1}{12}k\pi R^2$$

所以　　　　　$$\varepsilon_{iabc} = \frac{\sqrt{3}}{4}R^2 k + \frac{1}{12}k\pi R^2 = \frac{1}{4}kR^2\left(\sqrt{3}+\frac{\pi}{3}\right)$$

比较两种解法,这种情况下感生电动势的计算,用方法一较简便.

例 13 – 4　如图 2 – 13 – 6 所示,真空中两条无限长载流均为 I 的直导线中间,放置一门框形支架(支架固定),该支架由导线和电阻联接而成,载流导线和门框支架在同一竖直平面内,另一质量为 m,长为 l 的金属杆 AB 可在支架上无摩擦地滑动,将 AB 从静止释放,求:(1)AB 上感应电动势的大小;(2)AB 上的电流;(3)AB 所能达到的最大速度.

解　(1)开始时在重力作用下,金属杆向下加速运动,切割磁力线产生动生电动势.

$$\varepsilon_i = \int_l (\boldsymbol{v}\times\boldsymbol{B})\cdot\mathrm{d}\boldsymbol{r} = \int_c^{c+l} v\left[\frac{\mu_0 I}{2\pi r} + \frac{\mu_0 I}{2\pi(2c+l-r)}\right]\mathrm{d}r$$

$$= \frac{\mu_0 I}{\pi}v\ln\frac{l+c}{c}$$

(2)回路中感应电流

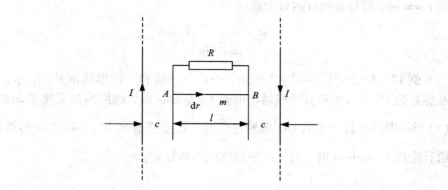

图 2 – 13 – 6　例 13 – 4 用图

$$i = \frac{\varepsilon_i}{R} = \frac{\mu_0 I v}{\pi R} \ln \frac{l + c}{c}$$

（3）金属杆所受磁力大小

$$f = \left| \int i d\boldsymbol{r} \times \boldsymbol{B} \right| = i \int_c^{c+l} \left(\frac{\mu_0 I}{2\pi r} + \frac{\mu_0 I}{2\pi(2c + l - r)} \right) dr$$

$$= \frac{v}{R} \left[\frac{\mu_0 I}{\pi} \ln \frac{l + c}{c} \right]^2$$

方向向上.

开始杆做加速运动，当重力与磁力平衡，杆做匀速运动，此时 AB 达到最大速度 v_m，即

$$mg = \frac{v_m}{R} \left[\frac{\mu_0 I}{\pi} \ln \frac{l + c}{c} \right]^2$$

故

$$v_m = \frac{mgR\pi^2}{\mu_0^2 l^2 \left(\ln \dfrac{l + c}{c} \right)^2}$$

或由金属杆在磁力和重力作用下的运动方程

$$mg - \frac{v}{R} \left[\frac{\mu_0 I}{\pi} \ln \frac{l + c}{c} \right]^2 = m \frac{dv}{dt}$$

解得 t 时刻金属杆速度

$$v = \frac{mgR}{k^2} (1 - e^{-k^2 t / mg})$$

式中

$$k = \frac{\mu_0 I}{\pi} \ln \frac{l + c}{c}$$

当 $t \to \infty$ 时，可得金属杆的最大速度

$$v_{\mathrm{m}} = \frac{mgR\pi^2}{\mu_0^2 l^2 (\ln \frac{l+c}{c})^2}$$

例 13 – 5　如图 2 – 13 – 7 所示，一长直导线和一矩形线圈共面，求：（1）互感系数 M；（2）当长直导线通以电流 $I = I_0 \sin\omega t$ 时，线圈内的互感电动势 ε_{i}；（3）当线圈围绕过中心的 OO' 轴转过 $\frac{\pi}{2}$ 时，其互感系数 M'；（4）当矩形线圈中通有电流 $I = I_0 \sin\omega t$ 时，直导线中的感应电动势 $\varepsilon'_{\mathrm{i}}$.

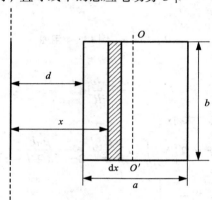

图 2 – 13 – 7　例 13 – 5 用图

解　设矩形线圈长为 b，宽为 a，左侧与长直导线相距 d.

（1）先假定长直导线中通有电流 I，则可求出由 I 产生通过矩形线圈的磁通量为

$$\Phi_{\mathrm{m}} = \int \boldsymbol{B} \cdot \mathrm{d}\boldsymbol{S} = \int_d^{d+a} \frac{\mu_0 I}{2\pi x} b \mathrm{d}x = \frac{\mu_0 I b}{2\pi} \ln \frac{d+a}{d}$$

因此，由互感定义式得

$$M = \frac{\Phi_{\mathrm{m}}}{I} = \frac{\mu_0 b}{2\pi} \ln \frac{d+a}{d}$$

（2）$\varepsilon_{\mathrm{i}} = -\dfrac{\mathrm{d}\Phi_{\mathrm{m}}}{\mathrm{d}t} = -\dfrac{\mu_0 b}{2\pi} \ln \dfrac{d+a}{d} \cdot \dfrac{\mathrm{d}I}{\mathrm{d}t}$

$$= -\frac{\mu_0 b \omega I_0}{2\pi} \ln \frac{d+a}{a} \cdot \cos\omega t$$

（3）因 $\Phi'_{\mathrm{m}} = 0$，故 $M' = \dfrac{\Phi'_{\mathrm{m}}}{I} = 0$

（4）当矩形线圈中通有电流 $I = I_0 \sin\omega t$ 时，因互感系数相等，则直线中的感应电动势为

$$\varepsilon'_i = -M\frac{\mathrm{d}I}{\mathrm{d}t} = -\frac{\mu_0 b\omega}{2\pi}\ln\frac{d+a}{d}\cdot I_0\cos\omega t$$

例 13-6　半径为 R_1 的无限长导体圆柱面外包有外半径为 R_2 的同轴磁介质（磁导率为 μ）圆柱形壳，外面再加上半径为 R_3 的同轴导体圆柱面. 两导体可构成闭合回路. 求：

（1）单位长度自感.

（2）回路通电流 I 时，单位长度的总磁能，介质区域内单位长度的磁能.

解　（1）设回路电流为 I，由安培环路定理可得

$$B = \begin{cases} \mu I/2\pi r & (R_1 \leqslant r < R_2) \\ \mu_0 I/2\pi r & (R_2 \leqslant r < R_3) \\ 0 & (r > R_3, r < R_1) \end{cases}$$

两导体圆柱面间单位长度磁通为

$$\Phi = \int_{R_1}^{R_2}\frac{\mu I}{2\pi r}\mathrm{d}r + \int_{R_2}^{R_3}\frac{\mu_0 I}{2\pi r}\mathrm{d}r$$

$$L = \Phi/I = (\mu\ln R_2/R_1 + \mu_0\ln R_3/R_2)/2\pi$$

（2）$W_m = LI^2/2$

$$= \frac{I^2}{4\pi}[\mu(\ln R_2/R_1) + \mu_0(\ln R_3/R_2)]$$

或者　$W_m = \int\frac{1}{2}BH\mathrm{d}V$

$$= \int_{R_1}^{R_2}\frac{1}{2}\mu(\frac{I}{2\pi r})^2 2\pi r\mathrm{d}r + \int_{R_2}^{R_3}\frac{1}{2}\mu_0(\frac{I}{2\pi r})^2 2\pi r\mathrm{d}r$$

$$= \frac{I^2}{4\pi}[\mu\ln(R_2/R_1) + \mu_0\ln(R_3/R_2)]$$

$$W_{m介} = \int_{R_1}^{R_2}\frac{1}{2}\mu(\frac{I}{2\pi r})^2 2\pi r\mathrm{d}r$$

$$= \frac{I^2}{4\pi}\mu\ln(R_2/R_1)$$

例 13-7　假设在绕太阳的圆轨道上有个"尘埃粒子"，设它的质量密度为 $1.0~\mathrm{g/cm^3}$. 粒子的半径 r 是多大时，太阳把它推向外的辐射压力等于把它拉向内的万有引力（已知太阳表面单位面积的辐射功率为 $6.9\times10^7~\mathrm{W/m^2}$）？对于这样的尘埃粒子会发生什么现象？

解　以 R 表示粒子的轨道半径，则太阳对它的引力为

$$F_g = \frac{GM_s}{R^2} \frac{4}{3}\pi r^3 \rho$$

它受到的太阳光的辐射压力为

$$F_r = \frac{S}{c}A = \frac{P_s R_s^2}{cR^2}\pi r^2$$

其中 R_s 和 R 分别为太阳的半径及太阳和粒子间的距离.

由 $F_g = F_r$ 给出

$$r = \frac{3P_s R_s^2}{4GM_s c\rho}$$

$$= \frac{3 \times 6.9 \times 10^7 \times (7 \times 10^8)^2}{4 \times 6.67 \times 10^{-11} \times 2 \times 10^{30} \times 3 \times 10^8 \times 1.0 \times 10^3}$$

$$= 6.3 \times 10^{-7} = 6.3 \times 10^{-4} (\text{mm})$$

对这样的粒子,其受太阳引力和太阳光辐射压力平衡的条件与它离太阳的距离 R 无关,所以不论离太阳远近,该二力总是平衡的. 因此,只在此二力作用下,粒子将做匀速直线运动.

第 14 章   光的量子性与激光

14.1   内容概要

内容概要如图 2－14－1 所示.

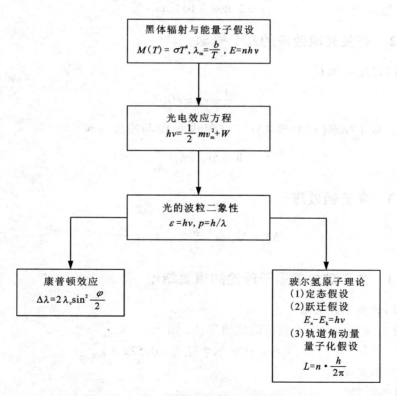

图 2－14－1   光的量子性与激光知识框架图

14.2 学习指导

14.2.1 黑体辐射的两条实验规律

(1)斯特藩—玻耳兹曼定律

辐出度 $$M(T) = \sigma T^4$$

斯特藩常量 $$\sigma = 5.67 \times 10^{-8} \text{ W} \cdot \text{m}^{-2} \cdot \text{K}^{-4}$$

(2)维恩位移定律

$$T\lambda_m = b$$

维恩常量 $$b = 2.898 \times 10^{-3} \text{ m} \cdot \text{K}$$

14.2.2 有关光电效应的几个概念

(1)遏止电压 U_a

$$\frac{1}{2}mv_m^2 = eU_a$$

(2)截止频率(红限频率)ν_0、红限波长 λ_0 与逸出功 W

$$W = h\nu_0 = h \cdot \frac{c}{\lambda_0}$$

14.2.3 康普顿效应

$$\Delta\lambda = 2\lambda_c \sin^2\frac{\varphi}{2} \qquad \lambda_c = \frac{h}{m_0 c}$$

14.2.4 关于玻尔氢原子理论的重要结论

(1)轨道半径关系

设 r_n 为第 n 个定态对应的轨道半径,则

$$r_n = n^2 r(玻尔半径 \ r_1 = 0.529 \text{ Å})$$

(2)能量关系

基态能量

$$E_1 = -13.6 \text{ eV}$$

第 $(n-1)$ 激发态能量

$$E_n = \frac{E_1}{n^2} \quad (n = 2, 3, 4, \cdots)$$

14.3　典型例题

例 14 - 1　考察一个带电质点构成的宏观谐振子，质量为 0.4 kg，弹性系数为 $4.0\ N\cdot m^{-1}$，初始振幅为 0.01 m. (1)试求振子的能量和频率；(2)假定振子能量按 $E = nh\nu$ 量子化，试确定初态能量对应的量子数 n；(3)若振子发射一个能量子 $\varepsilon = h\nu$，问振子能量变化的比例为多大？

解　$(1)E = \dfrac{1}{2}kA^2 = \dfrac{1}{2}\times 4.0\times 0.01^2 = 2.0\times 10^{-4}\ (J)$

$$\nu = \frac{1}{2\pi}\sqrt{\frac{k}{m}} = \frac{1}{2\pi}\sqrt{\frac{4.0}{0.4}} = 0.5\ (Hz)$$

(2)能量子　$\varepsilon = h\nu = 6.63\times 10^{-34}\times 0.5 = 3.3\times 10^{-34}\ (J)$

量子数　$n = \dfrac{E}{\varepsilon} = \dfrac{2.0\times 10^{-4}}{3.3\times 10^{-34}} = 6.0\times 10^{29}$

$(3)\dfrac{\Delta E}{E} = \dfrac{\varepsilon}{E} = \dfrac{1}{n} = 1.7\times 10^{-30}$

思考：(3)问的计算结果说明了什么问题.

例 14 - 2　太阳的总辐射功率 $P_S = 3.9\times 10^{26}$ W.

(1)以 r 表示行星绕太阳运行的轨道半径，证明行星表面的温度 T 由下式给出：

$$T^4 = \frac{P_S}{16\pi\sigma r^2}$$

其中 σ 为斯特藩常量，行星辐射视为黑体辐射.

(2)已知地球的轨道半径 $r_E = 1.5\times 10^{11}$ m，试计算地球表面的温度 T_E.

解　(1)设行星半径为 R，温度为 T，则行星的辐出度

$$M = \sigma T^4$$

考虑到热平衡，应有辐射功率等于吸收功率，故有

$$M\cdot 4\pi R^2 = \frac{P_S}{4\pi r^2}\cdot \pi R^2$$

解得　　　　　　　　　$T^4 = \dfrac{P_S}{16\pi\sigma r^2}$

$(2)T_E = \left[\dfrac{P_S}{16\pi\sigma r_E^2}\right]^{\frac{1}{4}} = \left[\dfrac{3.9\times 10^{26}}{16\pi\times 5.67\times 10^{-8}\times (1.5\times 10^{11})^2}\right]^{\frac{1}{4}} = 279$ K

例 14 - 3　波长 $\lambda = 589.3$ nm 的光照射到钾金属表面产生光电效应，测得

遏止电压 $U_0 = 0.36$ V. 计算光电子的最大初动能、逸出功和红限频率.

解　光电子的最大初动能

$$E_k = \frac{1}{2} m v_m^2 = U_0 e = 0.36 \, (\text{eV})$$

由爱因斯坦方程 $h\nu = E_k + W$ 有，逸出功

$$W = h\nu - E_k = h \cdot \frac{c}{\lambda} - E_k$$

$$= \frac{6.63 \times 10^{-34} \times 3.0 \times 10^8}{589.3 \times 10^{-9} \times 1.6 \times 10^{-19}} - 0.36$$

$$= 1.75 \, (\text{eV})$$

红限频率

$$\nu_0 = \frac{W}{h} = \frac{1.75 \times 1.6 \times 10^{-19}}{6.63 \times 10^{-34}} = 4.22 \times 10^{-14} \, (\text{Hz})$$

例 14−4　试比较光电效应与康普顿效应的异同.

解　二者相同之处在于都是光子与电子相互作用的过程.

不同之处则在于，光电效应是一个低能光子被处于束缚态的电子所吸收，使电子成为自由电子从金属表面逸出的过程，仅满足能量守恒（非相对论）. 而康普顿效应则是一个高能光子与一个静止的自由电子发生碰撞的过程，遵循相对论下的能量守恒和动量守恒.

例 14−5　一个静止电子与一能量为 $E_0 = 4.0 \times 10^3$ eV 的光子碰撞后，电子能获得的最大动能是多少？（$m_e = 9.10 \times 10^{-31}$ kg, $m_e c^2 = 0.511 \times 10^6$ eV）

解　由 $\lambda - \lambda_0 = \frac{2h}{m_e c} \sin^2 \frac{\varphi}{2}$ 及 $E = h \cdot \frac{c}{\lambda}$ 可知，当 $\varphi = \pi$ 时，$\Delta\lambda = \lambda - \lambda_0 = \frac{2h}{m_e c}$ 取最大值，则电子的动能

$$E_e = h \cdot \frac{c}{\lambda_0} - h \cdot \frac{c}{\lambda} = hc \cdot \frac{1}{\dfrac{\lambda_0^2}{\Delta\lambda} + \lambda_0}$$

亦最大，此时

$$E_e = hc \cdot \frac{1}{\left(\dfrac{hc}{E_0}\right)^2 / \left(\dfrac{2h}{m_e c}\right) + \dfrac{hc}{E_0}} = E_0 \left(1 - \frac{m_e c^2}{m_e c^2 + 2E_0}\right)$$

$$= 4.0 \times 10^3 \times \left(1 - \frac{0.511 \times 10^6}{0.511 \times 10^6 + 2 \times 4.0 \times 10^3}\right) = 62 \, (\text{eV})$$

例 14−6　已知氢原子光谱的某一线系的极限波长 $\lambda_m = 3647$ Å，其中有一

谱线的波长为 $\lambda = 6565$ Å. 试由玻尔理论求出与波长 λ 相对应的原子初态与末态的能级以及电子的轨道半径.

解 用 k、n 分别表示始、末态的量子数, 由玻尔理论有

$$h \cdot \frac{c}{\lambda_m} = 0 - \frac{E_1}{n^2} = 0 - E_n$$

$$h \cdot \frac{c}{\lambda} = \frac{E_1}{k^2} - \frac{E_1}{n^2} = E_k - E_n$$

故末态能级

$$E_n = -h\frac{c}{\lambda_m}$$

$$= -6.63 \times 10^{-34} \times \frac{3.0 \times 10^8}{3647 \times 10^{-10} \times 1.60 \times 10^{-19}}$$

$$= -3.4 \ (eV)$$

$$n^2 = \frac{E_1}{E_n} = \frac{-13.6}{-3.4} = 4$$

末态的轨道半径

$$r_n = n^2 r_1 = 4 \times 0.53 = 2.12 \ (Å)$$

初态能级

$$E_k = h\frac{c}{\lambda} + E_n$$

$$= 6.63 \times 10^{-34} \times \frac{3.0 \times 10^8}{6565 \times 10^{-10} \times 1.60 \times 10^{-19}} - 3.4$$

$$= -1.51 \ (eV)$$

$$k^2 = \frac{E_1}{E_k} = \frac{-13.6}{-1.51} = 9$$

初态的轨道半径

$$r_k = k^2 r_1 = 9 \times 0.53 = 4.77 \ (Å)$$

例 14 – 7 一个被冷却到几乎静止的氢原子从 $n = 5$ 的状态跃迁到基态发出的光子的波长为多大? 氢原子的反冲速率为多大? ($m_H = 1.67 \times 10^{-27}$ kg)

解 设氢原子的反冲动量为 p, 光子的频率为 ν, 则有

$$\begin{cases} \dfrac{p^2}{2m_H} + h\nu = E_5 - E_1 \\ p = h\nu/c \end{cases}$$

联立上述二式, 有

$$h\nu\left(\frac{h\nu}{2m_{\rm H}c^2}+1\right)=E_5-E_1$$

由于 $h\nu < |E_1| = 13.6$ eV, $m_{\rm H}c^2 = 939$ MeV, 所以

$$\frac{h\nu}{2m_{\rm H}c^2}+1\approx1$$

故
$$h\nu=E_5-E_1=h\cdot\frac{c}{\lambda}$$

所以 $\lambda=\dfrac{hc}{E_5-E_1}=\dfrac{6.63\times10^{-34}\times3.0\times10^8}{\left[\dfrac{-13.6}{5^2}-(-13.6)\right]\times1.60\times10^{-19}}=9.52\times10^{-8}({\rm m})$

反冲速度

$$v=\frac{p}{m_{\rm H}}=\frac{h/\lambda}{m_{\rm H}}=\frac{6.63\times10^{-34}}{1.67\times10^{-27}\times9.52\times10^{-8}}=4.17\ ({\rm m/s})$$

第 15 章 量子力学基础

15.1 内容概要

内容概要如图 $2-15-1$ 所示.

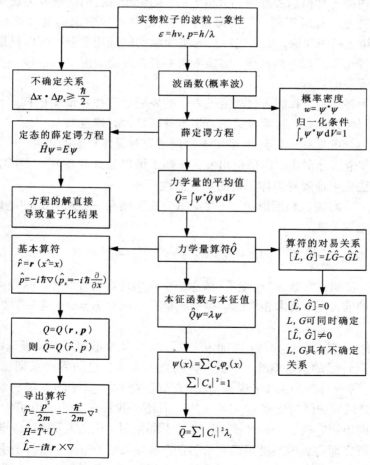

图 2 - 15 - 1 量子力学基础知识框架图

15.2　学习指导

15.2.1　量子力学的起源与发展简介

量子力学作为近代物理的一大支柱,其"量子化"的概念,对于一个习惯于经典的物理理论的人而言,起初似乎是难以理解和难于接受的.

同时,量子力学的研究对象所透露的物理信息,已不再是经典物理框架中各种物理量的直接结果,而仅仅是它们的间接结果.而如果我们仍要借用经典物理框架内的各种概念去理解和分析的话,则意味着我们的研究方法将与经典物理的研究方法有所不同.具体而言,就是需要物理学家们通过提出各种假设,以此建立新的理论,来完成对新的实验事实的理论解释.所以早期量子论的大部分理论都遵循下列次序,实验事实→经典理论的困难→假设→新的理论→对实验规律的解释.

基于上述两点,我们通过对量子力学的发展历程作一简单的回顾,应当对我们了解科学方法论,对学习量子力学本身都是大有裨益的.

量子力学的发展,源于 19 世纪末物理学家对黑体辐射的研究.一开始,维恩、瑞利和金斯分别从经典理论出发,找到了维恩公式和瑞利—金斯公式,但两者都无法完美地解释黑体辐射的实验曲线.

1900 年,普朗克利用内插法,在维恩公式和瑞利—金斯公式的基础上,得到了黑体辐射公式

$$M(v,\ T) = \frac{8\pi h}{c^3} \cdot \frac{v^3}{\mathrm{e}^{hv/KT} - 1}$$

在此,普朗克常数和"能量子"概念第一次出现在物理学中.这是由于上述公式成立的前提是,要求相应的谐振子能量必须满足 $E = nhv$ 这一"量子化"假设.

"能量子"概念与经典理论如此格格不入,它完全颠覆了经典理论中能量的变化是可以连续的这一观念.对此,普朗克本人对自己的发现长期惴惴不安,正如他在《科学自传》中回忆说:"我一直试图把作用量子纳入经典物理学理论,这种尝试我曾经持续了许多年,并且消耗了我许多精力,但仍归于失败.我的许多同事把它视为一种悲剧,我则持不同意见,因为对我来说,通过这种最基本的研究而得到的益处是最有价值的.现在我已真正了解到,作用量子在物理学中所起的作用要比当初我所设想的广泛得多,重要得多,⋯⋯""因为作用量子揭示了某种至今未知的东西,所以要求我们彻底变革我们旧的物理思

想，而这种思想是从莱布尼兹和牛顿创立微积分以来一直建立在因果关系的连续性假设上的．"

爱因斯坦继承和推广了普朗克的能量子假设，1905 年，爱因斯坦提出了"光量子"假设，并成功地解释了光电效应这一经典物理无法解释的现象．

经典理论和实验结果的另一重大矛盾发生在原子结构问题上，对于卢瑟福提出的原子核式结构模型，经典力学和经典电磁理论在原子的稳定性问题上遇到了不可逾越的困难．为了解决这一问题，玻尔将能量子概念运用到原子结构问题上，以假设的形式提出了氢原子的玻尔理论，成功地说明了氢原子光谱的规律．但对于复杂原子光谱，如氦原子光谱；谱线强度问题和非束缚态问题，玻尔理论都遇到了极大的困难，不但定量上无法处理，甚至在原则上对有的问题也无法解决．而从理论上看，玻尔理论乃是互不相容的量子化思想与连续性的经典物理的混合体，其理论多少带有人为的而非自然的色彩．这一切都促使人们开始思考建立新的量子理论．

从 1923 年到 1927 年这一段时间中，关于量子力学的两种等价表述理论——矩阵力学与波动力学几乎同时被提出．

矩阵力学是由海森堡、玻恩建立的，他们通过对玻尔的旧量子理论的批判，认为任何物理理论只应建立在物理可观测的物理量的基础上；同时，利用玻尔的对应原理思想，认为每一个可观测物理量应当有一个矩阵与之对应，而量子体系中各物理量之间的关系，则通过与之对应的矩阵之间的关系（矩阵方程）予以体现，这类矩阵方程虽然在形式与经典力学相似，但其运算规则则不同（如遵守乘法的不可对易性）．

而另一个理论即薛定谔的波动力学，则从完全不同的观点出发得以建立．波动力学的物理思想源自于德布罗意的物质波假设，薛定谔给实物粒子的物质波赋予一个波函数，通过类比的方法，找到了（注意不是推导出了）该波函数应当满足的动力学微分方程——薛定谔方程．这样量子力学的任务就是在一定的物理条件下，求解薛定谔方程的问题，而前面所提及的定态、量子化等问题，仅仅是求解方程后的自然结论．

关于这两个理论的等价性，后来薛定谔予以了证明．

1926 年，玻恩对波函数提出了统计诠释，为量子力学理论的创立画上了圆满的句号．

15.2.2　量子力学的基本观点

量子力学的基本观点，可概括如下：
（1）物理系统的状态可用波函数描述；

（2）描述物理系统的每一个力学量都对应于一个线性厄米算符；

（3）任一状态的波函数 ψ，都可以用力学量算符的本征函数系来展开；

（4）力学量的测量值只能是对应的力学量算符的本征函数的本征值.

（5）波函数随时间的演化遵从薛定谔方程

$$i\hbar\frac{\partial\psi}{\partial t}=\hat{H}\psi$$

其中 $\hat{H}$ 是系统的哈密顿算符.

15.2.3　本章需强调的几个问题

1. 不确定关系

不确定关系是微观粒子具有波粒二象性的必然反映，而非测量技术和主观能力等问题所致.

$\Delta x \cdot \Delta p_x > \hbar/2$，是指 x 与 p_x 不可能同时准确测量，而非二者之一不能单独准确测量.

2. 波函数

由于物质波的波函数的本质是概率波，故 ψ 与 $c\psi$（c 为任意常数）乃指同一状态，这也意味着在一般情况下，波函数的形式并非唯一.

波函数本身并无物理意义，只有 $|\psi|^2$ 才有物理意义，代表的是粒子的概率密度.

3. 波函数的归一化

对于一般形式下的波函数 $c\psi$（c 为任意常数），可通过归一化确定常数 c.

4. 态叠加原理

若 ψ_1，ψ_2 是系统关于 $\hat{Q}$ 的本征态，其本征值分别为 λ_1 和 λ_2，则 $\psi = c_1\psi_1 + c_2\psi_2$ 也是系统的可能态，且关于力学量 Q 的测量值可能为 λ_1 或 λ_2，测得 λ_1 的概率为 $w_1 = |c_1|^2/(|c_1|^2 + |c_2|^2)$.

5. 四个量子数

核外电子的状态可用四个量子数（n, l, m, m_s）描述；四个量子的唯一确定，才意味着电子的波函数唯一确定.

15.3　典型例题

例 15-1　室温下（300 K）的中子（$m_0 = 1.67 \times 10^{-27}$ kg）称为热中子，求其德布罗意波长.

解　中子的热动能

$$E_k = \frac{3}{2}KT = \frac{1}{2} \times 1.38 \times 10^{-23} \times 300 = 6.21 \times 10^{-21}(\text{J})$$

而中子的静能

$$E_0 = m_0 c^2 = 1.67 \times 10^{-27} \times (3.0 \times 10^8)^2 = 1.50 \times 10^{-10}(\text{J})$$

由于 $E_k \ll E_0$，故不需考虑相对论效应，所以

$$\lambda = \frac{h}{p} = \frac{h}{\sqrt{2m_0 E_k}} = \frac{6.63 \times 10^{-34}}{\sqrt{2 \times 1.67 \times 10^{-27} \times 6.21 \times 10^{-21}}} = 1.46 \times 10^{-10}(\text{m})$$

例 15-2　设电子初速为零，经电压 U 加速，考虑相对论效应，试证明其德布罗意波长为

$$\lambda = \frac{hc}{\sqrt{eU(eU + 2m_0 c^2)}}$$

证明　由 $E^2 = p^2 c^2 + m_0^2 c^4$ 及 $E = m_0 c^2 + eU$ 有

$$p = \sqrt{\frac{E^2 - m_0^2 c^4}{c^2}} = \sqrt{\frac{(eU + m_0 c^2)^2 - m_0^2 c^4}{c^2}} = \frac{\sqrt{eU(eU + 2m_0 c^2)}}{c}$$

故电子的德布罗意波长为

$$\lambda = \frac{h}{p} = \frac{hc}{\sqrt{eU(eU + 2m_0 c^2)}}$$

例 15-3　试用不确定关系估算在一维无限深势阱中运动的粒子的基态能量（设势阱宽度为 a）．

解　取 $\Delta x = a$，$\Delta p = p$，在势阱内部 $u = 0$，则有

$$E = E_k = \frac{p^2}{2m}$$

由不确定关系有

$$\Delta x \cdot \Delta p \sim \hbar$$

所以

$$p \approx \Delta p \approx \frac{\hbar}{\Delta x} = \frac{\hbar}{a}$$

所以

$$E \approx \frac{(\hbar/a)^2}{2m} = \frac{\hbar^2}{2ma^2}$$

与用薛定谔方程精确求出的基态能量

$$E = \frac{\pi^2 \hbar^2}{2ma^2}$$

比较，二者相差一个 π^2 因子．

例 15-4　一单色光的波长为 λ，误差为 $\Delta\lambda$，试由不确定关系求其对应的粒子的位置坐标 x 的误差 Δx．

解 由

$$p = \frac{h}{\lambda}$$

有

$$\Delta p \approx \frac{h}{\lambda^2} \cdot \Delta \lambda$$

由不确定关系

$$\Delta p \cdot \Delta x \approx \hbar/2$$

有

$$\Delta x \approx \frac{\hbar}{2\Delta p} = \frac{\hbar}{2} \bigg/ \left(\frac{h}{\lambda^2} \cdot \Delta \lambda \right) = \frac{\lambda^2}{4\pi\Delta\lambda}$$

例 15 - 5 已知氢原子中电子的基态波函数为

$$\psi_1 = \sqrt{\frac{1}{\pi a_0^3}} e^{-\frac{r}{a_0}}$$

a_0 为玻尔半径. 试求氢原子中电子的径向概率密度以及径向分布极大值的位置.

解 概率密度为

$$|\psi_1|^2 = \frac{1}{\pi a_0^3} e^{-\frac{2r}{a_0}}$$

取 $r \to r + \mathrm{d}r$ 的球壳, 其体积为

$$\mathrm{d}V = 4\pi r^2 \mathrm{d}r$$

电子在此球壳中出现的几率

$$\mathrm{d}P = |\psi_1|^2 \mathrm{d}V = \frac{4r^2}{a_0^3} e^{-\frac{2r}{a_0}} \mathrm{d}r$$

径向概率密度

$$P_r = \frac{\mathrm{d}P}{\mathrm{d}r} = \frac{4r^2}{a_0^3} e^{-\frac{2r}{a_0}}$$

由 $\dfrac{\mathrm{d}P_r}{\mathrm{d}r} = 0$ 有

$$\frac{8r}{a_0^3} e^{-\frac{2r}{a_0}} - \frac{4r^2}{a_0^3} \cdot \frac{2}{a_0} e^{-\frac{2r}{a_0}} = 0$$

即

$$r - \frac{r^2}{a_0} = 0$$

解得

$$r = a_0 \, (r = 0 \text{ 舍去})$$

故径向分布极大值的位置为 $r = a_0$ 处.

例 15 - 6 一维运动的粒子处在 $\psi(x) = \begin{cases} Axe^{-\lambda x} & (x \geq 0) \\ 0 & (x < 0) \end{cases}$ 描述的状态, 其中 $\lambda > 0$. (1)将此波函数归一化. (2)求粒子概率密度分布函数. (3)求粒子出现概率最大的位置.

解 （1）由归一化条件

$$\int_{-\infty}^{\infty} |\psi(x)|^2 dx = 1$$

有

$$\int_{0}^{\infty} A^2 x^2 e^{-2\lambda x} dx = 1$$

求积分得

$$\frac{A^2}{4\lambda^3} = 1$$

所以

$$A = 2\lambda^{3/2}$$

$$\psi(x) = \begin{cases} 2\lambda^{3/2} x e^{-\lambda x} & (x \geq 0) \\ 0 & (x < 0) \end{cases}$$

（2）概率密度分布函数

$$w(x) = |\psi(x)|^2 = \begin{cases} 4\lambda^3 x^2 e^{-2\lambda x} & (x \geq 0) \\ 0 & (x < 0) \end{cases}$$

（3）概率最大，须满足 $\dfrac{dw}{dx}\Big|_{x_0} = 0$，故有

$$4\lambda^3 (2x_0 e^{-2\lambda x_0} - 2\lambda x_0^2 e^{-2\lambda x_0}) = 0$$

即

$$1 - \lambda x_0 = 0$$

所以

$$x_0 = \frac{1}{\lambda}$$

例 15 - 7 设粒子在一维无限深势阱中运动，其本征函数为 $\psi_n = \sqrt{\dfrac{2}{a}} \cdot$

$\sin \dfrac{n\pi}{a} x$，能量本征值 $E_n = n^2 \cdot \dfrac{\pi \hbar^2}{2ma^2}$. 若粒子的状态由波函数

$$\psi(x) = \frac{4}{\sqrt{a}} \sin \frac{\pi}{a} x \cos^2 \frac{\pi}{a} x$$

描述，求粒子能量的可能值和相应的概率.

解 $\psi(x) = \dfrac{4}{\sqrt{a}} \sin \dfrac{\pi}{a} x \cos^2 \dfrac{\pi}{a} x$

$$= \frac{2}{\sqrt{a}} \sin \frac{2\pi}{a} x \cos \frac{\pi}{a} x = \frac{2}{\sqrt{a}} \times \frac{1}{2} \left(\sin \frac{3\pi}{a} x + \sin \frac{\pi}{a} x \right)$$

$$= \frac{1}{\sqrt{2}} \left(\sqrt{\frac{2}{a}} \sin \frac{\pi}{a} x + \sqrt{\frac{2}{a}} \sin \frac{3\pi x}{a} \right) = c_1 \psi_1 + c_3 \psi_3$$

其中 $c_1 = c_3 = \dfrac{1}{\sqrt{2}}$，且 $c_1^2 + c_3^2 = 1$

故粒子能量可能值为 E_1 和 E_3.

其中，$E_1 = \dfrac{\pi^2 \hbar^2}{2ma^2}$，概率 $P_1 = |c_1|^2 = \dfrac{1}{2}$

$E_3 = \dfrac{9\pi^2 \hbar^2}{2ma^2}$，概率 $P_3 = |c_3|^2 = \dfrac{1}{2}$

参考文献

[1] 刘辽, 费保俊, 张允中. 狭义相对论. 第二版. 北京: 科学出版社, 2008

[2] 梁灿彬, 周彬. 微分几何入门与广义相对论(上册). 北京: 科学出版社, 2006

[3] 费恩曼. 费恩曼物理学讲义(第2卷). 上海: 上海科学技术出版社, 2005

[4] 费恩曼. 费恩曼物理学讲义(第1卷). 上海: 上海科学技术出版社, 2005

[5] 赵凯华. 新概念物理教程·力学. 北京: 高等教育出版社, 1995

[6] 彭海鹰. 均匀带电球面的电场强度分布再讨论. 物理与工程, 2003(1)

[7] 霍炳海, 袁兵, 贾洛武. 静电学中两个典型题目的解的补充. 物理与工程, 2003(3)

[8] 王雪莹. 计算均匀带电球面和柱面上电场强度的另一方法. 物理与工程, 2004(4)

[9] 聂传辉, 宫瑞婷. 均匀带电长圆柱面上任一点场强的计算. 安徽广播电视大学学报, 2003(3)

[10] 兰明乾. 用电像法讨论点电荷与导体球间的相互作用. 物理与工程, 2008(4)

[11] 沈熙宁. 电磁场与电磁波. 北京: 科学出版社, 2006

[12] 尹真. 电动力学. 南京: 南京大学出版社, 1999

[13] 赵凯华. 定性与半定量物理学. 北京: 高等教育出版社, 1991

[14] E. H. 威切曼. 量子物理学. 北京: 科学出版社, 1978

[15] 王燕生. 大学物理问题讨论集. 沈阳: 东北工学院出版社, 1990

[16] 赵凯华, 陈熙谋. 电磁学. 第二版. 北京: 高等教育出版社, 2003

[17] 赵凯华, 罗蔚茵. 新概念物理教程·热学. 北京: 高等教育出版社, 1998

[18] 汪志诚. 热力学·统计物理. 北京: 高等教育出版社, 1980

[19] 李旭光, 谢定. 医用物理学. 北京: 北京邮电大学出版社, 2009

[20] 陈秉乾, 舒幼生, 胡望雨. 电磁学专题研究. 北京: 高等教育出版社, 2001

致　谢

　　在本书的编写过程中，编者阅读了大量的书籍和文献，深为从事大学物理教学的同行们取得的研究成果而鼓舞，因而从中精选了若干篇研究论文充实本书，使本书内容更为丰富，可读性更强. 选用文章的作者姓名及出处已列在相应专题的首页，编者在此对这些论文的作者们表示衷心的感谢.

　　中南大学出版社为本书的出版做了大量的工作，付出了辛勤的劳动，编者在此一并表示感谢.

编　者

2013 年元月

图书在版编目(CIP)数据

大学物理·教与学/周一平,罗益民编.—长沙:中南大学出版社,
2013.2

ISBN 978 – 7 – 5487 – 0748 – 6

Ⅰ.大... Ⅱ.①周...②罗... Ⅲ.物理学 – 高等数学 – 教学
参考资料 Ⅳ.04

中国版本图书馆 CIP 数据核字(2013)第 000845 号

大学物理·教与学

周一平 罗益民 编

□责任编辑	胡小锋	
□责任印制	易红卫	
□出版发行	中南大学出版社	
	社址:长沙市麓山南路	邮编:410083
	发行科电话:0731-88876770	传真:0731-88710482
□印 装	长沙印通印刷有限公司	

□开 本	787×1092 1/16	□印张 17.5	□字数 331 千字
□版 次	2013 年 2 月第 1 版	□2017 年 2 月第 4 次印刷	
□书 号	**ISBN 978 – 7 – 5487 – 0748 – 6**		
□定 价	**38.00 元**		